高职高专测绘类专业"十二五"规划教材·规范版

教育部测绘地理信息职业教育教学指导委员会组编

计算机测绘程序设计

主　编　赵淑湘

副主编　罗玉恒　李金生　刘　飞

参　编　孙艳崇　刘明众

主　审　刘仁钊

WUHAN UNIVERSITY PRESS

武汉大学出版社

图书在版编目(CIP)数据

计算机测绘程序设计/赵淑湘主编 .—武汉:武汉大学出版社,2015.1
(2023.1 重印)
高职高专测绘类专业"十二五"规划教材:规范版
ISBN 978-7-307-14763-8

Ⅰ.计…　　Ⅱ.赵…　　Ⅲ.计算机应用—测绘—程序设计—高等职业教育—教材　　Ⅳ.P25-39

中国版本图书馆 CIP 数据核字(2014)第 257636 号

责任编辑:鲍　玲　　　责任校对:鄢春梅　　　版式设计:马　佳

出版发行:**武汉大学出版社**　　(430072　武昌　珞珈山)
　　　　　(电子邮箱:cbs22@whu.edu.cn 网址:www.wdp.com.cn)
印刷:湖北金海印务有限公司
开本:787×1092　1/16　印张:19.25　字数:449 千字　　插页:1
版次:2015 年 1 月第 1 版　　2023 年 1 月第 3 次印刷
ISBN 978-7-307-14763-8　　定价:38.00 元

高职高专测绘类专业 "十二五"规划教材·规范版
编审委员会

顾问

宁津生　教育部高等学校测绘学科教学指导委员会主任委员、中国工程院院士

主任委员

李赤一　教育部测绘地理信息职业教育教学指导委员会主任委员

副主任委员

赵文亮　教育部测绘地理信息职业教育教学指导委员会副主任委员

李生平　教育部测绘地理信息职业教育教学指导委员会副主任委员

李玉潮　教育部测绘地理信息职业教育教学指导委员会副主任委员

易树柏　教育部测绘地理信息职业教育教学指导委员会副主任委员

王久辉　教育部测绘地理信息职业教育教学指导委员会副主任委员

委员　（按姓氏笔画排序）

王　琴　黄河水利职业技术学院

王久辉　国家测绘地理信息局人事司

王正荣　云南能源职业技术学院

王金龙　武汉大学出版社

王金玲　湖北水利水电职业技术学院

冯大福　重庆工程职业技术学院

刘广社　黄河水利职业技术学院

刘仁钊　湖北国土资源职业学院

刘宗波　甘肃建筑职业技术学院

吕翠华　昆明冶金高等专科学校

张　凯　河南工业职业技术学院

张东明　昆明冶金高等专科学校

李天和　重庆工程职业技术学院

李玉潮　郑州测绘学校

李生平　河南工业职业技术学院

李赤一　国家测绘地理信息局人事司

李金生　沈阳农业大学高等职业学院

杜玉柱　山西水利职业技术学院

杨爱萍　江西应用技术职业学院

陈传胜　江西应用技术职业学院

明东权　江西应用技术职业学院

易树柏　国家测绘地理信息局职业技能鉴定指导中心

赵文亮　昆明冶金高等专科学校

赵淑湘　甘肃林业职业技术学院

高小六　辽宁省交通高等专科学校

高润喜　包头铁道职业技术学院

曾晨曦　国家测绘地理信息局职业技能鉴定指导中心

薛雁明　郑州测绘学校

序

　　武汉大学出版社根据高职高专测绘类专业人才培养工作的需要，于 2011 年和教育部高等教育高职高专测绘类专业教学指导委员会合作，组织了一批富有测绘教学经验的骨干教师，结合目前教育部高职高专测绘类专业教学指导委员会研制的"高职测绘类专业规范"对人才培养的要求及课程设置，编写了一套《高职高专测绘类专业"十二五"规划教材·规范版》。该套教材的出版，顺应了全国测绘类高职高专人才培养工作迅速发展的要求，更好地满足了测绘类高职高专人才培养的需求，支持了测绘类专业教学建设和改革。

　　当今时代，随着社会信息化的不断进步和发展，人们对地球空间位置及其属性信息的需求也在不断增加，社会经济、政治、文化、环境及军事等众多方面，都要求提供精度满足需要，实时性更好、范围更大、形式更多、质量更好的测绘产品。而测绘技术、计算机信息技术和现代通信技术等多种技术集成，对地理空间位置及其属性信息的采集、处理、管理、更新、共享和应用等方面提供了更系统的技术，形成了现代信息化测绘技术。测绘科学技术的迅速发展，促使测绘生产流程发生了革命性的变化，多样化测绘成果和产品正不断努力满足多方面需求。特别是在保持传统成果和产品的特性的同时，伴随信息技术的发展，已经出现并逐步展开应用的虚拟可视化成果和产品又极好地扩大了应用面。提供对信息化测绘技术支持的测绘科学已逐渐发展成为地球空间信息学。

　　伴随着测绘科技的发展进步，测绘生产单位从内部管理机构、生产部门及岗位设置，进而相关的职责也都发生着深刻变化。测绘从向专业部门的服务逐渐扩大到面对社会公众的服务，特别是个人社会测绘服务的需求使对测绘成果和产品的需求成为海量需求。面对这样的形势，我们需要培养数量充足，具备较强的理论知识，系统掌握测绘生产、经营和管理能力的应用性高职人才。在这样的需求背景推动下，高等职业教育测绘类专业人才培养得到了蓬勃发展，成为占据高等教育半壁江山的高等职业教育中一道亮丽的风景。

　　高职高专测绘类专业的广大教师正积极努力地探索高职高专测绘类人才培养的方法，并不断地推进专业教学改革和建设，同时办学规模和专业点的分布也得到了长足的发展。在人才培养过程中，结合测绘工程项目实际，加强测绘技能训练，突出测绘工作过程系统化，强化系统化测绘职业能力的构建，取得很多测绘类高职人才培养的经验。

　　测绘类专业人才培养的外在规模和内涵发展，要求提供更多更好的教学基础资源，教材是教学中的最基本的需要。因此，面对"十二五"期间及今后一段时间的测绘类高职人才培养的需求，武汉大学出版社将继续组织好系列教材的编写和出版。教材编写中要不断地将测绘新科技和高职人才培养的新成果融入教材，既要体现高职高专人才培养的类型层次特征，也要体现测绘类专业的特征，注意整体性和系统性，贯穿系统化知识，构建能较好满足现实要求的系统化职业能力及发展的目标；体现测绘学科和测绘技术的新发展、测绘管理与生产组织及相关岗位的新要求；体现职业性，突出系统工作过程，注意测绘项目工程和生产中与相关学科技术之间的交叉与融合；体现最新的教学思想和高职人才培养的特色，在传统教材的基础上勇于创新，根据课程改革建设的教学要求，使教材适应于按照"项目教学"及实训的教学组织，突出过程和能力培养，具有较好的创新意识。要让教材既适合高职高专测绘类专业教学使用，也可提供给相关专业技术人员学习参考，在培养高端技能应用性测绘职业人才等方面发挥积极作用，为进一步推动高职高专测绘类专业的教学资源建设，作出新贡献。

按照教育部的统一部署，教育部高等教育高职高专测绘类专业教学指导委员会已经完成使命，但测绘地理信息职业教育教学指导委员会将继续支持教材编写、出版和使用。

教育部测绘地理信息职业教育教学指导委员会副主任委员

二○一三年一月十七日

前　言

　　计算机技术的迅猛发展在不断推动现代测绘科技革新的同时，也改变了传统的作业模式，实现了测绘数据处理的自动化、高效化和准确性，不但减轻了技术人员的工作强度，极大地提高了工作效率和经济效益，也有力地推动了我国基础测绘工作和地理信息产业的发展。

　　作为一名现代测绘技术人员，能够熟练掌握一门计算机程序设计语言，不但可以更好地学习和使用相关专业软件，还可以通过编写程序解决生产中遇到的复杂计算问题，以实现数据处理的自动化，真正达到事半功倍的效果。

　　Visual Basic 6.0 是一款基于 Windows 平台面向对象的可视化编程语言。它提供了一种把开发 Windows 应用程序的复杂性封装起来的可视化人机界面设计方法，利用这种方法开发人员可以直接使用窗体和控件设计应用程序的人机界面，从而很好地提高了开发效率。此外，在目前流行的编程软件中，Visual Basic 6.0 具有简单、易学、易用的特点，更适合于高职高专测绘类学生的学习、理解和掌握。

　　本书通过大量案例，力求达到对 VB 语言基础知识和测绘专业知识的学习与掌握，做到理论与实践、学习与应用相互结合，相互贯通的目的，使读者更容易理解和掌握测绘程序设计的方法、步骤和规范要求等，为今后更深入的学习与研究打下坚实的基础。本书针对高职高专学生的知识水平和理解能力，尽量做到了基本概念清晰、通俗易懂、案例典型、习题丰富。此外，关于本书中程序设计更多更具体的电子版内容，有需要的读者可联系出版社或作者，作者的邮箱是 838182174@ qq. com。

　　参与本书编写的有辽宁省交通高等专科学校的孙艳崇（第一章、第二章）、甘肃林业职业技术学院的罗玉恒（第三章、第四章）、辽宁水利职业学院的李金生（第五章、第六章）、长江工程职业技术学院的刘飞（第七章）、甘肃林业职业技术学院的赵淑湘（第八章）、安徽工业经济职业技术学院的刘明众（第九章）。本书由赵淑湘担任主编，罗玉恒、李金生、刘飞担任副主编。本书由湖北国土资源职业学院刘仁钊担任主审。

　　由于编者水平有限，加之时间仓促，书中难免还存在错误与不足之处，敬请读者批评指正。

编　者

2014 年 7 月

1

目　　录

第一章 概 述

第一节 测绘程序设计概述

现代测绘科技的进步，离不开计算机的发展与普及，计算机技术在现代测绘中的应用已经深入到从理论研究到生产应用的各个方面，如数据采集和处理、图形制作、GIS 应用与服务等。可以说计算机以其计算迅速、准确、方便、功能强大等特点，为测绘科学的研究和生产应用带来了极大的便利，有力地推动了测绘科技的革新与发展。

作为一名现代测绘技术人员，熟练掌握一门程序设计语言，不但能更好地学习和使用相关专业软件，而且还可以通过编写程序解决生产中遇到的复杂计算问题，实现自动化数据处理，真正起到事半功倍的效果，同时，还可以很好地降低因人为因素带来的误差。

目前，比较流行的编程软件有 Visual Basic(VB)、Visual C++(VC)、Delphi、J++等，但相对来说，Visual Basic 不仅是 Windows 平台上的一种面向对象的可视化编程语言，它提供了一种把开发 Windows 应用程序的复杂性封装起来的可视化人机界面设计方法，利用这种方法的开发人员可以直接使用窗体和控件设计应用程序的界面，大大地提高了程序开发的效率，而且简单易学、易用，更适合于高职高专测绘类学生的学习、理解和掌握。

Visual Basic 是微软公司于 1991 年推出的一款可视化编程语言，起源于 Basic，目前已逐渐成为全世界使用人数最多的程序设计语言。现有 Visual Basic 6.0 的学习、专业和企业 3 个版本，其中企业版的功能最全、最强大。

一、测绘程序设计学习的目的

①计算机在现代测绘科学中应用广泛。

测绘是一门直接服务于国民经济和国防建设、紧密与生产实践相结合的应用性学科。随着我国城乡建设的不断发展；各种大型、精密建设工程的不断增多；精密、智能化测绘仪器的不断出现，这些都对测绘提出了新的任务与要求，并使测绘行业服务的领域不断拓宽，从而更好地推动了测绘学科的进步与发展。为了处理在现代测绘中所产生的巨量数据，将计算机应用于测绘科学就成为了必然。与人工处理测绘数据相比，计算机具有高效率、高精度的特点，作为测绘人员必须能够熟练使用计算机及相关软件来处理海量的测量数据。

②测绘程序设计是现代测绘人员应该具有的专业能力。

在测绘过程中，为了能够快速、精确地计算、处理测量数据，经常需要编写一些测绘应用程序。一方面，非测绘专业人员很难在短时间内开发出合适的测绘程序；另一方面，测绘程序、软件在使用的过程中需要对其进行维护更新。这些工作都要求测绘工作者应该具有程序设计的能力。

③测绘程序设计为知识的提高搭建了桥梁。

测绘程序设计是测绘理论与信息技术相结合的一个重要体现。首先，掌握了测绘程序设计，并在生产中解决实际问题，可以使测绘者紧跟信息技术的进步，站在测绘科技发展领域的前沿；其次，测绘程序设计涉及计算机技术、工程测量、平差、数值分析等内容，掌握了测绘程序设计，使自己很容易进行知识的拓展，扩充知识面；最后，掌握测绘程序设计知识，很容易解决测绘工作中遇到的实际问题，从而提高工作效率。

二、测绘程序设计研究的内容

测绘程序设计研究的内容与涉及的问题主要包括以下几个方面：

1. 算法的研究

要让计算机解决测绘问题，必须先将程序要解决的问题转化为计算机能够识别和处理的问题，这就需要设计一个与解决问题所需数学模型相对应的算法。另外，计算机所做的计算是一种近似计算，为了使计算误差最小，也需要设计最优的算法。

2. 程序设计语言与程序设计规范

目前，流行的高级程序设计语言如 Visual Basic、Visual C++等，为了提高程序的开发效率，这些程序往往提供了一些成熟的函数、类，甚至是例程等资源，并规定了一些程序设计的规范。因此，程序的开发者应该熟悉自己使用的开发语言，并充分了解本语言所提供的资源，才能在程序开发的过程中发挥出这种语言的潜力。另外，在开发程序的过程中，要遵守程序设计的规范，为后期程序的理解、维护提供便利。

3. 数据结构

数据结构是计算机存储、组织数据的方式。测绘程序要处理的对象往往包括观测数据和网形等，观测数据可以直接输入计算机，而控制网的网形只能隐含于数据中，这就需要设计好控制网的数据结构。

4. 计算机软、硬件环境

计算机的软、硬件是其系统功能实现的物质基础。测绘程序、软件所使用的开发语言不同，运行的软、硬件环境不同，测绘程序或软件开发设计的方法及注意的问题也相应地不同。因此，测绘软件的设计不能不考虑所基于的硬件环境以及所使用的开发语言。

5. 专业知识

设计测绘程序是利用计算机辅助处理测绘工作中所产生的数据，包括数据计算、绘图、数据分析等，这就需要有很强的测绘理论基础与数学基础。在设计测绘程序的过程中，必将产生一些我们在课堂上并未接触过的新理论、新方法，因此，在编写测绘程序的过程中需要对这些专业知识重新认知。

6. 其他应用软件

利用某种高级程序设计语言开发测绘程序，并不是利用计算机处理测量数据的唯一形式。现阶段，Excel、Matlab 等软件都有很强的数据处理能力，可以对这些软件进行二次开发，用以处理测绘工作中产生的数据，拓展测绘软件开发的途径，提高工作效率。

第二节　Visual Basic 的集成开发环境

与大多数开发工具一样，Visual Basic 也提供了一个集成开发环境。通过它，用户可以完成整个软件设计和调试工作。因此，熟练掌握 Visual Basic 6.0 的集成开发环境是学习 Visual Basic 6.0 的第一步。

一、主窗口

1. 标题栏和菜单栏

类似于 Windows 其他应用程序窗口，VB 的标题栏最左上角是控制菜单，最右上角有"最小化"、"最大化"（"还原"）和"关闭"按钮。控制菜单的右侧显示当前激活的工程名称及当前工作模式。如图 1-1 所示，工程名称为"工程 1"，工作模式为 Microsoft Visual Basic [设计]。VB 的工作模式有以下 3 种：

◆ 设计模式　在此模式下可进行用户界面的设计和代码的编写。

◆ 运行模式　运行应用程序，但不可编辑用户界面及代码。

◆ 中断模式　暂时中断应用程序的运行，按 F5 键，程序从中断处继续运行。此模式下可编辑代码，不可编辑界面，并会弹出"立即"窗口。

菜单栏中有"文件"、"编辑"等 13 个菜单项，包含了 VB 编程中常用的命令。各菜单的功能见表 1-1。

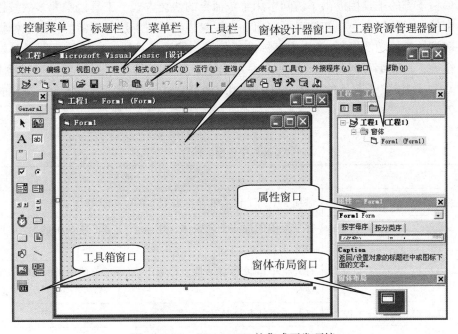

图 1-1　Visual Basic 6.0 的集成开发环境

3

表 1-1 　　　　　　　　　　　　Visual Basic 6.0 的集成开发环境"菜单"功能

菜　　单	功　　能
文件(**F**)	用于对文件的操作，如文件的新建、打开、保存、另存为、关闭等
编辑(**E**)	用于文本的各种编辑功能，如复制、粘贴、查找、替换等
视图(**V**)	可以显示或隐藏各个视图，如代码窗口、对象窗口、属性窗口、工具栏等
工程(**P**)	管理当前正在进行的工程，随着当前工程的内容不同，会显示出与之相对应的命令
格式(**O**)	可以调整窗体中各个控件的格式，如控件的对齐、大小等
调试(**D**)	在软件开发阶段用于调试程序
运行(**R**)	用于程序启动、设置断点和停止等程序运行的命令
查询(**U**)	实现与数据库有关的查询操作
图表(**I**)	完成与图表相关的操作
工具(**T**)	用于添加菜单和各种工具栏
外接程序(**A**)	Visual Basic 用于和外接程序协调工作的内置工具菜单
窗口(**W**)	可以设定 Visual Basic 子窗口在主窗口中的排列方式
帮助(**H**)	提供帮助信息，此项功能在安装了 MSDN Library 的情况下才有效

2. 工具栏

菜单栏下方的工具栏提供了访问常用菜单命令的快捷方式，工具栏中大多数按钮都对应菜单中的一条常用命令，初学者可将鼠标在工具栏各按钮上短时停留，根据鼠标提示信息来获取该按钮的功能提示。VB 中有标准工具栏、编辑工具栏、窗体编辑器工具栏、调试工具栏等，一般编程时标准工具栏会显示出来，其他工具栏根据需要，通过执行"视图"菜单中"工具栏"子菜单的级联菜单中的相应命令来显示(或隐藏)。各命令按钮的功能见表 1-2。

表 1-2 　　　　　　　　　　　　工具栏中各图标简介

按钮名称	功　　能
添加 StandardEXE 工程	添加一个新工程，相当于"文件"菜单中的"添加工程"命令
添加窗体	在工程中添加一个新窗体，相当于"工程"菜单中的"添加窗体"命令
菜单编辑器	打开菜单编辑器对话框，相当于"工具"菜单中的"菜单编辑器"命令
打开工程、保存工程	打开一个已有的工程或保存一个工程
剪切、复制、粘贴	将选定内容剪切、复制到剪贴板及把剪贴板内容粘贴到当前插入位置

4

按钮名称	功　　能
🔍 查找	打开"查找"对话框，相当于"编辑"菜单中的"查找"命令
↶↷ 撤销和重复	撤销当前修改及对"撤销"的反操作
▶ 启动、‖ 中断、■ 结束	运行、暂停、结束一个应用程序的运行的快捷方式
工程资源管理器	快速打开或切换至工程资源管理器窗口
属性窗口	快速打开或切换至属性窗口
窗体布局窗口	快速打开或切换至窗体布局窗口
对象浏览器	打开"对象浏览器"对话框
工具箱	快速打开或切换至工具箱窗口，相当于"视图"菜单中的"工具箱"命令
数据视图窗口	打开数据视图窗口
Visual Component Manager	打开 Visual Component Manager 对话框

二、窗体设计器窗口

窗体设计器窗口位于集成开发环境的中间，简称窗体(Form)，是应用程序最终面向用户的窗口，用户通过与窗体上的控制部件交互可得到结果，各种图形、图像、数据等均通过窗体或窗体中的控件显示出来。每个窗体有一个唯一的名称标识，按照建立窗体时的顺序默认名称为 Form1、Form2，…，一个应用程序可使用多个窗体，但一个应用程序至少应有一个窗体。

窗体就像一块画布，用户可根据应用程序界面的要求，从工具箱中选取所需要的控件，在窗体上画出来，这是 VB 应用程序界面设计的第一步。如图 1-1 所示，可以看到窗体窗口操作区布满灰色小点，这是一些网格点，方便用户在窗体上定位和对齐控件。如果想清除网格点，或者想改变网格点之间的距离，可通过执行"工具"菜单的"选项"命令，在"通用"标签中调整。

三、工具箱窗口

如图 1-1 所示，在集成开发环境左边区域的窗口为工具箱窗口。工具箱窗口内有一个选项卡"通用(General)"，内含 21 个图标，除"指针"外，其余 20 个均为 VB 可视标准控件。"指针"仅用于移动窗体和控件及调整它们的大小。用户可通过"工程"菜单中"部件"命令来安装其他控件到工具箱中。若不显示工具箱，可直接关闭该窗口，执行"视图"菜单中的"工具箱"命令，可使工具箱窗口再次显示出来。需要注意的是，工具箱显示出来后，在代码运行状态下会自动隐藏，返回设计状态时又会自动出现。工具箱窗口如图 1-2 所示。

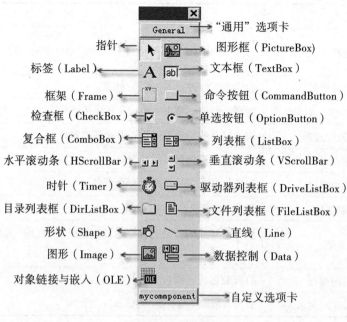

指针 → | 图形框（PictureBox）

标签（Label） → | 文本框（TextBox）

框架（Frame） → | 命令按钮（CommandButton）

检查框（CheckBox） → | 单选按钮（OptionButton）

复合框（ComboBox） → | 列表框（ListBox）

水平滚动条（HScrollBar） → | 垂直滚动条（VScrollBar）

时针（Timer） → | 驱动器列表框（DriveListBox）

目录列表框（DirListBox） → | 文件列表框（FileListBox）

形状（Shape） → | 直线（Line）

图形（Image） → | 数据控制（Data）

对象链接与嵌入（OLE） → | 自定义选项卡

"通用"选项卡

图 1-2　工具箱窗口

除"通用（General）"选项卡外，用户还可添加选项卡来定制自己的专用工具，方法是在工具箱任意处单击右键，选择快捷菜单的"添加选项卡"命令，在弹出的对话框中输入新增选项卡的名称，如"mycommponent"，"确定"后即成功添加了一个自定义选项卡（图 1-2），接下来可对新增选项卡添加控件，其方法有两种：一是直接拖动原有选项卡中已有控件至新增选项卡；二是单击选项卡激活后，再通过"工程"菜单的"部件"命令装入其他控件。

四、工程资源管理器窗口

工程是组成一个应用程序的所有文件的集合，利用如图 1-3 所示的工程资源管理窗口可以对当前使用的工程进行管理，该窗口中有 3 个按钮，下接工程资源管理器的文件列表窗口，以层次列表的形式列出组成工程的所有文件。3 个按钮的功能分别为：

◆ ▦ "查看代码"按钮　单击可切换到代码窗口，显示和编辑代码。

◆ ▦ "查看对象"按钮　单击可切换到窗体设计器窗口，显示和编辑对象。

◆ ▢ "切换文件夹"按钮　单击可隐藏或显示包含在对象文件夹中的个别项目列表。

五、属性窗口

在进行应用程序界面设计时，窗体和控件的属性：如标题、大小、字体、颜色等，可以通过属性窗口来设置或修改。

属性窗口如图 1-4 所示，主要由以下 4 个部分组成：

◆ 对象列表框　单击其右边下拉按钮可打开所选窗体包含对象的列表。

6

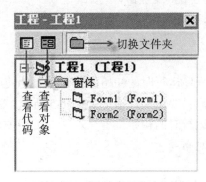

图 1-3　工程资源管理器窗口

◆属性显示排列方式　有两个选项，用户可以选择"按字母序"或"按分类序"两种方式排列显示属性。

◆属性列表框　属性列表框分为左右两列，左边是各种属性的名称，右边是该属性的默认值，用户可由左边选定某一属性，然后在右边对该属性值进行设置或修改。不同对象所列出的属性值不同。

◆属性含义说明框　当在属性列表框中选定某一属性时，在属性含义说明框中将显示所选属性的含义。初学者可利用该项功能认识和熟悉对象的属性含义。

对象的某些属性的取值是有一定限制的，如对象的可见性(Visible)，只能设置 True (可见)和 False(不可见)，而有些属性，如标题(Caption)可以设为任何文本。在实际应用中，不可能也没有必要设置每个对象的所有属性，很多属性都可取其默认值。

仅在设计阶段才能激活属性窗口的方法有：

①选择"视图"菜单中"属性窗口"命令。

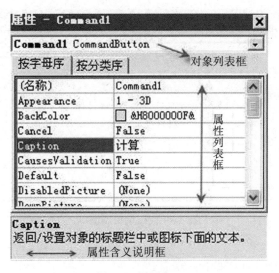

图 1-4　属性窗口

②按 F4 键或单击工具栏上的"属性窗口"按钮。

③鼠标单击属性窗口的任意位置。

六、窗体布局窗口

窗体布局窗口用于指定程序运行时的初始位置，主要为使所开发的应用程序能在不同分辨率的显示器上使用，用户只要用鼠标拖动如图 1-5 所示"窗体布局"窗口中的 Form 窗体的位置，就决定了该窗体运行时的初始位置。若一个工程中有多个窗体，在布局窗口的同时可以观察多个窗体的相对布局。

图 1-5　窗体布局窗口

七、代码编辑器窗口

每个窗体都有自己的代码窗口，专门用于显示和编辑应用程序源代码，如图 1-6 所示。打开代码窗口有以下 3 种方法：

①由"视图"菜单中选择"代码窗口"命令。

②从工程资源管理窗口中选择一个窗体或标准模块，并单击"查看代码"按钮。

③双击要查看或编辑代码的窗体或控件本身。

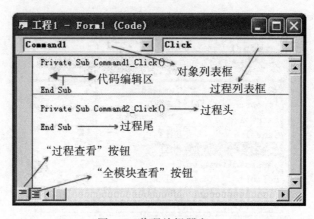

图 1-6　代码编辑器窗口

代码窗口中各部分的简介如下：

◆对象列表框　单击列表框下拉按钮，可显示窗体中的对象名。其中，"通用"表示与特定对象无关的通用代码，一般利用它声明模块级变量或用户编写自定义过程。

◆过程列表框　在对象列表框选择某一对象名，在过程列表框中选择事件过程名，可构成选中对象的特定事件过程模板，用户可以在该模板内输入代码。其中"声明"表示声明模块级变量。

◆"代码编辑区"　用户在此输入和编辑代码。

◆"过程查看"按钮　单击该按钮代码编辑区只能显示出所选定的过程代码。

◆"全模块查看"按钮　显示模块中全部过程代码。

第三节　可视化编程的基本概念

Visual Basic 6.0 是微软公司于 1998 年推出的可视化编程工具，是目前世界上使用最广泛的程序开发工具之一。所谓可视化程序设计，是一种开发图形用户界面的方法，使用这种方法，编程人员不需要编写大量代码去描述界面元素的外观和位置，只要把预先建立的界面元素拖放到窗体的适当位置即可。

Visual Basic 是在结构化的 BASIC 语言基础上发展起来的，加上了面向对象的设计方法，并引入了对象、窗体和控件等可视化编程的基本概念。

一、对象

Visual Basic 是基于对象的程序设计语言。用 Visual Basic 进行应用程序的设计过程，实际上就是与一组标准对象进行交互的过程。

1. 对象的概念

在面向对象的程序设计中，"对象"是编程系统中的基本运行实体。Visual Basic 中的对象可以被分为两类：一类是由系统设计好的，称为预定义对象，可以直接使用或对其进行操作；另一类是由用户定义的，可以建立用户自己的对象。

对象是具有特殊属性和行为方法的实体。建立一个对象后，其操作可以通过与该对象有关的属性、方法和事件来描述。

2. 对象的属性

属性是一个对象的特性。在可视化编程中，每种对象都有一组特定的属性。对象常见的属性有名称(Name)、标题(Caption)、颜色(Color)、字体大小(FontSize)等。有许多属性可能为大多数对象所共有，还有一些属性仅局限于个别对象。一个对象属性都有一个默认值，如果不明确地改变该属性值，程序就将使用其默认值。通过修改对象的属性能够控制对象的外观和操作。

对象属性的设置一般有以下两条途径：

①通过属性窗口设置。选定对象，在属性窗口中找到相应属性，直接进行设置。

②通过代码设置。对象的属性也可以在代码中通过编写程序代码实现，一般格式为：

对象名. 属性名 = 属性值

例如，设置命令按钮"Command1"的标题为"计算"，代码为：

Command1. Caption = " 计算"

对象的大多数属性都可以通过以上两种方式进行设置，而有些属性只能使用程序代码或属性窗口设置其中之一进行设置。

3. 对象的方法

方法(Method)就是要执行的动作。Visual Basic 的方法与事件过程类似，是一种特殊的过程和函数。它用于完成某种特定功能而不能响应某个事件，如 Print(打印对象)、Circle(画圆)、Cls(清除)方法等。每个方法完成某个功能，用户只需按照约定直接调用它们即可。

我们可以把属性看成是对象的特征；把事件看成是对象的响应；把方法看成是对象的行为。属性、事件和方法构成了对象的三要素。

4. 事件(Event)

事件就是对象上所发生的事情。在 Visual Basic 中，事件是系统预先定义好的、能够被对象识别的动作，如 Click(单击)、DblClick(双击)、Change(改变)等。不同的对象能够识别不同的事件。当用户或者系统触发一个事件时，对象就会对该事件做出响应。例如，对窗体编写一个程序，该程序响应用户的 Click 事件，只要用鼠标左键点击窗体就可以在窗体上显示指定的信息。

响应某个事件后所执行的操作是通过一段程序代码来实现的，这样的代码叫做事件过程。一个对象可以识别一个或多个事件，因此，可以使用一个或多个事件过程对用户或系统的事件做出响应。虽然一个对象可以拥有多个事件过程，但在程序中能使用多少事件过程，则要由设计者根据程序的具体要求来确定。

Visual Basic 中的事件分为系统事件和用户事件。

(1)系统事件

由 Windows 操作系统触发的事件称为系统事件，系统事件无需任何用户干预。例如，Timer 事件就是一个系统事件。

(2)用户事件

由用户执行的某些操作所触发的事件称为用户事件。例如，单击"命令"按钮，在文本框中输入数据，等等。

5. 事件过程

事件过程是程序员为响应对象事件所编写的程序代码。程序设计中，对象对事件的反应是通过事件过程完成的。而事件过程是程序员为响应对象事件所编写的一段程序代码。事件过程由对象名、下画线和事件名组合来标识的。例如，命令按钮"Command1"的单击事件过程为：

```
Private Sub Command1_Click( )
    …
End Sub
```

6. 事件驱动

所谓事件驱动，就是当应用程序中某个对象的一个事件发生时，要执行一段程序代码来完成此事件所对应的操作。根据对象触发的事件编写事件过程的程序设计方式，称为事件驱动程序设计。

二、窗体

VB 中的窗体一方面是对象的"容器"，同时也是一个对象，因为窗体同样具有自己的属性、事件和方法。在设计程序时，窗体是编程人员的"工作台"；在运行程序时，每个窗体又对应于一个窗口。

三、控件

控件是应用程序的图形用户界面中可供用户操作，并可以控制应用程序的图形界面元素，是 VB 的基本操作对象。正是由于有了控件，才使得 Visual Basic 不但功能强大，而且易于使用。

Visual Basic 的控件可以分为以下 3 种类型：

1. 内部控件

默认状态下工具箱中显示的控件都是内部控件，这些控件被封装在 Visual Basic 的可执行文件中，不能从工具箱中删除，如命令按钮、文本框、图像框、复选框等。

2. ActiveX 控件

ActiveX 控件单独保存在 .ocx 类型的文件中，其中包括各种版本 Visual Basic 提供的控件，以及仅在专业版和企业版中提供的控件，如公共对话框、动画控件等。另外，还有许多软件厂商提供的 ActiveX 控件。

3. 可插入对象

用户可将 Excel 工作表或 PowerPoint 幻灯片等作为一个对象添加到工具箱中，编程时可根据需要随时创建。

第四节　工　程　管　理

一、工程的组成

VB 以 ASCII 格式保存工程文件(.vbp)。工程是用来建造应用程序的文件的集合。工程文件包括了工程中设置项目的信息，包括工程中的窗体和模块、引用以及为控制编译而选取的各种选项。

开发应用程序时，使用工程来管理构成应用程序的所有不同的文件。在 VB 的 IDE 环境中，可以通过工程资源管理器窗口浏览工程中的文件列表，并进行工程属性的设置。工程资源管理器窗口如图 1-7 所示。

在一个工程中，通常包括的文件类型有以下几种：

①一个用于跟踪所有部件的工程文件。工程文件(.vbp)是与工程有关的全部文件、对象的清单以及所设置的环境选项方面的信息。每次保存工程时，这些信息都要被更新。所有这些文件和对象可供其他工程共享。

通过双击一个现存工程的图标，或选择"文件"→"打开工程"命令，或拖动文件放入工程资源管理器窗口，都可以打开这个工程文件。

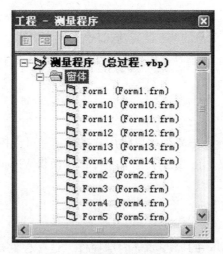

图 1-7　工程资源管理器窗口

②窗体文件。每个窗体对应一个窗体文件(.frm)，窗体文件包括窗体及其控件的文本描述以及属性设置。窗体文件也含有窗体级的常量、变量、外部过程的声明、事件过程和一般过程。窗体文件可以在任意的文本编辑软件中打开，一般在VB的IDE中设计和修改窗体文件。

③标准模块文件。标准模块文件(.bas)一般包含类型、常量、变量、过程的公共或模块级的声明。

④类模块文件。类模块文件(.cls)与窗体模块文件类似，只是没有可见的用户界面。可以使用类模块创建含有方法和属性代码的自定义对象。

⑤资源文件。资源文件(.res)包含无须重新编辑代码便可以改变的位图、字符串和其他数据。如果计划用一种语言将应用程序本地化，可以将用户界面的全部字符串和位图存放在资源文件里，然后将资源文件本地化。一个工程中最多包含一个资源文件。

⑥包含ActiveX控件的文件(.ocx)。

⑦窗体的二进制数据文件(.frx)。当窗体或控件含有二进制属性数据(如图片或图标等信息)时，文件自动产生，而且是不可编辑的文件。

二、创建工程

1. 新建工程

每一次运行VB，在主窗口显示后，VB都将启动"新建工程"对话框，如图1-8所示。

在"新建工程"对话框的"新建"选项卡中，显示了可以新创建的工程类型，单击一个图标后再单击对话框中的"打开"按钮或直接双击一个图标就可以创建一个所选类型的工程。工程的类型决定了工程被编译后生成的文件类型和格式。

创建一个新工程也可以选择"文件"→"新建工程"或"添加工程"命令，使用这两个命令后显示的对话框与启动VB显示的"新建工程"对话框中"新建"选项卡的内容相似，使

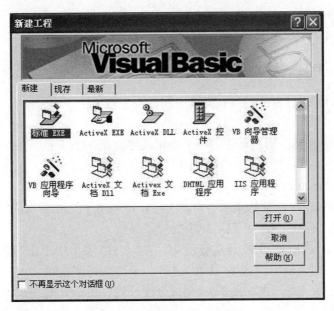

图 1-8 "新建工程"对话框

用方法也相同。但这两个命令是有区别的，使用"新建工程"命令创建一个新工程后会关闭已经打开的工程或工程组；使用"添加工程"命令创建工程后不会关闭现有的工程或工程组，而是与现有的工程（如果原来打开的是一个工程而不是工程组）形成一个工程组或添加到已有的工程组中。

2. 添加窗体和模块

对需要多个窗体和其他代码模块的工程，可选择"工程"→"添加窗体"、"添加 MDI 窗体"、"添加模块"和"添加类模块"命令为工程添加窗体和模块。

窗体、模块和工程一样，也有不同的类型，因此，同样需要在这些命令打开的对话框中选择窗体和模块的类型。

3. 保存工程

在用 VB 开发软件时要注意随时保存工程，这样既可以防止因意外造成数据丢失，也可以在下一次开机重新运行 VB 后打开这个工程继续进行设计和修改工作。选择"文件"→"保存工程"命令或单击工具栏中的"保存"按钮，把在集成开发环境中打开的工程或工程组的所有内容进行存盘。

4. 打开工程

打开一个保存在磁盘上的工程或工程组，可以选择"文件"→"打开工程"命令，或单击工具栏中的"打开工程"按钮或按 Ctrl+O 键，使用这些方法后，将弹出"打开工程"对话框，即可选择相关文件。

5. 删除工程

选择"文件"→"移除工程"命令可以从一个工程组中删除一个工程。

13

第五节　程序设计的基本步骤

一、创建用户界面

创建用户界面即设计窗体以及在窗体中放置控件和对象。

1. 新建一个工程

对 Visual Basic 来说，用户创建的一个应用程序就是一个工程，一个工程中包含了该应用程序中所有的文件，当然，一个应用程序也可以由多个工程组成。

新建一个工程有如下两种方法：

方法 1：从 Windows 的开始菜单中启动 Visual Basic 6.0，出现"新建工程"对话框，在该对话框中，选择"标准 EXE"，然后单击"打开"按钮。

方法 2：在 Visual Basic 集成开发环境中，在"文件"菜单中单击"新建工程"子菜单，然后在"新建工程"对话框中，选择"标准 EXE"，单击"打开"按钮。

上述两种方法都可进入 Visual Basic 集成开发环境，由于此时用户没有设置工程的名称，所以 Visual Basic 先给定一个名为"工程 1"的默认工程名称，而这个工程一开始就含有一个默认的窗体"Form1"，并将该窗体放于窗体设计器窗口中。

2. 向窗体中添加控件

向窗体中添加控件的方法有以下两种：

方法 1：①用鼠标单击工具箱中的某一个控件(如标签控件)，然后将鼠标移动到窗体设计器中新建的窗体上，此时鼠标为"十"字状。

②按下鼠标左键，向右下拖动鼠标，当大小适当时松开鼠标，此时就在该窗体上画出了一个控件。

③重复步骤①、步骤②，向窗体中添加所有需要的控件。

方法 2：双击工具箱中的控件，即可在窗体中央画出控件。

两种方法的区别在于，方法 1 画出的控件大小和位置可随意确定，而方法 2 画出的控件的大小和位置是暂时固定的，当然，任何控件的大小和位置都可以根据需要而改变。

3. 调整已加入到窗体中的控件的位置、大小和布局

在窗体上添加控件时，控件的 4 个边框上共有 8 个蓝色小方块(小把柄)，这表明该控件是当前"活动"的控件，通常称为"当前控件"，或者可看成是当前被选定的控件，"当前控件"的意义在于，在窗体设计器中对控件的所有操作都是针对当前控件进行的，因此，对窗体下的所有控件进行操作前，应首先选择该控件为当前控件，然后再对该控件进行操作。所以说，选择控件是对控件进一步操作的基础。

(1)选择控件(改变当前控件)

①选择单个控件。在窗体设计器中，用鼠标单击窗体上的某个控件，被选择的控件的周围有 8 个实心的蓝色小方块，这表明该控件是当前"活动"的控件，通常称为"当前控件"，或者可看成是当前被选定的控件。

②同时选择多个控件：以下有 3 种方法可以实现同时选择多个控件：

方法 1：按住 Ctrl 键不放开，然后依次用鼠标单击要选择的所有控件。

方法 2：按住 Shift 键不放开，然后单击要选择的多个连续控件的第一个和最后一个。

方法 3：在窗体中适当的位置（没有控件的地方），按下鼠标左键并拖动到某一位置，可画出一个虚线矩形，在该矩形内的控件都将被选择。

当同时选择多个控件时，其中必有一个且仅有一个控件的周围有 8 个实心的蓝色小方块，称该控件为"基准对象"或"基准控件"，其余控件的周围有 8 个空心的小方块。

③取消控件的选择。在窗体的任何空白处单击鼠标，则可取消控件的选择，此时窗体成为当前被选择的对象。

（2）调整控件大小尺寸

初始出现在窗体中的控件大小尺寸不一定符合要求，还可以继续调整。

①调整单个控件大小尺寸的方法和步骤如下：

要调整控件的大小，必须先按上述方法选择控件，然后用以下两种方法进行缩放。

方法 1：用鼠标拖动上、下、左、右 4 个小方块中的某个小方块可以使控件在相应的方向上放大或缩小；而如果拖动 4 个角上的某个小方块，则可使控件同时在两个方向上放大或缩小。

方法 2：按下 Shift 键+方向箭头键调整控件的大小。

②多个控件尺寸的统一。操作方法如下：

● 按照前述方法选择多个控件。

● 单击菜单栏中的"格式"菜单项→指向"统一尺寸"→单击"宽度相同"或"高度相同"或"两者都相同"子菜单。

"宽度相同"：将被选取的所有控件设置成相同的宽度（以基准控件宽度为准）。

"高度相同"：将被选取的所有控件设置成相同的高度（以基准控件高度为准）。

"两者都相同"：将被选取的所有控件设置成相同的大小（以基准控件大小为准）。

（3）移动控件

当在窗体上画出所需要的控件后，其位置不一定符合要求，可通过以下方法调整其在窗体中的位置。

方法 1：在窗体设计器中用鼠标把窗体上的控件拖动到新位置。

方法 2：先选定某控件，然后按下 Ctrl 键+方向箭头键移动控件的位置。

（4）控件布局的调整

①多个控件之间的对齐：为了美化程序的用户界面，需要对已加入到窗体中的控件进行对齐调整，在对齐调整时，以基准控件为准。各控件间的对齐方式主要有：左对齐、右对齐、居中对齐、顶端对齐、中间对齐、底端对齐、对齐到网格。

左对齐：被选定的控件靠左边对齐。

右对齐：被选定的控件靠右边对齐。

居中对齐：被选定的控件往垂直的中心对齐。

顶端对齐：被选定的控件靠顶端对齐。

中间对齐：被选定的控件往水平的中心对齐。

底端对齐：被选定的控件底端对齐。

对齐到网格：被选定的控件按网格对齐。

对齐的设置方法如下：

方法1：单击菜单栏中的"格式"菜单，指向"对齐"菜单项，在出现的下级子菜单中单击其中的某一菜单命令来完成该种对齐方式。

方法2：单击"工具栏"中的"对齐方式"右端的箭头，然后从中选择一种对齐方式。

②控件在窗体中的对齐方式及设置方法。一个控件在窗体中的对齐方式主要有水平对齐和垂直对齐两种。

水平对齐：控件在窗体中的位置在水平方向上是居中的。

垂直对齐：控件在窗体中的位置在垂直方向上是居中的。

控件在窗体中的对齐方式设置方法如下：

方法1：单击菜单栏中的"格式"菜单，指向"在窗体中居中对齐"菜单项，在出现的下拉菜单中单击"水平对齐"或"垂直对齐"菜单命令。

方法2：在"窗体编辑器"工具栏中，单击"水平居中"右端的箭头，然后从中选择"水平对齐"或"垂直对齐"命令。

（5）锁定控件

当控件在窗体上的位置、大小都已调整好后，为了避免已处于理想位置的控件因不小心而移动，则可将控件锁定在当前位置。本操作只锁住选定窗体上的全部控件，不影响其他窗体上的控件。这是一个切换命令，因此，也可用来解锁控件位置。

方法1：单击"格式"菜单，在出现的下拉菜单中选择"锁定控件"菜单命令。

方法2：在"窗体编辑器"工具栏上单击"锁定控件切换"按钮。

注意：要调节锁定控件的位置，可按住 Ctrl 键，再用合适的箭头键"微调"已获焦点控件的位置。

（6）控件的复制

先利用前述方法选择控件，然后单击工具栏上的"复制"按钮或按下 Ctrl+C 组合键，将控件复制到剪贴板上，然后再单击工具栏上的"粘贴"按钮或按下 Ctrl+V 组合键，可将控件粘贴到窗体的左上角。

（7）控件的删除

首先在窗体设计器中选择要删除的控件，然后按以下方法删除：

方法1：按下<Delete>键。

方法2：单击工具栏上的"删除"或"剪切"按钮。

方法3：利用菜单栏中的"编辑"菜单中的"删除"或"剪切"菜单命令。

方法4：利用右键快捷菜单上的"删除"或"剪切"菜单命令。

二、设置对象属性

对窗体和控件等对象进行属性的设置，可以在程序设计阶段利用属性窗口设置，也可以通过程序代码在应用程序运行时修改它们的属性。

在程序设计阶段，可以利用属性窗口设置对象的属性，由于不同的属性，Visual Basic可能提供了不同属性值的设置方法，下面分以下3种情况进行介绍：

（1）在属性窗口中直接键入新属性值

当向窗体中添加了控件后，Visual Basic 就为该控件的某些属性，例如，Caption（标题）、Text（文本值）、Name（对象名称）等提供了默认值，为了提高程序的可读性，最好是重新输入便于记忆的属性值。操作方法是：

①在窗体设计器中选择某一控件；

②激活属性窗口；

③在属性窗口中找到所需要的属性，单击该属性，再单击该属性的属性值栏，即把插入点移到该属性的属性值栏中，或者双击该属性，则该属性的属性值呈反相显示；

④输入新属性值并按回车键。

（2）通过下拉列表选择所需要的属性值

有些对象的某些属性，例如，BorderStyle、DrawMode、MaxButton、MinButton、ForeColor 及 BackColor 等属性值的取值是固定的，所以对这样的属性值进行设置，不需要用户输入，而只是从属性窗口选择即可。操作方法是：

①在窗体设计器中选择某一控件；

②激活属性窗口；

③在属性窗口中找到所需要的属性，单击该属性，可见该属性的属性值的右端出现一个向下的箭头（即下拉列表）；

④单击该下拉列表的右端箭头，则在下拉列表中将显示出该属性所有可能的取值；

⑤从下拉列表中，单击某一取值，即把该属性设置成该值。

（3）利用对话框设置属性值

某些属性（例如，Font、Picture、Icon、Mouselcon 等属性）的属性值设置是通过对话框来完成的，操作方法是：

①在窗体设计器中选择某一控件；

②激活属性窗口；

③在属性窗口中找到所需要的属性，单击该属性，可见该属性的属性值的右端出现带有"…"的按钮；

④此时单击该按钮，将出现一个对话框，根据对话框的要求，设置相应的值，最后单击"确定"按钮，即可完成对属性值的设置。

三、编写程序代码

设置完毕窗体和控件的属性后，就可以编写它们响应事件的程序代码。当在窗体和控件上发生不同动作时，即发生不同事件时，系统会执行这些事件代码。

利用前面介绍的方法打开"代码编辑窗口"，单击该窗口中的"对象下拉列表框"右边的箭头按钮，从中单击 Form 对象，选择 Form 对象；再单击该窗口中的"事件下拉表框"右边的箭头按钮，从中单击"Load"事件，如图 1-9 所示。此时 Visual Basic 会在代码编辑窗口中自动生成以下代码：

```
Private Sub Form_Load( )

End Sub
```

其中：名称 Form_Load 就是事件过程的名称，该名称是由窗体的名称 Form、下画线 "_" 和事件的名称 Load 三者组合而成，表示当名称为 Form 的窗体的 Load 事件发生时（即当窗体被装入内存时），会执行名称为 Form_Load 事件的过程代码，可在 Private Sub Form _Load( ) 和 End Sub 之间输入程序代码即可。

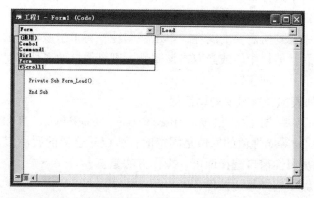

图 1-9   在"对象下拉列表框"中选择 Form 对象

四、保存工程

由于一个工程可由窗体文件(扩展名为 .frm)、标准模块文件(扩展名为 .bas)、类模块文件(扩展名为 .cls)、工程文件(扩展名为 .vbp)、工程组文件(扩展名为 .vbg)和资源文件(扩展名为 .res)等其中的几种组成。所以，在保存工程时，必然是分不同类型的文件来保存的。

对前面我们已经完成的工作，由于只有一个窗体和一个工程，所以只需要分别保存窗体文件和工程文件就可以了。保存工程文件的方法如下：

单击"文件"菜单，在出现的下拉菜单中，单击"保存工程"菜单项。如果是一个新建的工程，此时，Visual Basic 会出现如图 1-10 所示的"文件另存为"对话框。

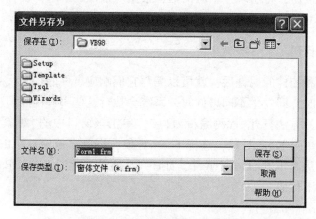

图 1-10   "文件另存为"对话框

18

在对话框中单击"保存在"下拉列表框，从中选择相应的盘符，在对话框中双击要保存到的文件夹名称，这些操作决定了文件要保存的位置，在"文件名"文件框中输入窗体文件保存时的文件名，例如："LoginForm"（此文件名默认为"Forml"），单击"保存"按钮，此时窗体文件保存完毕，接着系统又弹出"工程另存为"对话框，如图1-11所示，与窗体文件相类似，输入工程文件名后，然后单击"保存"。

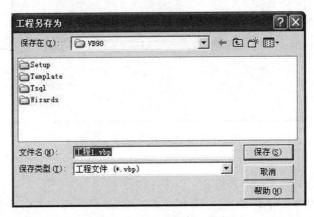

图1-11　"工程另存为"对话框

五、运行及调试程序

运行应用程序，检验运行结果是否满足要求，代码编写是否正确。如果运行有错误，Visual Basic 为用户提供了调试的工具。

在 Visual Basic 集成开发环境的设计状态下，单击工具栏上的"启动"按钮或按 F5 键，即可运行当前正在打开的工程，这种运行程序的模式称为解释运行模式。在解释运行模式下，Visual Basic 是每读完一行程序代码，就对该条语句进行解释并翻译成机器代码，接着执行这些代码，是属于每读一句然后翻译执行一句的模式，因此，这种方式的执行速度较慢。

六、生成可执行文件

在前面介绍的解释模式下运行程序，便于对程序的调试，但它只能在 Visual Basic 的集成开发环境下进行，无法脱离 Visual Basic，并且此模式下运行程序的速度较慢。为了使编好的程序能够脱离 Visual Basic 环境，作为一个程序在 Windows 环境下运行，则需要将程序编译成可执行的 .exe 文件，这种运行程序的模式称为编译运行模式。下面具体说明生成可执行程序的方法和步骤：

①单击"文件"菜单，在出现的下拉菜单中，单击"生成工程 1.exe"，则显示如图 1-12 所示的对话框。

②在对话框中，"文件名"部分是生成的可执行程序的文件名，可见默认的可执行文件名与工程文件名是相同的，其扩展名为 .exe，如果不想用默认的文件名，则可在"文件

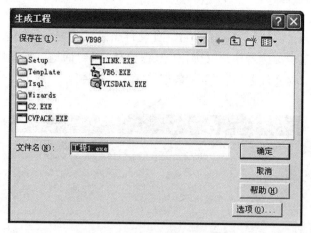

图 1-12　生成可执行程序对话框

名"所对应的文件框中输入新的名称。

③单击对话框中的"确定"按钮，则 Visual Basic 就对工程中的各个程序模块进行语法分析和编译处理，如果有错误，则需要对程序进行重新修改并重复以上过程。

第六节　程序语句

一、什么是 Visual Basic 程序语句

Visual Basic 程序中的一行代码称为一条程序语句，语句是执行具体操作的指令，每个语句行以回车(Enter)键结束。一个语句的长度最多不能超过1 023个字符。程序语句由 Visual Basic 的关键字、函数、运算符和所有 Visual Basic 编辑器可以识别的指令符号任意组合而成，但必须严格遵守 Visual Basic 的语法。

二、Visual Basic 程序的书写规则

在编写 Visual Basic 程序代码时要遵循程序的书写规则。在利用 Visual Basic 的编辑器输入语句的过程中，Visual Basic 系统会自动对输入的语句进行语法检查，如果发现语法错误，系统会说明错误原因。Visual Basic 的编辑器可以对输入的语句进行简单的格式化处理，例如，可以将关键字、函数的第一个字母自动变为大写。

(1) Visual Basic 允许一行中书写多个语句

一般情况下，为清楚起见，在输入程序时一行写一个语句比较好。但有时也可以在一行中写若干个语句，各语句之间用冒号":"隔开。例如：

x1 = 3：x2 = 4：x3 = 5

(2) 程序语句的续行

当一条语句很长时，为方便阅读，就可以使用续行符"_"将一个较长的语句分为多个

程序行。例如：

x1＝x2+x3+ _

x4+x5

特别需要注意的是，在使用续行符"_"时，它的前面至少要有一个空格，而且续行符只能出现在每行的末尾。

案 例 1

根据输入的往测和返测距离，计算相对误差和平均距离。

1. 窗体及相关控件

窗体及相关控件设置见表 1-3。

表 1-3　　　　　　　　　　　　窗体及相关控件属性设置

默认控件名	设置的控件名（Name）	标题（Caption）
Form1	Form1	距离计算
Label1	Label1	往测距离（m）：
Label2	Label2	返测距离（m）：
Label3	Label3	平均距离（m）：
Label4	Label4	相对误差：
Text1	Text1	—
Text2	Text2	—
Text3	Text3	—
Text4	Text4	—
Command1	Command1	计算
Command2	Command2	清除
Command3	Command3	退出

2. 程序代码

程序代码如下：

```
'Command1_Click()事件完成平均距离和相对误差的计算
Private Sub Command1_Click()
  Dim d1!, d2!, d!, dd!, k$
  d1 = Text1
  d2 = Text2
  d = (d1+d2) / 2
  dd = Abs(d1-d2)
```

```
    k = "1/" + Format( d / dd, "0" )
    Text3 = d
    Text4 = k
End Sub
```

```
' Command2_Click( )事件清除文本框内容
Private Sub Command2_Click( )
    Text1 = ""
    Text2 = ""
    Text3 = ""
    Text4 = ""
End Sub
```

```
' Command3_Click( )事件退出界面
Private Sub Command3_Click( )
    Unload Form1
End Sub
```

3. 运行结果

程序运行后界面如图 1-13 所示。

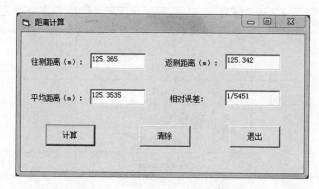

图 1-13　距离计算器运行界面

习　题　1

1. VB 系统集成环境包括哪几个窗口, 各有什么功能?
2. 什么是面向对象的程序设计? 什么是事件驱动?
3. 简述 VB 程序设计的基本步骤。

第二章　窗体和基本控件

第一节　窗　　体

　　窗体是一张画纸，进入 Visual Basic 后，我们可以使用"工具箱窗口"中的控件在窗体上进行界面设计，也可以通过改变窗体本身的属性来修饰其外观。

　　窗体的结构与 Windows 窗口十分类似，特征也差不多相同，主要包括标题栏、最小化按钮、最大化按钮、关闭按钮和窗体主体等几个部分。如图 2-1 所示，可以通过修改窗体的相关属性来设置其样式。

　　窗体是 Visual Basic 中的主要对象，具有自身的属性、事件和方法。

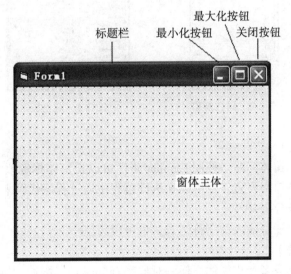

图 2-1　窗体的结构

一、窗体的属性

　　窗体的属性决定了窗体的外观和操作。通常可以通过属性窗口或在窗体事件过程中使用程序代码两种方法来设置窗体的属性。如图 2-2 所示，窗体的属性有很多，较常用的主要有以下 7 种：

1. BackColor(背景颜色)

该属性用来设置窗体的背景颜色。颜色是一个十六进制常量，每种颜色都用一个常数来表示。

在程序设计时，不必直接编辑这个常量来设置背景色，可以通过调色板来直观设置，只需选择属性窗口中的"BackColor"项，单击右端的箭头，将显示一个对话框，在该对话框中选择调色板，如图 2-3 所示，然后单击某个色块，即可将其设置为窗体的背景颜色。

图 2-2　属性窗口　　　　　图 2-3　调色板

2. Caption(标题)

该属性用来设置窗体标题。使用 Caption 属性可以把窗体标题改为所需要的名称。该属性既可以在属性窗口中设置，也可以在事件过程中通过程序代码来设置，其格式如下：

对象 . Caption[=字符串]

字符串是由用户任意输入的字符组成，也可以为空串。

3. Enabled(允许)

该属性用于激活或者禁止窗体。任一对象都有 Enabled 属性，其值只能设置为 True 或 False。在默认情况下，窗体的 Enabled 属性为 True。若将某对象的 Enabled 属性设置为 False，则该对象运行时显示为灰色，表明处于不活动状态，用户不能进行访问。

4. Height(高)

该属性用于指定窗体的高度，其单位为缇(twip)，即1/1 440英寸。该属性既可以在属性窗口中设置，也可以在事件过程中通过程序代码设置，其格式如下：

对象 . Height[=数值]

5. Name(名称)

该属性用来定义对象的名称。用 Name 属性定义的名称是在程序代码中使用的对象

24

名。Name 值不能为空串，并且在程序运行时，名称不能改变。

6. Visible(可见性)

用于设置对象的可见性。如果将该属性设置为 False，则对象将隐藏；如果设置为 True，则对象可见。该属性既可以在属性窗口中设置，也可以在事件过程中通过程序代码设置，其格式如下：

对象．Visible[＝逻辑值]

在默认情况下，其属性值为 True。

7. Width(宽)

该属性用于指定窗体的宽度，设置与 Height 属性相同。

二、窗体方法

方法实际上是 VB 提供的一种特殊的子程序，用来完成某一特定的操作。

调用方法的形式与调用过程不同，应当指明调用方法的对象，其格式如下：

对象名．方法名

窗体的方法较多，常用的主要有以下几种：

①Cls 方法：用来清除在窗体中显示的所有内容。

②Hide 方法：用来隐藏窗体，使其不可见。

③Move 方法：使用 Move 方法可以使对象(不包括时钟)移动，同时也可以改变被移动对象的尺寸。

④Print 方法：使用 Print 方法可以在窗体上显示文字。

⑤Show 方法：用来显示窗体，使其可见。

三、窗体事件

事件是指由系统预先设定的，能为对象识别，并触发相应的动作。每一种对象能识别的事件是不同的，这些事件可以在设计阶段从该对象的代码窗口右边过程框的下拉列表中看出。尽管每一种对象所支持的事件很多，但经常用到的只是其中的几种。

1. Click

Click 事件是单击鼠标左键时发生的事件。程序运行后，当单击窗口内的某个位置时，将触发窗体的 Click 事件。

2. DblClick

DblClick 事件是双击鼠标左键时发生的事件。程序运行后，双击窗口内的某个位置时，将触发窗体的 DblClick 事件。事实上，在双击鼠标左键时，将先后触发两个事件，第一次按鼠标左键时发生 Click 事件，第二次发生 DblClick 事件。

3. KeyPress

KeyPress 事件是用户敲击键盘时触发的事件。

4. Load

Load 事件在装入窗体后自动触发的事件，可以用来在启动程序时对属性和变量进行初始化。

5. MouseMove 事件

MouseMove 事件是鼠标在窗体内移动时发生的事件。程序运行后，当鼠标在窗体内移动时，将触发窗体的 MouseMove 事件。

6. Unload

当从内存中清除一个窗体时触发的事件。如果重新装入该窗体，则窗体中所有控件都要重新初始化。

第二节 基 本 控 件

控件是 Visual Basic 中的对象，它以图标的形式放在工具箱窗口中，每种控件都有一一对应的图标。启动 Visual Basic 后，可以通过打开工具箱窗口找出所需要的控件。工具箱窗口如图 2-4 所示。

由第一章第三节内容可知，在 VB 中控件包括内部控件、ActiveX 控件和可插入对象 3 类，本节将主要介绍内部控件中最常用的几种。

一、标签框

标签框(Label)是用来显示文本的控件。其内容不能被编辑，通常作为其他控件(如文本框、列表框、组合框)的说明或提示信息。标签框是在工具箱中的图标样式为"**A**"形状的工具按钮。

1. 标签的常用属性

标签的部分属性与窗体及其他控件相同，包括：FontBold、FontItalic、FontName、FontSize、FontUnderLine、Height、Left、Name、Top、Visible、Width 等。

其他属性说明如下：

(1)Alignment(对齐方式)

该属性用来确定标签框上标题的对齐方式。其取值为 0-Left Justify，1-Right Justify，2-Center，默认值为 0，其含义见表 2-1。

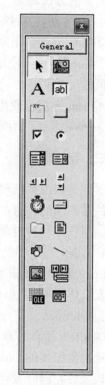

图 2-4 VB 工具箱窗口

表 2-1   **Alignment** 属性的设置

属性值	说　明
0-Left Justify	标签标题左对齐显示
1-Right Justify	标签标题右对齐显示
2-Center	标签标题居中对齐显示

(2)AutoSize(自动调整)

该属性用于设置标签框的大小是否按显示内容自动调整。当其值设置为"True"时，标

26

签框的大小将随着要显示的文本大小而变化。当此属性值设置为"False"时，则标签框的大小固定，文字太长时，超出标签框部分的内容将不能显示出来。系统默认值为"False"。

（3）BorderStyle（边框样式）

该属性用于设置标签框有无边框。其值为"0"时，标签无边框；当值为"1"时，标签呈现边框。此时边框的形状依据 Appearance 的属性设置。若 Appearance＝0-Flat 时，标签呈单直线边框；若 Appearance＝1-3D 时，标签呈立体凹凸形状。默认值为"0"。

（4）BackStyle（背景模式）

该属性用于设置标签框背景模式。其值为"0"时，标签为透明的；当值为"1"时，此时标签覆盖原背景内容。默认值为"1"。

（5）Caption（文本内容）

该属性用于设置标签框中需要显示的文本内容。

（6）Enabled（使能）

该属性用于设置标签框是否对用户的事件作出反应。其值为"True"时，允许标签对事件作出反应；当其值为"False"时，此时标签框中的文字变灰，表示禁止接收用户事件。默认值为"True"。

（7）WordWarp（文本伸展方式）

该属性用于设置标签框 Caption 属性的显示方式。其值为"True"时，则标签将在垂直方向上变化大小以适应标题文本的内容；其值为"False"时，则标签将在水平方向上扩展到标题中最长的一行。默认值为"False"。

（8）Height，Width，Left，Top（高度，宽度，左边距，上边距）

该属性用于设置标签框的高度、宽度及标签框距窗体左侧和顶部的距离，从而确定标签框的位置和大小。

2. 常用事件和方法

（1）Click（单击事件）

当用户在标签框上单击鼠标，就会产生 Click 事件，同时也将激活这一事件的处理程序。

（2）Dblclick（双击事件）

当用户在标签框上双击鼠标时，就会产生 DblClick 事件，同时也将激活这一事件的处理程序。

（3）Move（方法）

格式为：Move Left，Top，Width，Width，Height。

二、文本框

文本框（TextBox）是用来输入和显示文本的控件。在工具箱中，文本框是图标样式为"abl"形状的工具按钮。

1. 文本框的常用属性

除与窗体和标签框具有一些相同的属性外，文本框还具有如下属性：

（1）Locked（禁止编辑）

该属性用于指定文本框是否可以编辑。当值设置为"Flase"时，表示可以编辑文本框中的文本；若值设置为"True"时，表示可以滚动和反向显示文本，但不能进行编辑。默认值为"False"。

（2）MaxLength（最大长度）

该属性用来设置允许在文本框中输入的最大字符数。该属性默认值为"0"，表示在该文本框中输入的字符数不超过32K。

（3）MultiLine（多行文本）

若该属性值被设置为"False"，则在文本框中只能输入单行文本。当该属性的值被设置为"True"时，可以使用多行文本，在文本框输入或输出文本时可以换行，并在下一行接着输入或输出。

（4）PasswordChar（设口令域）

该属性用来设置文本框是否为一个口令域。在默认状态下，该属性被设置为空串。此时作为普通文本框显示用户用键盘输入的字符。当设置为＊时，则文本框不显示输入的实际文本，显示出来的都是＊。这一特性可用来设置口令。

（5）ScrollBars（滚动条）

该属性用来设置文本框中有没有滚动条。默认值为"0-None"，此时文本框没有滚动条。当 MultiLine 属性为"True"时，文本框中可以有滚动条，ScrollBars 对应的属性值见表2-2。

表2-2   **ScrollBars 属性的设置**

属性值	说　　明
0-None	文本框中没有滚动条
1-Horizontal	只有水平滚动条
2-Vertical	只有垂直滚动条
3-Both	同时具有水平和垂直滚动条

（6）SelLength（选中字符数）

该属性定义当前选中的字符数。当在文本框中选择文本时，该属性值会随着选择字符的多少而改变。如果 SelLength 属性值为 0，则表示未选中任何字符。该属性只能通过程序代码设置。

（7）SelStart（起始位置）

该属性为当前选择文本的起始位置。0 表示选择的开始位置在第一个字符之前，1 表示从第二个字符之前开始选择，依次类推。该属性只能通过程序代码设置。

（8）SelText（选中字符串）

该属性为当前选择的字符串。若没有选择文本，则该属性值为一个空串。如果在程序中设置该属性的值，则用该值代替文本框选中的文本。

（9）Text（设置内容）

该属性用来设置文本框中显示的内容。

2. 常用事件和方法

文本框除了支持 Click、DblClick 等鼠标事件外，还支持 Change、KeyPress、GotFocus、LostFocus 等事件。

（1）Change 事件

当用户向文本框输入新信息，或当程序把 Text 属性设置为新值从而改变文本框的 Text 属性时，将触发 Change 事件。程序运行后，在文本框内每输入一个字符，就会引发一次 Change 事件。

（2）KeyPress 事件

在按下与 ASCII 字符对应的键时将触发 KeyPress 事件。KeyPress 事件只识别 Enter，Tab 和 BackSpace 键，而 KeyDown 和 KeyUp 事件能够检测其他功能键、编辑键和定位键。

（3）GotFocus 事件

当文本框具有输入焦点（即处于活动状态）时，键盘上输入的每个字符都将在该文本框中显示出来。只有当一个文本框被激活并且可见性为"True"时才能接收到焦点。

（4）LostFocus 方法

当焦点离开当前文本框时，将触发 LostFocus 事件。

三、命令按钮

命令按钮（CommandButton）是 VB 中最常用的控件之一，主要用于接收 Click 事件。在工具箱中，其图标样式为"▭"形状的工具按钮。

1. 命令按钮的常用属性

（1）Cancel（取消）

该属性的默认值为"False"。当一个命令按钮的 Cancel 属性被设置为"True"，按 Esc 键与单击该命令按钮的作用相同。在一个窗体中，只允许有一个命令按钮的 Cancel 属性设置为"True"。

（2）Caption（标题）

该属性用来设置命令按钮的标题。使用 Caption 属性可以把命令按钮的标题改为所需要的名字。

（3）Default（默认按钮）

当一个命令按钮的 Default 属性被设置为"True"时，按回车键和单击该命令按钮的效果相同。在一个窗体中，只能有一个命令按钮的 Default 属性被设置为"True"。

（4）Style（显示类型）

该属性设置或返回一个值，这个值用来指定命令按钮的显示类型和操作。该属性在运行期间是只读的。该值可以选取以下两种：

①0：标准格式，为默认值。在命令按钮中只显示文本，不能显示图形。

②1：图形格式。控件用图形格式显示，在命令按钮中不仅可以显示文本，还可以显示图形。

（5）Picture（图形）

该属性可以给命令按钮指定一个图形。注意：在使用这个属性之前，应先将 Style 属性设置为"1"，否则，该属性无效。

（6）Visible（可见性）

该属性用于设置命令按钮的可见性。如果将该属性设置为"False"，则将隐藏对象；如果设置为"True"，则命令按钮可见。该属性既可以在属性窗口中设置，也可以在事件过程中通过程序代码设置，其设置的格式如下：

命令按钮 . Visible[=逻辑值]

在默认情况下，该属性的值为"True"。

2. 常用事件和方法

命令按钮没有特殊的事件和方法，主要就是 Click 事件，即当用户用鼠标单击按钮时发生的事件。

四、列表框

列表框（ListBox）用于在多个项目中做出选择的操作，在列表框中可以有多个项目供选择，用户可以通过单击某一项，选择自己需要的项目。如果项目过多，超出了列表框设计时的长度，则 Visual Basic 会自动给列表框加上垂直滚动条。在工具箱中，列表框是图标样式为"📧"形状的工具按钮。

1. 常用属性

列表框所支持的标准属性包括：Enabled，FontBold，FontItalic，FontSize，FontName，FontUnderline，Height，Left，Name，Top，Visible，Width 等。此外，列表框还有以下一些特殊的属性：

（1）Columns

该属性用来指定列表框的列数。当该属性设置为"0"（默认值）时，所有的项目按单列显示。如果该属性等于 1，则列表框呈多行多列显示；如果大于 1 且小于列表框中的项目数，则列表框呈单行多列显示。默认设置时，如果表项的总高度超过了列表框的高度，将在列表框的右边加上一个垂直滚动条，可以通过它上下移动列表。当 Columns 的设置值不为 0 时，如果表项的总高度超过了列表框的高度，将把部分表项移到右边一列或几列显示。当各项的宽度之和超过列表框宽度时，将自动在底部增加一个水平滚动条。

（2）ItemData

该属性用于为列表框中的每个列表设置一个对应的数值。

（3）List

该属性用来列出表项的内容。List 属性保存了列表框中所有值的数组，可以通过下标访问数组中的值，其格式为：

S $ =[列表框 .]List(下标)

例如：S $ =List1. List(8)将列出列表框 List1 第 9 项的内容。

也可以改变数组中已有的值，其格式为：

[列表框 .]List(下标)= S $

例如：List1. List(8)= "OK"将把列表框 List1 第 9 项的内容设置为 OK。

（4）ListCount

该属性列出列表框中表项的数量。列表框中表项的排列从 0 开始，最后一项的序号为 ListCount−1。例如：

X=List1. ListCount

执行该语句后，X 的值为列表框 List1 中的总项数。

（5）ListIndex

该属性用于记录当前选择的列表项的下标（索引值）。列表框中的第一项的下标为 0，第二项为 1，依次类推。如果没有选中任何项，则此属性值为−1。不能在属性窗口中设置该属性。

（6）Style

该属性用于设置控件外观，只能在设计阶段属性窗口中进行设置。其值可以设置为 0-Standard 标准形式或 1-CheckBox 复选框形式。

（7）SelCount

该属性用于确定列表框中已选项的个数。如果 MultiSelect 属性被设置为"1-Simple"或 "2-Extended"，则该属性用于读取列表框中所选项的数目。它通常与 Selected 一起使用，以处理控件中的所选项目。

（8）Selected

该属性实质上是一个数组，各个元素的值为"True"或"False"，每个元素与列表框中的一项相对应。当元素的值为"True"时，表明选择了该项，如为"False"则表示未选择。选择指定表项的语句格式为：

列表框 . Selected（索引值）

"索引值"从 0 开始，实际上是数组的下标，该语句返回一个逻辑值。用下列语句可以选择指定的表项或取消已选择的表项：

列表框名 . Selected（索引值）= True｜False

（9）Text

该属性的值为最后一次选中的表项的文本，但不能直接修改 Text 属性。

2. 常用事件

列表框事件主要包括 Click、DblClick、GotFocus 和 LostFocus 等控件的通用事件。

3. 常用方法

（1）AddItem

该方法用于在列表框中加入新的项目。其参数为字符串或字符串变量。其语法为：

［对象］. AddItem 项目字符串［，index］

AddItem 方法把"项目字符串"的文本内容放入"列表框"中。如果省略"索引值"，则文本被放在列表框的尾部。可以用"索引值"指定插入项在列表框中的位置，表中的项目从 0 开始计数，"索引值"不能大于"表中的项数−1"。该方法只能单个地向表中添加项目。

（2）Clear

该方法用来清除列表框中的全部内容，其格式为：

列表框 . Clear

执行 Clear 方法后，ListCount 重新被设置为"0"。

（3）RemoveItem

该方法用来删除列表框中指定的项目，其格式为：

列表框 . RemoveItem 索引值

RemoveItem 方法从列表框中删除以索引值为地址的项目，该方法每次只能删除一个项目。

五、组合框

组合框（ComboBox）是文本框和列表框的组合。也就是说，组合框是一种兼有文本框和列表框功能的独立控件。用户既可以在其列表框部分选择一个列表项，也可以在文本框中输入文本。但组合框不支持多列显示。在工具箱中，其图标样式为"▤"形状的工具按钮。

1. 常用属性

组合框中的一些常用属性与其他控件相同，列表框的属性基本上都是可用于组合框，此外，组合框还有自己的一些属性。

（1）Style

该属性用于确定组合框的类型和显示方式，其取值及意义见表 2-3。

表 2-3 **Style 属性的设置**

属性值	说　　明
0-Dropdown Combo	默认值，下拉组合框，既允许用户直接在文本框中输入文字，同时也可从下拉的列表框中进行选择
1-Simple Combo	简单组合框，是一个标准的列表框加一个文本框
2-Dropdown List	下拉列表框，只允许用户从列表框中进行选择，而不能在文本框进行输入

（2）Text

该属性值是用户所选择的列表框项目的文本，或是用户直接从编辑区输入的文本。

2. 常用事件和方法

组合框所响应的事件取决于它的 Style 属性：①当 Style 属性取值为 0 时，组合框能接收 Click 和 Change 事件；②当 Style 属性取值为 1 时，组合框能接收 Dblclick、Click 和 Change 事件；③当 Style 属性取值为 2 时，组合框只能接收 Click 事件。

组合框没有特殊的方法，列表框中的 AddItem、Clear、RemoveItem 方法也适用于组合框，并且用法与列表框中的相同。

六、图片框、图像框

图片框和图像框是 VB 中用来显示图形的两种基本控件，可在窗体的指定位置显示图形信息。在工具箱中，图片框和图像框是图标样式分别为"▨"、"▨"形状的工具按钮。

图片框和图像框以基本相同的方式出现在窗体上，都可以装入多种格式的图形文件。它们最主要的区别是：图像框不能作为父控件，也不能通过 Print 方法显示文本。

1. 常用属性

（1）Align

该属性用于设置图片框在窗体中的显示方式。默认值为"0-None"。其他几种选择值见表2-4。

表2-4　　　　　　　　　　　　　　　**Align 属性的设置**

属性值	说　明
0-None	无特殊显示
1-Align Top	位于窗体上端并与窗体一样宽
2-Align Bottom	位于窗体底部并与窗体一样宽
3-Align Left	位于窗体左端并与窗体一样宽
4-Align Right	位于窗体右端并与窗体一样宽

（2）AutoSize

该属性用于设置图片框是否与所选图像相适应。当默认值为 False，图像保持原有尺寸，若图形比图片框大，超出的部分将被截去；当取值为 True 时，图片框将根据图形大小自动调整尺寸。

（3）Picture

该属性用于设置调用在图片框和图像框中要显示的图形文件。图像框既可以在属性窗口加载，也可以在程序运行时调用 LoadPicture 函数进行设置。

（4）Stretch

该属性用于设置图像框是否与所选图像的大小相适应。当默认值为 False，此时图像框将适应所选图像的大小；当取值为 True 时，则所选图像将适应图像框的大小。

（5）LoadPicture

该函数的功能是在程序运行时调用图形文件，将图形加载到图片框和图像框控件中。函数的语法为：

［对象］. Picture＝LoadPicture（"图形文件绝对路径"）

LoadPicture 函数和 Picture 属性功能相同，但前者是在运行期间加载图形文件，而后者在设计时载入。

2. 常用事件和方法

图片框和图像框的常用事件是：Click 和 DblClick，它们分别是单击和双击图片框和图像框时发生的事件。

可以使用 Cls 和 Print 方法，其中 Cls 用于清屏，Print 用于在图片框上输出文本。

七、框架

Frame(框架)控件可以根据窗体中的各种功能进一步对其他控件进行分组，以便用户识别，另外，也可为框架内部的其他控件提供总体的激活或屏蔽特性。在工具箱中，框架是图标样式为"▢"形状的工具按钮。

1. 常用属性

（1）Caption

Caption 属性值设定框架上的标题名称。如果 Caption 为空字符。则框架为封闭的矩形框，但是框架中的控件仍然与单纯用矩形框框起来的控件不同。

（2）Enabled

如果将框架的 Enabled 属性设置为"False"，程序运行时该框架在窗体中的标题正文为灰色，表示框架内的所有对象均被屏蔽，不允许用户对其进行操作。

（3）Visible

若框架的 Visible 属性设置为"False"，则在程序执行期间，框架及其所有控件全部被隐藏起来。也就是说，对框架的操作也是对其内部其他控件的操作。

2. 常用事件

框架可以响应 Click 和 DblClick 事件。但在应用程序中一般不需要编写有关框架的事件过程。

八、单选按钮

单选按钮(OptionButton)用于建立一系列的选项供用户选择，一般情况是成组出现。在这些选项中，用户只能并必须选择其中的一个选项。在工具箱中，单选按钮是图标样式为"⊙"形状的工具按钮。

1. 常用属性

（1）Value

该属性用于设定单选按钮是否被选中。当其值设置为"True"时，单选按钮的中央有一个黑色实心点，表示选中；当其值为"False"时，单选按钮的中央为一个空心圆，表示未被选中。

（2）Enabled

该属性用于设定单选按钮是否禁用。当其值设置为"False"时，单选按钮为灰色，表示禁用。

2. 常用事件

单选按钮的主要事件为 Click 事件。当单击单选按钮时触发该事件。

九、复选框

复选框(CheckBox)也称检查框。在执行应用程序时单击复选框可以使"选"或"不选"交替起作用，也就是说，单击一次"选"（复选框中出现"√"记号），再单击一次为"不选"（复选框中"√"记号消失）。每单击一次，复选框都产生一个 Click 事件，以"选"或"不选"响应。在工具箱中,其图标样式为"☑"形状的工具按钮。

1. 常用属性

(1) Alignment

该属性用于设定复选框标题的位置。其默认值为"0-Left Justify",选择该值则标题在复选框的右边;Alignment 属性的值为"1-Right Justify",则表示标题在复选框的左边。该属性也适用于单选按钮。

(2) Value

该属性用于设定复选框是否为选定状态。各取值的意义:默认值"0-UnChecked",复选框未选定;"1-Checked"为复选框选定;"2-Grayed"为复选框不可使用,此时复选框为灰色。

2. 常用事件和方法

①主要事件有 Click 和 KeyPress 事件,即用户单击和按键操作时触发的事件。

②主要方法有 SetFocus,将焦点移至指定的控件或窗体。

十、滚动条

滚动条(ScrollBar)通常用来附在窗体上协助观察数据或确定位置,也可用来作为数据输入的工具。滚动条有水平和垂直两种,可以通过工具箱中的水平滚动条和垂直滚动条工具来建立。在工具箱中,水平和垂直滚动条是图标样式分别为"◀▶"、"▤"形状的工具按钮。

水平滚动条的滑块在最左端代表最小值 Min,由左往右移动时,代表的值随之递增,在最右端代表最大值 Max。垂直滚动条的滑块在最上端代表最小值,由上向下移动时,代表的值随之递增,到最下端为最大值 Max。

1. 常用属性

(1) Max

该属性表示当滑块处于滚动条最大位置时所代表的值(-32 768~32 767)。

(2) Min

该属性表示当滑块处于滚动条最小位置时所代表的值(-32 768~32 767)。

(3) SmallChange

该属性表示用户单击滚动条两端箭头时,滑块移动的增量值。

(4) LargeChange

该属性表示用户单击滚动条的空白处,滑块移动的增量值。

(5) Value

该属性表示滚动条内滑块所处位置代表的值。

2. 常用事件

与滚动条有关的重要事件有 Scroll 和 Change。当拖动滑块时会触发 Scroll 事件,而当改变 Value 属性(滚动条内滑块位置改变)会触发 Change 事件。

案　例　2

1. 投影带号及中央经度计算

已知某点的经度为 L，求 6°带、3°带和 1.5°带的带号和各自的中央经度 L_0。

（1）窗体、框架等相关控件

窗体、框架等相关控件设置分别见表 2-5 和表 2-6。

表 2-5　　　　　　　　　　　　**窗体、框架等控件属性设置**

默认控件名	设置的控件名（Name）	标题（Caption）
Form1	frm_dhjzyjx	带号及中央经度
Label1	Label1	请输入经度 L（度.分秒）：
Text1	txt_L	无定义
Command1	Cmd_js	计　算
Command2	Cmd_qc	退　出
Frame1	Frame1	6°带
Frame2	Frame2	3°带
Frame3	Frame3	1.5°带

表 2-6　　　　　　　　　　**窗体界面中各框架内控件属性设置**

框架	默认控件名	设置的控件名（Name）	标题（Caption）
Frame1 （Caption = "6°带"）	Label2	Label2	带号：
	Label3	Label3	中央经度：
	Text2	txt_n6	无定义
	Text3	txt_L6	无定义
Frame2 （Caption = "3°带"）	Label4	Label4	带号：
	Label5	Label5	中央经度：
	Text4	Txt_n3	无定义
	Text5	txt_L3	无定义
Frame3 （Caption = "1.5°带"）	Label6	Label4	带号：
	Label7	Label5	中央经度：
	Text6	Txt_n1_5	无定义
	Text7	txt_L1_5	无定义

(2)程序代码

程序代码如下：

'Cmd_js_Click( )完成带号及中央经度的计算：

```
Private Sub Cmd_js_Click( )
    Diml#, n6%, n3%, n1_5%, l6%, l3%, l1_5#
    l =jdzh( Val( Txt_L), 0, 1)  '函数 jdzh( )的代码见第五章中案例 5 的"2. 角度单位
转换"
    n6 = Int(l / 6) + 1
    l6 = n6 * 6-3
    n3 = Int((l - 1.5) / 3) + 1
    l3 = n3 * 3
    n1_5 = Int((l - 0.75) / 1.5) + 1
    l1_5 = n1_5 * 1.5
    txt_n6 = Trim(Str(n6))
    txt_L6 = Trim(Str(l6))
    txt_N3 = Trim(Str(n3))
    txt_L3 = Trim(Str(l3))
    txt_N1_5 = Trim(Str(n1_5))
    txt_L1_5 = Format(l1_5, "0.00")
End Sub
'Cmd_tc_Click( )事件退出界面
Private Sub Cmd_tc_Click( )
    Unload frm_dhjzyjx
End Sub
```

(3)运行结果

程序运行后界面如图 2-5 所示。

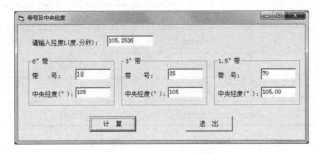

图 2-5　投影带号及中央经度计算运行界面

2. 坐标正算

已知一点坐标 $A(X_A, Y_A)$、水平距离 D_{AB} 和坐标方位角 a_{AB}，求另一点坐标 $B(X_B, Y_B)$。

37

（1）窗体、框架等相关控件

窗体、框架等相关控件设置分别见表2-7与表2-8。

表2-7 　　　　　　　　　　　　 **窗体、框架等控件属性设置**

默认控件名	设置的控件名（Name）	标题（Caption）
Form1	frm_zbzs	坐标正算
Command1	Cmd_js	计 算
Command2	Cmd_qc	退 出
Frame1	Frame1	输入已知数据
Frame2	Frame2	求另一点坐标
Frame3	Frame3	坐标方位角单位

表2-8 　　　　　　　　　　　 **窗体界面中各框架内控件属性设置**

框 架	默认控件名	设置的控件名（Name）	标题（Caption）
Frame1 （Caption="输入已知数据"）	Label1	Label1	XA：
	Label2	Label2	YA：
	Label3	Label3	DAB：
	Label4	Label4	aAB（度）：
	Text1	txt_xa	无定义
	Text2	txt_ya	无定义
	Text3	txt_dab	无定义
	Text4	txt_aab	无定义
Frame2 （Caption="求另一点坐标"）	Label5	Label5	XB：
	Label6	Label6	YB：
	Text5	txt_xb	无定义
	Text6	txt_yb	无定义
Frame3 （Caption="坐标方位角单位"）	Option1	opt_fwj	度．分秒
	Option1	opt_fwj	度
	Option1	opt_fwj	弧度

（2）程序代码

程序代码如下：

'Form_Load（）事件将初始角度单位设置为度．分秒

Private Sub Form_Load（）

```
    opt_fwj(0) = True
End Sub


'cmd_js_Click()事件完成坐标正算
Private Sub cmd_js_Click()
    Dim dab#, aab#, xa#, ya#, xb#, yb#, yb#, dw%
    xa = Val(txt_xa)
    ya = Val(txt_ya)
    dab = Val(txt_dab)
    aab = Val(txt_aab)
    dw=0'输入角度单位为度. 分秒
    If opt_fwj(1) Then'输入角度单位为度
     dw = 1
    ElseIf opt_fwj(2) Then'输入角度单位为弧度
     dw = 2
    End If
    aab=jdzh(aab, dw)'函数 jdzh()的代码见第五章中案例 5 的"2. 角度单位转换"
    xb = xa + dab * Cos(aab)
    yb = ya + dab * Sin(aab)
    b = Round(xb, 3)
    yb = Round(yb, 3)
    txt_xb = Trim(Str(xb))
    txt_yb = Trim(Str(yb))
End Sub
'cmd_tc_Click()事件退出界面
Private Sub cmd_tc_Click()
    Unload frm_zbzs
End Sub
```

(3)运行结果

程序运行后界面如图 2-6 所示。

3. 坐标反算

已知两点坐标 $A(X_A, Y_A)$、$B(X_B, Y_B)$，求水平距离 D_{AB} 和坐标方位角 α_{AB}。

(1)窗体、框架等相关控件

窗体、框架等相关控件设置分别见表 2-9 与表 2-10。

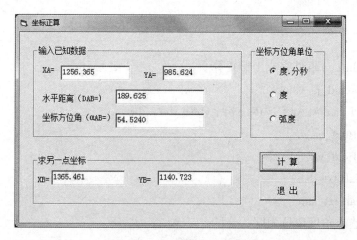

图 2-6　坐标正算运行界面

表 2-9　　　　　　　　　　　　窗体、框架等控件属性设置

默认控件名	设置的控件名（Name）	标题（Caption）
Form1	zbfs	坐标反算
Frame1	Frame1	已知数据
Frame2	Frame2	计算结果
Frame3	Frame3	方位角单位设置
Command1	Cmd_js	计　算
Command2	Cmd_qc	清　除
Command3	Cmd_tc	退　出

表 2-10　　　　　　　　　　窗体界面中各框架内控件属性设置

框　架	默认控件名	设置的控件名（Name）	标题（Caption）
Frame1 （Caption＝"已知数据"）	Label1	Lbl_xa	XA＝
	Label2	Lbl_ya	YA＝
	Label3	Lbl_xb	XB＝
	Label4	Lbl_yb	YB＝
	Text1	Txt_xa	无定义
	Text2	Txt_ya	无定义
	Text3	Txt_xb	无定义
	Text4	Txt_yb	无定义

框　架	默认控件名	设置的控件名（Name）	标题（Caption）
Frame2 （Caption="计算结果"）	Label5	Lbl_dab	水平距离（DAB）：
	Label6	Lbl_aab	方位角（αAB）：
	Text5	Txt_dab	无定义
	Text6	Txt_aab	无定义
Frame3 （Caption="方位角单位设置"）	Combo1	cmb_fwj	无定义

（2）程序代码

程序代码如下：

'自定义函数 jddw( )的功能是将弧度转换为不同的角度单位及表现形式

```
Function jddw(hd#, n%) As Variant
    Const pi As Double = 3.141 592 653 589 79
    Dim jd#, d%, f%, m#, fh%
    If n = 3 Then '输出单位为弧度
        jddw = Format(hd, "0.000 000 000 0")
    Else
        fh = Sgn(hd)
        jd = Abs(hd) * 180 / pi
        d = Int(jd)
        f = Int((jd - d) * 60)
        m = ((jd - d) * 60 - f) * 60
        If n = 0 Then '输出单位为度. 分秒
        jddw = Format((d + f / 100 + m / 10 000) * fh, "0.000 000")
        ElseIf n = 1 Then '输出单位为度°分'秒"
        jddw = Format(d, "0") & "°" & Format(f, "00") & "'" _
                & Format(m, "00.00") & """"
        ElseIf n = 2 Then '输出单位为度
            jddw = Format(jd * fh, "0.000 000 00")
        End If
    End If
End Function


'Form_Load( )事件完成组合框(cmb_fwj)项目的加载
Private Sub Form_Load( )
    cmb_fwj. AddItem "度. 分秒"
```

```
    cmb_fwj. AddItem "度°分′秒″"
    cmb_fwj. AddItem "度"
    cmb_fwj. AddItem "弧度"
    cmb_fwj. ListIndex = 0
End Sub


'Cmd_js_Click()事件完成坐标反算
Private Sub Cmd_js_Click()
    Dim xa#, ya#, xb#, yb#, dab#, aab#
    Dim dx#, dy#
    xa = Val(Txt_xa. Text)
    ya = Val(Txt_ya. Text)
    xb = Val(Txt_xb. Text)
    yb = Val(Txt_yb. Text)
    dx = xb - xa
    dy = yb - ya
    dab = Sqr(dx ^ 2 + dy ^ 2)
    aab = pi / 2 * (2 - Sgn(dy + 10 ^ -10)) - Atn(dx / (dy + 10 ^ -10))
    Txt_dab. Text = Format(dab, "0.000")
    Txt_aab. Text = jddw(aab, cmb_fwj. ListIndex)
End Sub
'cmd_qc_Click()事件清除文本框数据
Private Sub cmd_qc_Click()
    Txt_xa = ""
    Txt_ya = ""
    Txt_xb = ""
    Txt_yb = ""
    Txt_dab = ""
    Txt_aab = ""
End Sub


'Cmd_tc_Click()事件退出界面
Private Sub Cmd_tc_Click()
    Unload Frm_zbfs
End Sub
```
(3)运行结果

程序运行后界面如图 2-7 所示。

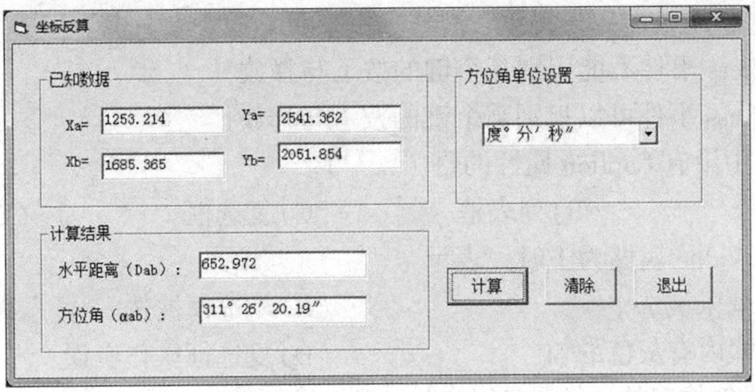

图 2-7　坐标反算运行界面

习　题　2

一、选择题

1. VB 窗体设计器的主要功能是(　　)。

　(A)显示文字　　　　(B)建立用户界面　(C)编写源程序代码　(D)画图

2. 以下叙述中正确的是(　　)。

　(A)对象的 Name 属性值可以为空

　(B)可以在程序运行期间改变对象的 Name 属性值

　(C)窗体的 Name 属性值是显示在窗体标题栏中的字符串

　(D)窗体的 Name 属性用来标识和引用窗体

3. 改变显示在窗体标题栏中的标题使用的属性是(　　)。

　(A)(名称)　　　　(B)FontName　　　(C)Caption　　　　　(D)Text

4. 以下叙述中错误的是(　　)。

　(A)窗体的 Show 方法的作用是将指定的窗体装入内存并显示该窗体

　(B)窗体的 Hide 方法和 Unload 方法的作用完全相同

　(C)若工程文件中有多个窗体，可以根据需要指定一个窗体为启动窗体

　(D)使 Print 方法在窗体上失效的窗体事件是 Load

5. 下列语句中，能够暂时隐藏窗体 Form1，但不释放它所占用的内存空间的是(　　)。

　(A)Unload Form1　(B)Form1. Unload　(C)Hide Form1　　　(D)Form1. Hide

6. 下列语句中，能够加载并显示窗体 Form1 的是(　　)。

　(A)load Form1　　(B)Form1. load　　(C)show Form1　　　(D)Form1. show

7. 以下叙述中错误的是(　　)。

　(A)在 KeyUp 和 KeyDown 事件过程中，从键盘上输入 A 或 a 被视为相同的 KeyCode 码

（B）在 KeyUp 和 KeyDown 事件过程中，将键盘上的"1"和右侧小键盘上的"1"视为不同的 KeyCode 码

（C）KeyPress 事件不能识别某个键的按下与释放

（D）KeyPress 事件可以识别某个键的按下与释放

8. 下列控件中没有 Caption 属性的是（　　）。

（A）框架　　　　　（B）列表框　　　　　（C）复选框　　　　　（D）单选按钮

9. 复选框的 Value 属性为 1 时，表示（　　）。

（A）复选框未被选中　　　　　　　（B）复选框被选中

（C）复选框内有灰色的勾　　　　　（D）复选框操作有误

10. 用来设置斜体字的属性是（　　）。

（A）FontItalic　　　　（B）FontBold　　　　（C）FontName　　　　（D）FontSize

11. 将数据项"China"添加到列表框 List1 中成为第二项应使用（　　）语句。

（A）List1. AddItem "China"，1　　　（B）List1. AddItem "China"，2

（C）List1. AddItem 1，"China"　　　（D）List1. AddItem 2，"China"

12. 引用列表框 List1 最后一个数据项，应使用（　　）语句。

（A）List1. List（List1. ListCount）　　　（B）List1. List（ListCount）

（C）List1. List（List1. ListCount-1）　　（D）List1. List（ListCount-1）

13. 假如列表框 List1 有 4 个数据项，那么把数据项"条件平差"添加到列表框的最后，应使用（　　）语句。

（A）List1. AddItem 3，"条件平差"

（B）List1. AddItem" 条件平差"，List1. ListCount-1

（C）List1. AddItem" 条件平差"，3

（D）List1. AddItem" 条件平差"，List1. ListCount

14. 执行了下面的程序后，列表框中的数据项有（　　）。

```
Private Sub Form_Click( )
    For i = 1 to 6
        List1. AddItem i
    Next i
    For i = 1 to 3
        List1. RemoveItem i
    Next i
End Sub
```

（A）1，5，6　　　（B）2，4，6　　　C）4，5，6　　　（D）1，3，5

15. 如果列表框 List1 中没有选定的项目，则执行 List1. RemoveItem List1. ListIndex 语句的结果是（　　）。

（A）移去第一项　　　　　　　（B）移去最后一项

（C）移去最后加入列表中的一项　　　　（D）以上都不对

16. 如果列表框 List1 中只有一个项目被用户选定，则执行 Debug. Pring List1. Selected

（List1. ListIndex）语句的结果是(   )。

  （A）在 Debug 窗口输出被选定的项目的索引值

  （B）在 Debug 窗口输出 True

  （C）在窗体上输出被选定的项目的索引值

  （D）在窗体上输出 True

17. 下列说法中正确的是 (   )。

  （A）通过适当的设置，可以在程序运行期间，让时钟控件显示在窗体上

  （B）在列表框中不能进行多项选择

  （C）在列表框中能够将项目按字母从大到小排序

  （D）框架也有 Click 和 DblClick 事件

18. 为了防止用户随意将光标置于控件之上，应(   )设置。

  （A）将控件的 TabIndex 属性设置为 0

  （B）将控件的 TabStop 属性设置为 True

  （C）将控件的 TabStop 属性设置为 False

  （D）将控件的 Enabled 属性设置为 False

19. 滚动条产生 Change 事件是因为 (   )值改变了。

  （A）SmallChange （B）Value   （C）Max   （D）LargeChange

20. 如果要每隔 15s 产生一个 Timer 事件，则 Interval 属性应设置为(   )。

  （A）15   （B）900   （C）15 000   （D）150

21. 列表框的(   )属性是数组。

  （A）List 和 ListIndex   （B）List 和 ListCount

  （C）List 和 Selected   （D）List 和 Sorted

22. 用户在使用 ActiveX 控件之前，需要将它们加载到工具箱中，下面(   )操作可进行 ActiveX 控件的加载。

  （A）工程→部件... （B）视图→工具箱 （C）工具→选项... （D）工程→引用

23. 在窗体上画一个列表框，然后编写如下两个事件过程：

```
Private Sub Form_Click( )
List1. RemoveItem 1
List1. RemoveItem 3
List1. RemoveItem 2
End Sub
Private Sub Form_Load( )
List1. AddItem "ItemA"
List1. AddItem "ItemB"
List1. AddItem "ltemC"
List1. AddItem "ItemD"
List1. AddItem "ItemE"
End Sub
```

运行上面的程序，然后单击窗体，列表框中所显示的项目为(　　　)。

    (A)ItemA 与 ItemB   (B)ItemB 与 ItemD

    (C)ItemD 与 ItemE   (D)ItemA 与 ItemC

24. 假定在图片框 Picture1 中装入了一个图形，为了清除该图形(不删除图片框)，应采用的正确方法是(　　　)。

    (A)选择图片框，然后按 Del 键

    (B)执行语句 Picture1. Picture = LoadPicture("")

    (C)执行语句 Picture1. Picture = " "

    (D)选择图片框，在属性窗口中选择 Picture 属性，然后按回车键

25. 如果在列表框中每次只能选择一个列表项时，则应将其 Multiselect 属性设置为(　　　)。

    (A)0   (B)1   (C)2   (D)3

26. 要将一个组合框设置为简单组合框(Simple Combo)，则应该将其 Style 属性设置为(　　　)。

    (A)0   (B)1   (C)2   (D)3

二、编程题

1. 编写角度侧方交会和后方交会的程序。

2. 编写同一平面内点到直线垂足坐标计算的程序。

3. 编写竖直角和竖盘指标差计算的程序。

第三章 Visual Basic 语言基础

第一节 数据类型

在各种程序语言中，数据类型的规定和处理方法是各不相同的。VB 不仅提供了丰富的基本数据类型，用户还可以根据需要进行自定义类型。

一、基本数据类型

基本数据类型是系统定义的数据类型，表 3-1 列出了 Visual Basic 支持的基本数据类型，包括相应的存储大小和范围。

表 3-1 　　　　　　　　　　　　　　Visual Basic 的基本数据类型

数据类型	关键字	类型符	前缀	占字节数	范　　　围
字节型	Byte	无	byt	1	0～255
逻辑型	Boolean	无	bln	2	True 与 False
整型	Integer	%	int	2	−32 768～+32 767
长整型	Long	&	lng	4	−2 147 483 648～+2 147 483 647
单精度型	Single	!	sng	4	负数：−3.402 823E+38～−1.401 298E−45 正数：1.401 298E−45～3.402 823E+38
双精度型	Double	#	dbl	8	负数：−1.797 693 134 862 316D+308～4.940 656 458 412 47D−324 正数：4.940 656 458 412 47D−324～1.797 693 134 862 316D+308
货币型	Currency	@	cur	8	−922 337 203 685 477.580 8～922 337 203 685 477.580 7
日期型	Date(Time)	无	dtm	8	日期：100 年 1 月 1 日～9999 年 12 月 31 日 时间：00：00：00～23：59：59
字符型	String	$	str	字符串长度有关	0～65 535 个字符
对象型	Object	无	obj	4	任何引用对象
变体型	Variant	无	vnt	根据需要分配	

1. 数值(Numeric)数据类型

数值类型分别是：Integer、Long、Single、Double、Currency 和 Byte 等。

(1)Integer 和 Long 型

Integer 和 Long 型用于保存整数。整数运算速度快、精确，但表示数的范围小。例如：123、-123 表示整数；要表示长整数，只要在数字后加符号"&"，如 123&。

(2)Single 和 Double 型

Single 和 Double 型用于保存浮点实数，浮点实数表示数的范围大，但有误差。

单精度浮点数表示形式有 3 种：带有小数点的数、在数字后面加符号"!"和科学记数法。例如，123.45、123.45!、0.123 45E+3 都表示为单精度浮点数。

要表示双精度浮点数，只要在数字后加符号"#"或在科学记数法中用 D 代替 E。例如：123.45#、0.123 45E+3#、0.123 45D+3 都表示双精度浮点数。

(3)货币类型(Currency)

货币类型(Currency)是定点实数或整数，最多保留小数点右边 4 位和小数点左边 15 位，用于货币计算。表示形式就是在数字后加@ 符号，如 123.45@ 、1 234@ 。

(4)字节类型(Byte)

字节类型(Byte)是一种数值类型，在计算机内用一个字节表示无符号的整数用于存储二进制，取值范围是 0~255。

2. 字符串(String)数据类型

String 类型存放字符数据。字符可以包括所有西文和汉字，之间用双引号""括起。例如："12 345"、"X 坐标"、"程序设计"等。

字符串包含的字符个数称为字符串长度，VB 中的字符串可细分为两种类型：定长字符串和变长字符串。

定长字符串：事先定义字符串的长度(即字符串内所含字符的个数)，在程序运行过程中，始终保持其长度不变的字符串。假定定义 *K* 是长度为 10 的定长字符串，如果给 *K* 赋值时，字符个数少于 10，则用空格将不足部分填充，如果所赋字符个数超过 10，则截去字符串右边超过部分的字符。

变长字符串：字符串的长度不固定，随着对字符串变量赋不同的值，其长度可以发生变化。按照缺省规定，一个字符串如没有指定固定长度的，都属于变长字符串。

对于字符串型数据，有以下几点需要说明：

①在 VB 中，把汉字作为一个字符处理；

②长度为 0 的字符串(即不含任何字符的字符串)称为空串，表示为"   "；

③双引号是字符串的定界符。从键盘输入字符串时，不需要输入双引号，在屏幕上输出一个字符串时，不显示双引号，只显示字符串本身；

④如果字符串本身包含有双引号，则应在有双引号的位置连续用两个双引号表示；

⑤在字符串中，字符的比较是通过 ASCII 码值来实现的，所以字符的大小写是有区别的。

3. 日期(Date)数据类型

Date 数据类型按 8 字节的浮点数来存储，表示的日期范围从公元 100 年 1 月 1 日至

9999 年 12 月 31 日，时间范围从 0：00：00 至 23：59：59。

其表示方法有两种：一种是以任何字面上可被认作日期和时间的字符，只要用符号"#"括起来表示；另一种是以数字序列表示。

例如：#January 1，2011#；#1 Jan，2011#；#5/12/98#；#2011-8-20 12：30：00PM# 等都是合法的日期型数据。

当以数字序列表示时，小数点左边的数字代表日期，而小数点右边的数字代表时间；0 为午夜，0.5 为中午 12 点；负数代表的是 1899 年 12 月 31 日之前的日期和时间。如 -2.5表示的日期为 1899 年 12 月 28 日 12：00：00。

4. 逻辑(Boolean)数据类型

Boolean 数据类型用于逻辑判断，它只有 True 和 False 两个值。当逻辑数据转换成整数数据时，True 转换为-1，False 转换为 0；当将其他类型数据转换成逻辑数据时，非 0 数转换为 True，0 转换为 False。

5. 对象型(Object)

对象型(Object)数据以 32 位(4 个字节)地址来存储，该地址可引用应用程序中的对象，用来表示图形、OLE 对象或者其他对象。

6. 可变型数据(Variant)

可变型数据也称通用类型，是可以随着所赋值类型的不同而改变自身类型的一类特殊数据类型，系统默认的数据类型是可变型。

假设定义 a 为通用体变量，则在 a 中可以存放任何类型的数据。例如：

a = "dm"

a = "123.654"

根据赋给 a 的值的类型不同，变量 a 的类型不断变化。

二、用户自定义数据类型

在 VB 中，除了综上所述的基本数据类型外，还提供了让用户自己定义的数据类型，也称为记录类型。它由若干个基本数据类型组成，类似于 C 语言中的结构类型、Pascal 中的记录类型。自定义类型通过 Type 语句来实现。

形式如下：

[Private | Public] Type　自定义类型名

　　　元素名 As 数据类型

　　　元素名 As 数据类型

　　　　…

End Type

说明：[Private | Public]是两个可选项，它们表示自定义数据类型的作用范围，将在第五章进行详细的讲解。

在定义了自定义数据类型以后，就可以定义该类型的变量。

例如：以下定义了一个有关测量点信息的自定义类型：

Type PointType

```
strDm    As string           ' 点名
strSx    As string           ' 属性
sngX     As single           ' X 坐标
sngY     As single           ' Y 坐标
sngH     As single           ' H 坐标
End Type
Dim p1 As    PointType
```

第二节 常量与变量

在机器语言与汇编语言中，借助于对内存单元的编号(称为地址)访问内存中的数据。而在高级语言中，需要将存放数据的内存单元命名，通过内存单元名来访问其中的数据。命了名的内存单元，就是常量或变量。

一、常量

常量是在程序运行过程中数据保持不变的量，有以下两类：一类是用户声明的常量；另一类是系统提供的常量。

1. 用户声明的常量

形式如下：

Const 常量名 [As 类型]=表达式

其中，As 类型说明了该常量的数据类型，省略该选项，数据类型由表达式决定。用户也可在常量后加类型符。表达式可以是数值常数、字符串常数以及由运算符组成的表达式。例如：

Const Pi As Double = 3. 141 592 653 589 79   ' 声明了常量 Pi，代表"π"值，为双精度类型

与以下定义效果相同：

Const Pi = 3. 141 592 653 589 79

Const Pi# = 3. 141 592 653 589 79

2. 系统提供的常量

除了用户通过声明创建常量外，VB 系统提供了应用程序和控件的系统定义的常量，系统定义的常量位于对象库中，在"对象浏览器"中的 Visual Basic(VB)等对象库中列举了 Visual Basic 的常量。其他提供对象库的应用程序，如 Visual Basic for Application Excel 和 Microsoft Project，也提供了常量列表，这些常量可与应用程序的对象、方法和属性一起使用。在每个 ActiveX 控件的对象库中也定义了常量。

为了避免不同对象中同名常量的混淆，在引用时可使用两个小写字母前缀，限定在哪个对象库中，例如：

vb：表示 VB 和 VBA 中的常量。

xl：表示 Excel 中的常量。

db：表示 Data Access Object 库中的常量。

通过使用常量，可使程序变得易于阅读和编写。同时，常量值在 Visual Basic 更高版本中可能还要改变，常量的使用也可以使程序保持兼容性。

例如，窗口状态属性 WindowsState 可接受下列常量，见表 3-2。

表 3-2 **WindowsState 常量**

常量	值	描述
vbNormal	0	正常
vbMinimized	1	极小化
vbMaximized	2	极大化

在程序中使用语句 Form1. WindowsSate = vbMaximized，将窗口最大化，显然要比使用语句 Form1. WindowsSate = 2 易于阅读。

二、变量

在程序运行过程中其值可以发生改变的量称为变量。每一个变量均有属于自己的名字和数据类型。变量的名字称为变量名，变量名用来唯一地标志每一个变量，程序通过变量名来引用变量的值。变量的数据类型则表明了该变量的类型，变量的数据类型决定了以后该变量可存储哪种类型的数据。变量一般要先声明，再使用。

1. 变量的命名规则

在 VB 中，变量的命名应遵循以下规则：

①变量名要以字母或汉字开头，不能以数字或下划线开头；

②变量名一般由字母、数字、汉字和下划线组成，不得含有句号、小数点、空格或者类型声明字符!、#、@、$、%、& 等；

③长度不能超过 255 个字符；

④不能用 VB 的关键字作变量名；

⑤VB 中不区分变量名的大小写。例如，A1 和 a1 被认定为同一个变量名。为了便于区分，变量可以采用首字母用大写，其余用小写字母表示，而常量全部用大写字母表示。

2. 变量的声明

（1）用 Dim 语句显式声明变量

在使用变量前，最好先声明这个变量。所谓声明一个变量就是事先将变量的有关信息通知程序，包括变量名及数据类型。

通常使用 Dim 语句来声明一个变量，其格式为：

Dim 变量名 ［As 类型］

其中，变量名的命名应遵循变量的命名规则；As 类型属于可选项，其中"类型"用来定义被声明变量的数据类型。

例如：

Dim　　IntNum1　As　Integer　'把 IntNum1 定义为整型变量

当省略 As 子句时，系统默认变量为变体类型。

说明：①使用 Dim 语句说明一个变量后，VB 自动将变量初始化，将数值型的变量赋初值 0，将字符串型的变量赋初值为"　"（空串）。

②除了可以用 As 子句说明变量的类型外，还可以把变量类型声明字符放在变量名的尾部来表示不同类型的变量。

例如：

Dim　intNum1%　　'把 intNum1 定义为整型变量

Dim　strMystring $　　'把 strMystring 定义为变长字符串变量

③符号"$"可以说明变长字符串型变量，但不能说明定长字符串型变量，说明定长字符串型变量必须使用 As 子句完成。使用 As 子句可以说明变长字符串，也可以说明定长字符串。变长字符串的长度取决于赋给其字符串值的长度，定长字符串的长度通过加上"∗<数据>"来决定。例如：

Dim　strMystring　As　String∗15　'把 strMystring 定义为定长字符串，长度为 15 个字符。

④一个 Dim 语句可以定义多个变量，变量之间以逗号进行分隔，但必须要分别指定类型。例如：

Dim　sngX!，sngY!，sngH!　　　　'定义 3 个单精度类型变量 sngX、sngY、sngH。

（2）变量的隐式声明

在 VB 中，使用一个变量之前并不一定非要先声明这个变量。如果使用一个变量之前不事先经过声明，称为隐式声明。所有隐式声明的变量都是可变类型（Variant）。

使用隐式声明虽然方便，但是如果把变量名写错了，系统会认为它是隐式声明的另一个变量，而检查不出错误。

（3）强制变量声明

为了避免写错变量名而引起的麻烦，用户可以对系统规定：系统强制所有变量必须先声明后使用，在编译时一旦发现使用了未经声明的变量名（如写错），就会报告错误，即强制显式声明变量。

要强制显式声明变量，可以在每个程序文件的开头增加一条设置语句，即"Option Explicit"。

第三节　运算符与表达式

和其他语言一样，VB 中也具有丰富的运算符，通过运算符和操作数组合成表达式，实现程序编写中所需的大量操作。

一、算术运算符及表达式

1. 算术运算符

算术运算符包括+（加）、-（减）、∗（乘）、/（除）、\（整除）、Mod（求余）、-（负号)、^(指数)。在算术运算符中，"−(负号)"为单目运算符(单个操作数)，其余均为双目运算符(两个操作数)。算术运算符可进行简单的算术运算，运算对象是数值型数据。

其中，+(加)、−(减)、*(乘)、/(除)、−(负号)与数学中的运算规则相同。

此外，VB 中还有两种特殊的除法运算：\(整除)和 Mod(求余)。

"\"(整除)运算就是对两数进行除法运算后取商的整数部分，例如：5\3 的结果为1。"Mod"(求余)运算就是对两数进行除法运算后取商的余数部分，若参与运算的两个数都是整数，则可直接进行运算。若参与运算的两个数中有实数，则先将实数的小数部分进行四舍五入，再进行运算。例如：6.7\3 的结果为 2，6.7 Mod 3 的结果为 1。

"^"(指数)对数据进行指数运算。例如：2^2 的结果为 4。

2. 算术表达式

VB 中，用规定的算术运算符和括号将常数、变量、函数连接起来的有意义的式子，称为算术表达式。表达式通过运算后有一个结果，运算结果的类型由数据和运算符共同决定。

书写表达式应注意的事项：

①表达式中的乘号"*"不能省略。例如，数学里的 $5x$，在 VB 中必须写成 5*x，而不能省略其中的"*"号；

②括号可以改变运算次序。表达式中只能使用圆括号，对出现方括号和花括号的部分均用圆括号代替，且必须成对出现；

③当表达式中含有多个运算符时，各运算符的优先级见表 3-3，当乘法和除法或者加法和减法同时出现在表达式中时，每个运算符按照从左到右的顺序处理。

表 3-3　　　　　　　　**算术运算符的优先级(设 ia 为整型变量，值为 3)**

运算符	含义	优先级	举例	结果
^	指数运算	1	ia^3	27
−	负号	2	−ia	−3
*	乘	3	ia * ia	9
/	除	3	12/ia	4
\	整除	4	10 \ ia	3
Mod	求余	5	10Mod ia	1
+	加	6	10+ia	13
−	减	6	10−ia	7

二、字符串运算符及表达式

字符串运算符包含"+"和"&"两个，其作用是将两个操作数连接起来，成为一个新字符串。其中，"+"是直接将两个字符串从左至右原样连接，生成一个新的字符串。参与运算的数据为字符串数据。例如：

"Visual"+" Basic"　　'结果为一个新的字符串"Visual Basic"

"&"是将参与运算的两个数据强制性地按字符串类型连接在一起,生成一个新的字符串。参与运算的两个数可以是字符型、数据型或可变型数据。

例如:

"Visual Basic " & 6　　'结果为一个新的字符串"Visual Basic 6"

注意:在变量后使用运算符"&"时,应在变量和"&"之间加一个空格。因为"&"既是字符串运算符,又是长整型符,当变量名和"&"连在一起时,VB会先把它作为类型符号处理。

三、关系运算符及表达式

关系运算符又称比较运算符,用来对两个表达式的值进行比较,运算对象是数值型数据和字符型数据。关系表达式是指用关系运算符将两个表达式连接起来的式子,比较的结果是一个逻辑值(True 或 False),若关系成立,则返回 True,否则,返回 False。

VB 提供的关系运算有以下 8 种,见表 3-4。

表 3-4　　　　　　　　　　**Visual Basic 关系运算符**

运算符	含义	举例	结果
=	等于	"ABC"="ADE"	False
>	大于	"ABC">"ADE"	False
>=	大于等于	"ac">="abcde"	True
<	小于	23<6	False
<=	小于等于	12<=26	True
<>	不等于	"abc"<>"ABC"	True
Like	字符串匹配	"ABCDEFG" Like " * DE"	False
Is	对象引用比较		

说明:①关系运算符两侧值或表达式的类型应一致;

②如果操作数是数值型,则按其大小比较;

③如果操作数是字符型数据,则按其 ASCII 码值进行比较。在比较两个字符串时,首先比较两个字符串的第一个字符,其中 ASCII 码值较大的字符所在的字符串大。如果第一个字符相同,则比较第二个,依次类推;

④汉字字符按拼音顺序进行比较,汉字字符大于西文字符;

⑤关系运算符优先级相同。

四、逻辑运算符及表达式

逻辑运算符除 Not 是单目运算符外,其余都是双目运算符,作用是将操作数进行逻辑运算,结果是逻辑值 True 或 False。表 3-5 列出了 VB 中的逻辑运算符、运算优先级等(表中假定 T 表示 True，F 表示 False）。

表 3-5   **Visual Basic 逻辑运算符**

运算符	含义	优先级	说明	举例	结果
Not	取反	1	当操作数为假时，结果为真	Not F	T
And	与	2	两个操作数均为真时，结果才为真	T And F T And T	F T
Or	或	3	两个操作数中只要有一个为真，结果为真	T Or F F Or F	T F
Xor	异或	3	两个操作数为一真一假时，结果才为真	T Xor F T Xor T	T F
Eqv	等价	4	两个操作数相同时，结果才为真	T Eqv F F Eqv F	F T
Imp	蕴含	5	第一个操作数为真，第二个操作数为假时结果才为假，其余结果均为真	T Imp F F Imp F	F T

五、各种运算符的混合运算

在一个表达式中包含有多个不同类型的运算符时，Visual Basic 会按一定的顺序进行求值，称这个顺序为运算符的优先级。

运算符的优先顺序如下(从高到低)：

算术运算符→字符串运算符→关系运算符→逻辑运算符。

例如：设变量 x=4，y=1，a=7，b=-5，求表达式 x+y>a+b And Not y<b 的值

①先作算术运算：5>2 And Not y<b；

②再作关系运算：True And Not False；

③作逻辑非运算：True And True；

④最后得：True。

第四节　常用函数

Visual Basic 提供了大量的内部函数供用户在编程时调用。内部函数按其功能可分为数学运算函数、字符函数、转换函数、日期与时间函数、判断函数和格式输出函数等。以下叙述中，用 n 表示数值表达式、c 表示字符表达式、d 表示日期表达式。凡函数名后有 $ 符号，表示函数返回值为字符串，用户可以通过帮助菜单，获得所有内部函数的使用方法。

一、数学运算函数

数学运算函数用于各种数学运算。常用的数学运算函数见表 3-6。

表 3-6 **常用数学运算函数**

函数名	功能说明	举例	结果
Abs(n)	取绝对值	Abs(-2.5)	2.5
Sgn(n)	符号函数，n>0，值为 1；n=0，值为 0；n<0，值为-1	Sgn(-3.5)	-1
Sqr(n)	平方根，要求 n≥0	Sqr(9)	3
Int(n)	返回不大于 n 且与 n 最接近的整数	Int(-4.5)	-5
Round(n,[n1])	对 n 进行四舍五入，小数点后保留 n1 位	Round(2.5658, 3)	2.566
Cos(n)	求 n 的余弦值，单位为弧度	Cos(0)	1
Sin(n)	求 n 的正弦值，单位为弧度	Sin(0)	0
Tan(n)	求 n 的正切值，单位为弧度	Tan(0)	0
Atn(n)	求 n 的反正切值，单位为弧度	Atn(1)	.785 398 163 397 448

二、字符串函数

常用的字符串函数见表 3-7。

表 3-7 **字符串函数**

函数名	功能说明	举例	结果
Len(c)	字符串 c 的长度,即字符个数	Len("Suvery")	6
Left(c,n)	取字符串 c 左边的 n 个字符	Left("Suvery",3)	"Suv"
Right(c,n)	取字符串右边的 n 个字符	Right("Suvery",3)	"ery"
Mid(c,n1,n2)	从字符串左边算起的第 n1 个字符开始向右取 n2 个连续的字符	Mid("Suvery",2,3)	"uve"
Ltrim(c)	去掉字符串左边的空格	Ltrim("□□Suvery")	"Suvery"
Rtrim(c)	去掉字符串右边的空格	Ltrim("Suvery□□")	"Suvery"
Trim(c)	去掉字符串左右两边的空格	Trim("□□Suvery□□")	"Suvery"
String(n,c)	返回由字符串 c 的 n 个首字符组成的字符串	String(3,"Suvery")	"SSS"
InStr([n1,]c1, c2[,m])	在字符串 c1 中从第 n1 个字符开始查找字符串 c2 首次出现的位置，找不到为 0	InStr(1,"Suvery","ve")	3
Space(n)	产生由 n 个空格组成的字符串	Space(4)	"□□□□"

56

函数名	功能说明	举例	结果
Join(A[,D])	将数组 A 各元素按 D 分隔符连接成字符串变量	A=Array("123","ab","c") Join(A,",")	"123,ab,c"
Replace(c,c1,c2[,n1][,n2][,m])	在 c 字符串中从 n1 开始将 c1 替换为 c2(如有 n2,替代 n2 次)	Replace("Svvery","vv","uv",1)	"Suvery"
Split(c[,d][,n][,m])	将字符串 c 按分隔符 d 分隔成字符数组,与 Join 作用相反	S=Split("123,ab,c",",")	s(0)="123" s(1)="ab" s(2)="c"
StrReverse(c)	将字符串反序	StrReverse("Suvery")	"yrevuS"

注:函数的自变量中有参数 m 的,表示 m=0 时区分大小写,m=1 时不区分,省略 m 区分大小写。

三、转换函数

VB 6.0 中常用的转换函数见表 3-8。

表 3-8 转换函数

函数名	功能说明	举例	结果
Chr(n)	将 ASCII 码值转换为字符,要求 0<=n<=255	Chr(65)	"A"
Asc(c)	将指定的字符转换为 ASCII 码值	Asc("A")	65
Lcase(c)	将字符串 c 中的所有大写字母转换为小写字母	Lcase("Suvery")	"suvery"
Ucase(c)	将字符串 c 中的所有小写字母转换为大写字母	Lcase("Suvery")	"SUVERY"
Str(n)	将数值型转换为字符串	Str(1 253.621)	" 1 253.621"
Val(c)	将数字字符串转换为数值	Val("1 253.621")	1 253.621

四、日期与时间函数

常用的日期与时间函数见表 3-9。

表 3-9 日期函数

函数名	功能说明	举例	结果
Time［＄］［（ ）］	返回系统时间	Time	11：26：53
Date［＄］［（ ）］	返回系统日期	Date ＄（ ）	2014-06-08
Now	返回系统日期和时间	Now	2014/6/8 19：06：32
Month（C｜N）	返回月份代号（1~12）	Month（"2012/03/27"）	3
Day（C｜N）	返回日期代号（1~31）	Day（"2012/03/27"）	27
Hour（ ）	返回小时（0~23）	Hour（#14:53:26 PM#）	14
Minute（ ）	返回分钟（0~59）	Minute（#14:53:26 PM#）	53
Second（ ）	返回秒（0~59）	Second（#14:53:26 PM#）	26
WeekDay（C｜N）	返回星期代号（1~7），星期日为1，星期一为2	WeekDay（"2014/06/08"）	1
WeekDayName（N）	返回星期代号（1~7）转换为星期名称，星期日为1	WeekDayName（3）	星期二

五、判断函数

常用的判断函数见表 3-10。

表 3-10 判断函数

函数名	功能说明	举例	结果
IsArray（变量名）	判断变量是否为数组，返回逻辑值	Dim a(1 To 10) As Integer IsArray（a）	True
IsDate（表达式）	判断表达式是否为日期，返回逻辑值	Dim a As Integer IsDate（a）	False
IsEmpty（变量）	判断变体型变量定义后是否赋过值，即初始化。若赋过值，则返回 True，否则返回 False	Dim s As Variant s = "suvery" IsEmpty（s）	False
IsNumeric（表达式）	判断表达式是否为数值型数据，返回逻辑值	IsNumeric（12）	True

六、随机函数

格式：Rnd（n）

在区间（0，1）内随机产生一个浮点数。

说明：n 为数值型的参数，函数返回值为数值型数据。要先使用语句 Randomize

58

(Timer)初始化随机数发生器，当 n>0 时，每次产生的随机数都不同；当 n=0 时，每次产生的随机数都与上次的相同；当 n<0 时，每次产生的随机数都相同。

七、格式输出函数

格式输出函数使用 Format 可以使数值、日期或字符串按照指定的格式输出。此外，还有 FormatCurrency(货币格式)、FormatNumber(数字格式)、FormatPercent(百分比格式)等，格式输出函数一般用于 Print 方法中。本节主要介绍 Format 函数，其形式如下：

Format $ (表达式[，格式字符串])

其中，表达式是要格式化的数值、日期和字符串类型表达式。格式字符串表示按其指定的格式输出表达式的值。

格式字符串有 3 类：数值格式、字符串格式和日期格式，格式字符串要加引号。本节只对数值格式和字符串格式进行说明，日期格式请读者参阅相关资料。

1. 数值格式化

数值格式化是将数值表达式的值按"格式字符串"指定的格式输出。有关格式及举例见表 3-11。

表 3-11　　　　　　　　　　　常用数值格式化符号及举例

符号	作　用	数值表达式	格式化字符串	显示结果
0	数字实际位数少于格式化符号位数，数字前后加 0	1 234.567 1 234.567	"00 000.000 0" "000.00"	01 234.567 0 1 234.57
#	数字实际位数少于格式化符号位数，数字前后不加 0	1 234.567 1 234.567	"#####.####" "###.##"	1 234.567 1 234.57
.	加小数点	1 234	"0 000.00"	1 234.00
,	千分位	1 234.567	"#，##0.000 0"	1，234.567 0
%	数值乘以 100，加百分号	1 234.567	"####.##%"	123 456.7%
$	在数字前强加 $	1 234.567	" $ ###.##"	$ 1 234.57
+	在数字前强加+	-1 234.567	"+###.##"	-+1 234.57
-	在数字前强加-	1 234.567	"-###.##"	- 1 234.57
E+	用指数表示	0.123 4	"0.00E+00"	1.23E+01
E-	与 E+相似	1 234.567	".00E-00"	.12E-04

注：对于符号 0 与#，若要显示数值表达式的整数部分位数多于格式字符串的位数，则按实际数值显示；若小数部分的位数多于格式字符串位数，则按四舍五入显示。

2. 字符串格式化

字符串格式化是将字符串按指定的格式(如大小写)进行显示等。常用的字符串格式符号及使用见表 3-12。

表 3-12　　　　　　　　常用字符串格式符号及举例

符号	作用	字符串表达式	格式化字符串	显示结果
<	强制以小写显示	HELLO	"<"	hello
>	强制以大写显示	Hello	">"	HELLO
@	实际字符位数少于符号位数，字符前加空格	ABCDEF	"@@@@@@@@"	□□ABCDEF
&	实际字符位数少于符号位数，字符前不加空格	ABCDEF	"&&&&&&&&"	ABCDEF

第五节　数　　组

本章第一节所介绍的字符串、数值型、逻辑型、日期时间型等数据都是简单类型，通过一个命名的变量来存取一个数据。然而，在实际应用中经常要处理同一性质的批量数据。例如，在求解中误差时，如果使用简单变量，要逐一命名 Wc1，Wc1，…，Wcn 等变量分别代表各误差值，然后按公式 $\pm\sqrt{\dfrac{[wc^2]}{n-1}}$ 进行解算，程序编写几乎是不可能实现的，因此，就引入了数组。数组并不是一种数据类型，而是一组相同类型变量的集合。在程序中使用数组的最大优势是用一数组名代表逻辑上相关的一批数据，用下标表示该数组中的各个元素，与后面第四章第三节中介绍的循环语句结合使用，使得程序书写简洁，操作方便。

一、数组的基本概念

1. 数组与下标变量

数组是用一个统一的名称表示的且按顺序排列的一组变量。数组中的变量称为数组元素，每一个数组元素可用下标来标识它们，因此，数组元素又称为下标变量。

给一组数据统一取的名称为数组名。可以用数组名及下标组成一个下标变量名，用下标变量名可以唯一地识别一个数组的元素。例如，$x(2)$ 表示名称为 x 的数组中顺序号为 2 的那个数组元素。其具体命名规则为：

①数组的命名与简单变量的命名规则相同；

②下标变量中的下标必须用括号；

③下标可以是常量、变量或者表达式，也可以是下标变量。另外，下标必须是整数，否则将会被自动截断取整；

④下标的最大值和最小值分别称为数组的上界和下界。数组的下标在上下界内是连续的。由于对每一个下标值都分配空间，所以声明数组的大小要适当。

例如：

当 n=2 时，$x(6)$、$y(2,5)$、$z(n)$、$w(n+3)$ 都是合法的下标变量名。

对于 $a(3.5)$ 将被视为 $a(3)$。

而 b(a(4)), 若 a(4)=6, 则 b(a(4))就是 b(6)。

2. 数组的形式、类型及维数

(1)形式

在 VB 中有两种形式的数组:静态数组和动态数组。静态数组是指数组定义后的大小是固定的,即数组元素的个数固定不变。而动态数组的大小在运行时可以改变。

(2)类型

以上两种形式的数组其内部所存储的数据又有多种类型,因此,相应的数组也有多种类型。可以声明任何基本数据类型的数组,包括用户自定义类型和对象变量,但是一个数组中的所有元素应该具有相同的数据类型。

当然,数据类型为 Variant 时,各个数组元素的数据类型可以不同,且每个元素的类型也可以变化,即由所赋值的类型来确定。

(3)维数

如果一个下标变量中用一个下标表示,则称这个数组为一维数组;有两个下标表示的数组称为二维数组,其中的数组元素称为双下标变量;有三个及以上的下标表示的数组称为多维数组,在 VB 中数组的维数最多达 60 个。

例如:x(i)表示一维数组,x(i, j)表示二维数组。

二、静态数组

1. 一维静态数组

(1)数组的声明

在使用一个数组之前,需要先对数组进行声明。

语法如下:

Dim 数组名([下标下界 To] 下标上界) [As 数据类型]

在 Dim 语句中,主要是说明了数组的名称、维数、大小及类型。

①数组的命名规则与变量命名规则相同。

②如果数组的类型被指定为 Variant 或省略[As 数组类型]项,则数组元素的类型可各不相同,否则必须为所指定的类型。

③数组的维数可通过下标的上界和下界的组数来确定。只有一组上、下界的数组为一维数组,有多组上、下界的数组为多维数组。

④数组的大小是通过下标的上、下界之间的空间来表示的。在数组声明中,下标的下界最小可为-32 768,下标的上界最大可为32 767。若省略下界,则其默认值为 0,但可以使用 Option Base n 语句改变下界的默认值, n 为整数 0 或 1。一维数组的大小为:上界-下界+1。

例如:

Dim a(4) As Integer

a 为数组名,且为一维,类型为整型,包括的数组元素有 5 个,分别为 a(0)、a(1)、a(2)、a(3)和 a(4)。

(2)数组元素的赋值方法

数组声明后,所有元素均在内存中分配了空间,接下来就是给数组的元素赋值。数组元素的赋值方法与简单变量的赋值方法一样，只不过在对多个数组元素进行赋值时可采用循环方式，使得对数组元素的赋值更为简单、快捷。

1）简单赋值

例如：

Dim a(1 To 2) As Integer

a(1)= 10：a(2)= 30

2）循环赋值

例如：如果向 a 数组的数组元素 a(1)~a(5)中分别赋值：10、20、30、40、50，则对应的赋值程序代码为：

Dim a(1 To 5) As Integer

For i = 1 To 5 Step 1

  a(i)= i * 10

Next i

3）数组元素之间相互赋值

例如：

Dim a(2) As Integer

Dim b(2) As Integer

a(0)= 5：a(1)= 10：a(3)= 15

b(0)= 3：b(1)= 6：b(3)= 9

a(0)= b(1)

b(1)= b(3)

′a(0)先赋值5，通过"a(0)= b(1)"数组元素间相互赋值后，a(1)的值变为6；

′b(1)先赋值3，通过"b(1)= b(3)"数组元素间相互赋值后，b(1)的值变为9。

4）使用 Array() 函数赋值

例如：将2、4、6、8赋给 X 数组的 x(0)~x(3)中：

Dim x As Variant

x = Array(2, 4, 6, 8)

(3)数组元素的输出

数组元素的输出方法与简单变量的输出方法一样，但在对多个数组元素进行输出时，可同样采用循环方式。

2. 二维静态数组

如果说一维数组表示单个队列，二维数组就可以表示一个方阵了。例如，对多个测量点信息的描述分别为点名、编码、X 坐标、Y 坐标、H 坐标，则可以用二维数组来表示。

(1)数组的声明

Dim 数组名(下标1，下标2) [As 类型]

下标1为[下界1 To] 上界1；下标2为[下界2 To] 上界2。数组元素的个数为：(上界1-下界1+1)×(上界2-下界2+1)。

(2)数组元素的赋值方法

常常采用双重循环的方法对二维数组进行赋值。

例如：

```
Dim a(1 To 5, 1 To 3)
For i=1 To 5
 For j=1 To 3
  a(i, j)=InputBox("按行，列顺序逐个输入点的信息")
 Next j
Next i
```

(3)数组元素的输出

设计程序时，可以使用双重循环将二维数组中的元素进行输出。

例如，将数组 a 中的值打印输出到屏幕上的程序代码为：

```
For i=1 To 5
 For j=1 To 3
  Print a(i, j);
 Next j
Next i
```

三、动态数组

在定义数组时，一般已经定义了上、下界，这样数组的大小就确定了。但有时可能事先无法确认究竟需要多大的数组，同时，为了节约内存空间，这就要用到动态数组。动态数组可以在任何时候改变大小。

建立动态数组的方法是：利用 Dim(模块级)、Private(局部)或 Public(公用)语句声明括号内为空的数组，语法格式为：

<Dim | Private | Public> 数组名( )

然后，在过程中用 ReDim 语句指明数组的大小，语法格式为：

ReDim 数组名(下标1，(下标2…))

其中，下标可以是常量，也可以是有了确定值的表达式。例如：

```
Dim sArray( ) As Variant
Sub Form_Active( )
  …
  ReDim sArray(1 to 100, 1 to 5)
  …
End Sub
```

在窗体级声明了数组 sArray 为可变长数组，在 Form_Active( )事件过程中重新指明二维数组的大小为 100 行 5 列。

注意：①在静态数组声明中的下标只能是常量，在动态数组 ReDim 语句中的下标可以是常量，也可以是有确定值的表达式。

②在过程中可多次使用 ReDim 来改变数组的大小，也可以改变数组的维数。

③每次使用 ReDim 语句都会使原来数组中的值丢失，可以在 ReDim 语句后加 Preserve 关键字来保留数组中的数据，但使用 Preserve 只能改变最后一维的大小，前面几维的大小不能改变。

四、控件数组

1. 控件数组的概念

控件数组是由一组相同类型的控件组成。它们共用一个控件名，具有相同的属性。当建立控件数组时，系统给每个元素赋一个唯一的索引号(Index)，通过属性窗口的 Index 属性，可以知道该控件的下标是多少，第 1 个下标是 0。例如，控件数组 cmdName(3) 表示控件数组名为 cmdName 的第 4 个元素。

控件数组适用于若干个控件执行相似操作的场合，可以共享同样的事件过程。例如，控件数组 cmdName 有 4 个命令按钮，则不管单击哪个命令按钮，都是调用同一个事件过程。

为了区分控件数组中的各个元素，VB 会把下标值传给过程。

2. 控件数组的建立

控件数组的建立方法有两种：

(1)在设计时建立

建立的步骤如下：

①在窗体上画出某控件，可进行控件名的属性设置，这是建立的第一个元素；

②选中该控件，进行 Copy 和 Paste 操作，系统会提示：

"已有了命令的控件，是否要建立控件数组"，单击"Yes"按钮后，就建立了一个控件数组元素，进行若干次 Paste 操作，就建立了所需个数的控件数组元素；

③进行事件过程的编程。

(2)运行时添加控件数组

建立的步骤如下：

①在窗体上画出某控件，设置该控件的 Index 值为"0"，表示该控件为数组；也可进行控件名的属性设置，这是建立的第一个元素；

②在编程时通过 Load 方法添加其余的若干个元素，也可以通过 Unload 方法删除某个添加的元素；

③每个新添加的控件数组通过 Left 和 Top 属性确定其在窗体的位置，并将 Visible 属性设置为"True"。

案　例　3

1. 求解主曲率半径和平均曲率半径

根据某地区的纬度(通常是平均纬度)，求主曲率半径和平均曲率半径。具体计算公式如下：

$$M = a(1 - e^2)(1 - e^2 \sin^2 B)^{-\frac{3}{2}} \qquad (3\text{-}1)$$

$$N = a(1 - e^2)(1 - e^2 \sin^2 B)^{-\frac{1}{2}} \tag{3-2}$$

$$R = \sqrt{MN} \tag{3-3}$$

式中：M 为子午圈曲率半径；N 为卯酉圈曲率半径；R 为平均曲率半径。

(1)窗体、框架等相关控件

窗体、框架等相关控件设置分别见表3-13与表3-14。

表 3-13 窗体、框架等控件属性设置

默认控件名	设置的控件名（Name）	标题（Caption）
Form1	Form1	曲率半径计算
Frame1	Frame1	椭球选择
Frame2	Frame2	设置精度
Frame3	Frame3	输入大地纬度
Frame4	Frame4	曲率半径
Command1	Cmd_js	计 算
Command2	Cmd_qc	消 除

表 3-14 窗体界面中各框架内控件属性设置

框架	默认控件名	设置的控件名（Name）	标题（Caption）
Frame1 （Caption = "椭球选择"）	Combo1	Cmb_tq	无定义
	Label1	Label1	长半轴 A：
	Label2	Label2	扁率 F：
	Text1	Txt_a	无定义
	Text2	Txt_f	无定义
Frame2 （Caption = "设置精度"）	Label3	Label3	保留小数位：
	Text3	txt_jd	无定义
	VScroll1	VScroll1	无定义
Frame3 （Caption = "输入大地纬度"）	Label4	Label4	纬度（度.分秒）：
	Text4	Txt_b	无定义
Frame4 （Caption = "曲率半径"）	Label5	Label5	子午圈曲率半径(N)：
	Label6	Label6	卯酉圈曲率半径(M)：
	Label7	Label7	平均曲率半径(R)：
	Text4	Txt_n	无定义
	Text5	Txt_m	无定义
	Text6	Txt_r	无定义

(2)程序代码

程序代码如下：

'Form_Load( )事件完成组合框(Cmb_tq)的项目加载

```
Private Sub Form_Load( )
    Cmb_tq. AddItem "北京 54"
    Cmb_tq. AddItem "西安 80"
    Cmb_tq. AddItem "国家 2000"
    Cmb_tq. AddItem "WGS 84"
    a(0) = 6378245：f(0) = 298. 3
    a(1) = 6378140：f(1) = 298. 257
    a(2) = 6378137：f(2) = 298. 257 222 101
    a(3) = 6378137：f(3) = 298. 257 223 563
    Cmb_tq. ListIndex = 0'给定初值
    Txt_a. Text = "6378245"
    Txt_f. Text = "298. 3"
    VScroll1. Value = 0
End Sub
```

'Cmb_tq_Click( )事件将所选择的椭球参数值显示到文本框

```
Private Sub Cmb_tq_Click( )
    Dim i%
    i = Cmb_tq. ListIndex
    Txt_a. Text = Trim(Str(a(i)))
    Txt_f. Text = Trim(Str(f(i)))
End Sub
```

'Change( )事件实现输入的值必须>=0 且<10

```
Private Sub txt_jd_Change( )
    Dim n#
    n = Val(txt_jd)
    If (n >= 0 And n < 10) And n = Int(n) Then
        VScroll1. Value = n
    Else
        MsgBox "请输入 0 到 10 之间的整数!"
        txt_jd = VScroll1. Value
    End If
End Sub
```

'Change( )事件实现将垂直滚动条(VScroll1)的值赋给文本框(txt_jd)

```
Private Sub VScroll1_Change( )
    txt_jd = VScroll1. Value
End Sub


'Click( )事件完成主曲率半径和平均曲率半径的计算
Private Sub Cmd_js_Click( )
    Dim i%, k%, e2#, bi#, m#, n#, r#, gs $
    i = Cmb_tq. ListIndex
    k = Val(txt_jd)
    b =jdzh(Val(Txt_b)) '函数jdzh( )的代码见第五章中案例5的"2. 角度单位转换"
    bi = a(i) − 1 / f(i) * a(i)
    e2 = (a(i) ^ 2 − bi ^ 2) / a(i) ^ 2
    m = a(i) * (1 − e2) * (1 − e2 * Sin(b) ^ 2) ^ −1. 5
    n = a(i) * ((1 − e2 * Sin(b) ^ 2) ^ −0. 5)
    r = Sqr(m * n)
    gs = "0" + IIf(k > 0, ". ", " ") + IIf(k > 0, String(k, "0"), " ")
    Txt_m = Format(m, gs)
    Txt_n = Format(n, gs)
    Txt_r = Format(r, gs)
End Sub
'Cmd_qc_Click( )事件清空文本框数据
Private Sub Cmd_qc_Click( )
    Txt_b = " "
    Txt_m = " "
    Txt_n = " "
    Txt_r = " "
End Sub
```

(3)运行结果

程序运行后界面如图 3-1 所示。

2. 三项改正数的计算

精密钢尺量距，三项改正数计算公式如下：

①尺长改正数计算公式：

$$\Delta L_d = \frac{L' - L_0}{L_0}L = \frac{\Delta L}{L_0}L \tag{3-4}$$

式中：L 为测量的距离，单位是 m；L' 为钢尺实际长度，单位是 m；L_0 为钢尺名义长

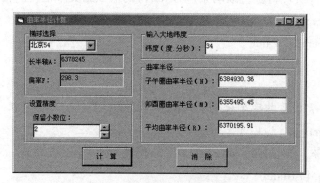

图 3-1　曲率半径计算运行界面

度，单位是 m；ΔL_d 为尺长改正数，单位是 m。

②温度改正数计算公式：

$$\Delta L_t = a(t - t_0)L \tag{3-5}$$

式中：L 为测量的距离，单位是 m；a 为钢尺的线膨胀系数（一般取 $1.25\times10^{-5}/℃$），单位是/℃；t 为量距时的温度，单位是℃；t_0 为钢尺检定时的温度（一般取 20℃），单位是℃。

③倾斜改正数计算公式：

$$\Delta L_h = (L^2 - h^2)^{\frac{1}{2}} - L \tag{3-6}$$

式中：h 为两端的高差，单位是 m；L 为测量的距离，单位是 m；ΔL_h 为倾斜改正数（倾斜改正数永远为负值），单位是 m。

（1）窗体、框架等相关控件

窗体、框架等相关控件设置分别见表 3-15 与表 3-16。

表 3-15　　　　　　　　　　窗体、框架等控件属性设置

默认控件名	设置的控件名（Name）	标题（Caption）
Form1	Form1	精密钢尺量距离计算
Frame1	Frame1	基本设置
Frame2	Frame2	观测成果
Frame3	Frame3	改正计算
Command1	Cmd_js	计　算
Command2	Cmd_tc	退　出

68

表 3-16

窗体界面中各框架内控件属性设置

框架	默认控件名	设置的控件名（Name）	标题（Caption）
Frame1 （Caption＝"基本设置"）	Label1	Label1	名义长度（m）：
	Label2	Label2	实际长度（m）：
	Label3	Label3	检定时温度（℃）：
	Label4	Label4	膨胀系数（×10^{-5}/℃）：
	Label5	Label5	保留位数：
	Text1	txt_l0	无定义
	Text2	txt_l1	无定义
	Text3	txt_t0	无定义
	Text4	txt_a	无定义
	Text5	txt_ws	无定义
Frame2 （Caption＝"观测成果"）	Label6	Label6	丈量距离（m）：
	Label7	Label7	丈量时温度（℃）：
	Label8	Label8	观测高差（m）：
	Text6	txt_l	无定义
	Text7	txt_t	无定义
	Text8	txt_h	无定义
Frame3 （Caption＝"改正计算"）	Label9	Label9	尺长改正（m）：
	Label10	Label10	温度改正（m）：
	Label11	Label11	倾斜改正（m）：
	Label12	Label12	改正后平距（m）：
	Text9	txt_dld	无定义
	Text10	txt_dlt	无定义
	Text11	txt_dlh	无定义
	Text12	txt_gzd	无定义

（2）程序代码

程序代码如下：

```
'Change( )事件实现输入到文本框（txt_jd）的数据必须>=0 且<10
Private Sub txt_jd_Change( )
    Dim n%
    n = Val( txt_jd)
```

```vb
    If n >= 0 And n <= 10 And Int(n) = n Then
        txt_jd = Int(n)
    Else
        txt_jd = 4
        MsgBox "请输入 0 至 10 之间的整数"
    End If
End Sub


'cmd_js_Click()事件完成精密钢尺量距的改正计算
Private Sub cmd_js_Click()
    Dim l0#, L1#, t0!, a#, jd%, gs $
    Dim l#, t!, h#, dld#, dlt#, dlh#, gzd#
    l0 = Val(txt_l0) : L1 = Val(txt_l1)
    t0 = Val(txt_t0)
    a = Val(txt_a)
    jd = Val(txt_jd)
    l = Val(txt_l)
    t = Val(txt_t)
    h = Val(txt_h)
    dld = Round((L1 - l0) / l0 * l, jd)
    dlt = Round(a * 10 ^ -5 * (t - t0) * l, jd)
    dlh = Round((l ^ 2 - h ^ 2) ^ 0.5 - l, jd)
    gzd = l + dld + dlt + dlh
    gs = "0" + IIf(jd > 0, ".", "") + IIf(jd > 0, String(jd, "0"), "")
    txt_dld = Format(dld, gs)
    txt_dlt = Format(dlt, gs)
    txt_dlh = Format(dlh, gs)
    txt_gzd = Format(gzd, gs)
End Sub


'cmd_tc_Click()事件退出界面
Private Sub cmd_tc_Click()
    Unload Form1
End Sub
```

(3)运行结果

程序运行后界面如图 3-2 所示。

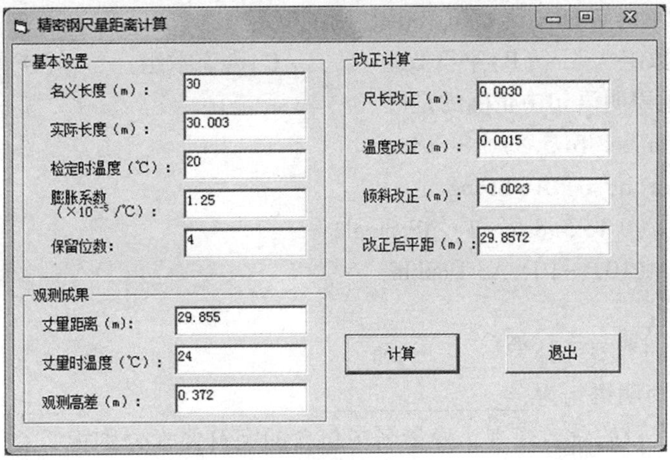

图 3-2 精密钢尺量距计算运行界面

习 题 3

一、选择题

1. 类型符"!"代表的数据类型为(   )。

(A)整型　　　　　(B)字符型　　　　(C)单精度型　　　(D)双精度型

2. 下面常量声明不正确的语句是(   )。

(A)Const Pi = 3. 141 592 653 589 79

(B)Const Pi AS Double：Pi = 3. 141 592 653 589 79

(C)Const Pi AS Double = 3. 141 592 653 589 79

(D)Const Pi# = 3. 141 592 653 589 79

3. 下面合法的变量是(   )。

(A)y_point　　　(B)2point　　　(C)True　　　　(D)y. point

4. 已知 yb、ya、d 和 a 是变量，则下列表达式正确的是(   )。

(A)yb = ya+dsina　　　　　　　(B) yb = ya+d * sina

(C)yb = ya+dsin(a)　　　　　　(D)yb = ya+d * sin(a)

5. 下列逻辑运算符中，级别最高的是(   )。

(A)And　　　　(B)Not　　　　(C)Or　　　　(D)Xor

6. 下面哪一个语句声明的数组是动态数组(   )。

(A)Dim Xi(5)　　(B)Dim Xi( )　　(C)Dim Xi(1 To 100)　(D)以上都不是

7. 请问 Dim xi(0 To 4，4 To 5)，数组 xi 中可以存放多少个元素(   )。

(A)6　　　　(B)8　　　　(C)10　　　　(D)20

8. 有数组声明语句 Dim x(-1 To 2，1 To 5)，则下列表示数组 x 的元素选项中正确的是(   )。

（A）c(i+j)　　　　　（B）c(i)(j)　　　　（C）x(i+1, j-1)　　（D）x(1, 0)

9. 有数组声明语句 Dim y(1 To 100)，则 y 被定义为(　　)。

　　（A）数值数组　　　（B）字符数组　　　（C）动态数组　　　（D）可变类型数组

10. 下列数组声明语句中正确的是(　　)。

　　（A）Dim a(-1 To 5.8) AS String

　　（B）Dim a(n, n) AS String

　　（C）Dim a(0 To 5.8 to -1) AS Single

　　（D）Dim a(10, -10) AS Double

二、填空题

1. 表示整数的类型可分为_____和_____。

2. 强制变量声明语句为_____。

3. 根据 VB 变量的命名规则，变量名中包含的字符要素分别为_____、_____、_____和_____，必须以_____开头。

4. 用户定义的变量名不能与_____中的完全同名。

5. 表达式 4 + 6 \ 5 * 7 / 9 Mod 3 的值是_____。

6. Int(-4.8)的值为_____；8.5 Mod 5 的值为_____；8.5 \ 5 的值为_____。

7. $\left[\dfrac{L}{6}\right]+1$（[ ]表示取整）的 VB 表达式为_____；$Dab \times \tan(\alpha)+i-1$ 的 VB 表达式为_____。

8. 字符串运算符有_____和_____两个，其中_____两边的数据类型可以不为字符串型，但若在变量后使用时，应在变量和该字符运算符之间加一个_____。

9. True Or Not False 的值为_____。

10. VB 中的运算符有算术运算符、_____、_____和_____，其中级别最高的是_____。

11. Ucase(Mid("Suvery", 3, 3))的值是_____；String(5, "Suvery")的值是_____。

12. 将数值型转换为字符串的函数是_____；将数字字符串转换为数值的函数是_____。

13. 数组下标下界的默认值是_____，但可以使用_____语句改变默认值。

14. VB 中数组的维数最大为_____维。

15. 表达式原则上要在同一行书写，如果部分要写在下一行，则在前行尾部最小加一个_____后再加_____。

16. 在 VB 程序语句书写时，如果多个语句写在同一行，则语句间用_____符号隔开。

三、编程题

1. 编写距离侧方交会和后方交会的程序。

2. 编写四等水准测量—测站各计算项计算的程序。

第四章　结构化程序设计

在 VB 中，采用了事件驱动的编程机制，即程序在运行时，过程的执行顺序是由事件的触发顺序来控制的。但针对具体的事件过程而言，其编程思路仍遵循结构化程序设计的方法，即用流程控制语句的执行。结构化程序设计方法有顺序结构、选择结构和循环结构 3 种基本结构。本章将对这 3 种结构进行比较详细的介绍。

第一节　顺序结构程序设计

在顺序结构中，各程序段按照出现的先后顺序依次执行。主要有赋值语句和数据的输入与输出。

一、赋值语句

赋值语句是程序设计中最基本的语句，它可以把指定的值赋给某个变量或某个对象的属性。

1. 赋值语句的语法格式

赋值语句的语法格式为：

[Let] 变量名＝表达式

[Let] 对象名. 属性名＝表达式

其中，"＝"称为赋值号；关键字 Let 为可选项，在使用时通常会省略；变量名应符合 VB 的变量命名约定；表达式可以是常量、变量、表达式等。例如：

Let dm＝"T001"

Form1. width＝400

Label1. caption＝"请输入 X 坐标："

2. 赋值语句的功能

首先计算赋值号右边表达式的值，然后将此值赋给赋值号左边的变量或对象属性。例如：

x＝4^3－56 \ 2 '首先计算表达式 4^3－56 \ 2 的值，再把计算结果 36 赋给 x

text1＝Left（"Visual Basic"，6）&mid（"phimage"，3，5）'把右边表达式的结果"Visualimage"赋给 Text1 的 text 属性

3. 注意事项

①赋值语句中的"＝"与关系表达式中的"＝"意义不同。关系运算符"＝"的作用是判断左右两边的值是否相等，如 a＝b 和 b＝a 都可以判断 a 与 b 是否相等；而赋值语句 a＝b 表

示把 b 的值赋给 a，语句 b=a 则表示把 a 的值赋给 b，两者的作用完全不同。

②赋值号左边必须是变量名或者对象的属性名，不能是表达式或者常量。例如，下面的赋值都是不合法的：

a+b=43　　　　'赋值号左边是表达式
32=x+y　　　　'赋值号左边是常数
vbOk=90　　　　'赋值号左边是系统常数

③当表达式为数值型且与赋值号左边变量的精度不同时，将强制把表达式的值按变量的精度进行转换。例如：

x%=4.1　　　　'执行后，x 的值是 4
y!=123　　　　'执行后，y 的值为 123.0
m%=3.5　　　　'执行后，m 的值是 4
n%=4.5　　　　'执行后，n 的值是 4

如果将实数赋给整型变量，而实数是"*.5"的形式，这里的"*"代表任意数值，此时系统将采用向偶数取整的原则，因此，上面的 m 和 n 的值都为 4。

④当表达式是数字字符串、赋值号左边是数值类型时，会把表达式的值转换为数值类型，再赋给变量；当表达式中有非数字字符或为空串时，将会出错。例如：

y%="123"　　　　'y 的结果是数值 123
y%="123abc"　　　'将出现"类型不匹配"的错误

⑤任何非字符类型的值赋给字符型变量时，系统自动将结果转换为字符型。

⑥当把逻辑值赋给数值型变量时，系统会将 True 转换为-1，将 False 转换为 0；反之，当把数值型数据赋给逻辑型变量时，系统将把 0 转换为 False，非 0 转换为 True。

⑦不能在同一语句中给多个变量赋值。例如：

a=b=c=5

在 VB 编译时，会将右边的两个"="作为关系运算符处理；首先比较b和c是否相等，结果要么为 True(-1)，要么为 False(0)；再将结果与 5 相比较，所以 a 的值总为 False。

⑧在 VB 中，如果变量未被赋值而直接引用，则数值型变量的值是 0，字符型变量的值是空串""，逻辑型变量的值是 False。

二、数据的输入与输出

在程序运行时，有些数据需要用户临时输入。在 VB 中，有多种方法实现数据的输入，如文本框(TextBox)、ImputBox 函数、单选按钮(OptionButton)和列表框(ListBox)等；数据输出可以通过文本框、标签(Label)、MsgBox 函数、MsgBox 过程来实现，也可以使用 Print 方法输出信息。本节数据输入主要介绍 ImputBox 函数，数据输出仅介绍 MsgBox 函数和 MsgBox 过程。

1. ImputBox 函数

该函数形式如下：

ImputBox(提示[，标题][，缺省][，x 坐标位置][，y 坐标位置]

在 VB 6.0 中，函数返回的数据类型是字符类型。

"提示"：不能省略该项。字符串表达式，在对话框中作为信息显示，可为汉字，若要在多行显示，必须在每行行末加回车 Chr(13)和换行 Chr(10)控制符，或者加 VB 系统常量 vbCrLf。

"标题"：字符串表达式，在对话框的标题区显示；若省略，则把应用程序名放入标题栏中。

"缺省"：字符串表达式，当在输入对话框中无输入时，则该缺省值作为输入的内容。

"x 坐标位置"、"y 坐标位置"：整型表达式，坐标确定对话框左上角在屏幕上的位置，屏幕左上角为坐标原点，单位为 Twip。

该函数的作用是打开一个对话框，等待用户键入文本或选择一个按钮。当用户单击"确定"按钮或按回车键，函数返回文本框中输入的值。

注意：各项参数次序必须一一对应，除了"提示"一项不能省略外，其余各项均可省略，但缺省部分也要用逗号占位符跳过。

例如：有如下代码段，运行时屏幕的显示如图 4-1 所示，当单击"确定"按钮后，strName 变量中的值为"T001"，

Dim strName as string * 10，strS1 as string * 40

Str1 = "请输入点名" + vbCrLf + "然后单击确定"

strName = InputBox(Str1，"输入框"，，100，100)

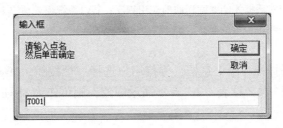

图 4-1　InputBox 例

2. MsgBox 函数和 MsgBox 过程

MsgBox 函数用法如下：

变量[%] = MsgBox(提示[，按钮][，标题])

MsgBox 语句用法如下：

MsgBox 提示[，按钮][，标题]

其中，"提示"和"标题"：意义与 InputBox 函数中对应的参数相同。

"按钮"：整型表达式，决定信息框按钮的数目和类型及出现在信息框上的图标类型，其设置见表 4-1。

表 4-1   **"按钮"设置值及意义**

分组	内部函数	按钮值	描　　述
按钮数目	VbOkOnly	0	只显示"确定"按钮
	VbOkCancel	1	显示"确定"、"取消"按钮
	VbAboutRetryIgnore	2	显示"终止"、"重试"、"忽略"按钮
	VbYesNoCancel	3	显示"是"、"否"、"取消"按钮
	VbYesNo	4	显示"是"、"否"按钮
	VbRetryCancel	5	显示"重试"、"取消"按钮
图标类型	VbCritical	16	关键信息图标：⊗
	VbQuestion	32	询问信息图标：❓
	VbExclamation	48	警告信息图标：⚠
	VbInformation	64	信息图标：ⓘ
缺省按钮	VbDefaultButton1	0	第一个按钮为缺省
	VbDefaultButton2	256	第二个按钮为缺省
	VbDefaultButton3	512	第三个按钮为缺省
模式	VbApplicationModule	0	应用模式
	VbSystemModule	4096	系统模式

注：①以上按钮的 4 组方式可以组合使用(可以用内部常数形式或按钮值形式表示)；②以应用模式建立对话框，则必须响应对话框才能继续当前的应用程序；若以系统模式建立对话框时，所有的应用程序都将被挂起，直到用户响应了对话框。

MsgBox 的作用是打开一个信息框，等待用户选择一个按钮。MsgBox 函数返回所选按钮的整数值，其数值的意义见表 4-2。若不需返回值，则可作为 Msgbox 过程使用。

表 4-2   **MsgBox 函数返回所选按钮整数值的意义**

内部常数	返回值	被按下的按钮
vbOk	1	确定
vbCancel	2	取消
vbAbout	3	终止
vbRetry	4	重试
vbIgnore	5	忽略
vbYes	6	是
vbNo	7	否

注意，InputBox、MsgBox 中的参数必须按语法要求规定的顺序提供数值，缺省部分也要用逗号占位跳过。为了克服这个规定，在 VB 4.0 以后的版本中，提供了命名参数的使用。形式如下：

MsgBox prompt［，buttons］［，title］

变量［％］＝MsgBox（prompt［，buttons］［，title］）

InputBox［＄］（prompt［，title］［，default］［，xPos］［，yPos］）

这里，关键字 prompt（提示）、buttons（按钮）、title（标题）、xPos（x 坐标）、yPos（y 坐标）是命名参数。命名参数可用"：＝"以任意顺序赋值，而且有较好的可读性。

例如：

I＝MsgBox（"密码错误"，5+vbExclamation,"输入密码"）

用命名参数表示为：

I＝MsgBox（buttons：＝5＋vbExclamation，title：＝"密码错误"，prompt：＝"输入密码"）

两者效果相同。

三、Rem 语句和 End 语句

1. 注释语句 Rem

①注释语句的格式：

    Rem <需要注释的内容>

②注释语句的功能：

在程序设计时，注释语句的功能是为程序中的语句加上必要的注释，它是写给程序员看的，Visual Basic 既不对它进行编译，也不执行它。

③说明：

a. <需要注释的内容>是指程序员输入的文本。

b. Rem 关键字与<需要注释的内容>之间至少要加一个空格。例如：

Rem 输入要查找的点名

strName＝InputBox（"请输入点名:","输入框"）

c. 可以用单引号（'）来代替 Rem 关键字，单引号与<需要注释的内容>之间不必加空格。

d. 如果使用单引号（'），则注释可以直接写在其他语句行的后面。

e. 如果使用 Rem 关键字引导注释，在放到其他语句行的后面时必须用冒号（:）分隔。例如：

strName＝InputBox（"请输入点名:","输入框"）：Rem 输入要查找的点名

2. End 语句

①End 语句的格式：

    End

②End 语句的功能：结束一个过程或程序块的执行。

3. 说明

①End 语句会重置所有模块级别变量和所有模块的静态局部变量。如果需要保留这些变量的值，则应该使用 Stop 语句。

②当 End 语句执行时，它并不调用 Unload、QueryUnload 和 Terminate 等事件，也不执行任何其他 Visual Basic 语言代码。End 语句只是强行终止当前代码的执行，并且释放程序所占用的内存。

第二节　选择结构程序设计

VB 中提供了多种形式的条件语句来实现选择结构。即对条件进行判断，根据判断结果选择执行不同的分支。

一、If 语句

1. If…Then 语句(单分支结构)

语句形式如下：

①If <表达式> Then

　　<语句块>

　End If

②If <表达式> Then <语句>

其中，表达式：一般为关系表达式、逻辑表达式；也可为算术表达式，表达式值按非零为 True，零为 False 进行判断。

语句块：可以是一句或多句语句；若用②简单的形式表示，则只能是一个语句，或多语句间用冒号分隔，且必须在同一行上书写。

该语句的作用是当条件表达式值为 True(数值非零)时，执行 Then 后面的语句块(或语句)，否则不做任何操作，其流程如图 4-2 所示。

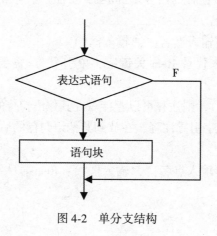

图 4-2　单分支结构

例如：已知两个数 x 和 y，比较它们的大小，如 x 小于 y，则互换其值，语句形式如下：

    If x<y Then
    t＝x
    x＝y
    y＝t
    End If

或者：If x<y Then t＝x：x＝y：y＝t

2. If…Then…Else 语句(双分支结构)

语句形式如下：

①If<表达式> Then
    <语句块 1>
  Else
    <语句块 2>
  End If

②If <表达式> Then <语句 1> Else <语句 2>

该语句的作用是当表达式的值为非零(True)时，执行 Then 后面的语句块 1(或语句 1)；否则，执行 Else 后面的语句块 2(或语句 2)，其流程如图 4-3 所示。

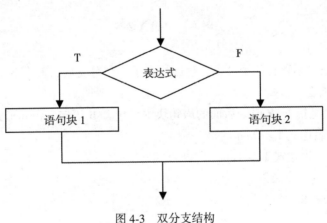

图 4-3　双分支结构

3. If…Then…ElseIf 语句(多分支结构)

语句形式如下：

    If <表达式 1> Then
      <语句块 1>
    ElseIf <表达式 2> Then
      <语句块 2>
        …

79

ElseIf <表达式 n> Then
　　<语句块 n>
［Else
　　语句块 n+1］
End If

　　该语句的作用是根据不同的表达式选择执行哪个语句块，VB 测试条件的顺序为表达式 1、表达式 2……一旦遇到表达式为非零（True），则执行该条件下的语句块，其流程如图 4-4 所示。

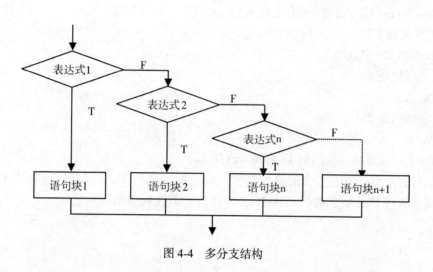

图 4-4　多分支结构

　　需要注意的是，不管有几个分支，程序执行了一个分支后，其余分支不再执行。
4. If 语句的嵌套
If 语句的嵌套是指 If 或 Else 后面的语句块中又包含 If 语句。语句形式如下：
　　If <表达式 1> Then
　　　If <表达式 11> Then
　　　　…
　　　End If
　　　…
　　End If
对于嵌套的结构，要注意以下几点：
①对于嵌套结构，为了增强程序的可读性，书写时采用锯齿形；
②If 语句形式若不在一行上书写，必须与 End If 配对。多个 If 嵌套，End If 与它最接近的 If 配对。

二、Select Case 语句

Select Case 语句形式如下：

80

```
Select Case 变量或表达式
    Case 表达式列表 1
        语句块 1
    Case 表达式列表 2
        语句块 2
    …
    ［Case Else
        语句块 n+1］
End Select
```

其中，"变量或表达式"：可以是数值型或字符串表达式；

"表达式列表"：与"变量或表达式"的类型必须相同，可以是以下 4 种形式之一：

①表达式；

②一组枚举表达式(用逗号分隔)；

③表达式 1 to 表达式 2(注：表达式 1 应不大于表达式 2)；

④Is 关系运算符表达式。

前一种形式与某个值比较，后三种形式与设定值的范围比较。在每个 Case 后可以有多个表达式列表，之间用逗号分隔。例如：

Case 1 to 10　'表示测试表达式的值在 1 到 10 的范围内

Case 2，4，6，8，Is>10　'表示测试表达式的值为 2，4，6，8 或大于 10

该语句是多分支结构的另一种表示形式，其作用是根据 Selsect Case<变量或表达式>中的结果与各 Case 子句中的值进行比较，决定执行哪一组语句块。如果有多个 Case 短语中的值与测试值匹配，则执行第一个与之匹配的语句块，其流程如图 4-5 所示。

三、条件函数

VB 中提供的条件函数：IIF 函数和 Choose，前者代替 IF 语句，后者可代替 Select Case 语句，均适用于简单的判断场合。

1. IIf 函数

IIf 函数的形式是：

IIf(表达式，当条件为 True 时的值，当条件为 False 时的值)

例如：求 x，y 中大的数，放入 Tmax 变量中，语句如下：

Tmax = IIf(x>y，x，y)

2. Choose 函数

Choose 函数的形式是：

Choose(数值类型变量，值为 1 的返回值，值为 2 的返回值，…)

例如：根据 Nop 是 1~4 的值，转换成 11、10、01、00("11"可表示平面和高程值已知，"10"可表示仅平面已知，"01"可表示仅高程已知，"00"可表示平面和高程都未知)属性代码的语句如下：

Op = Choose(Nop，"11"，"10"，"01"，"00")

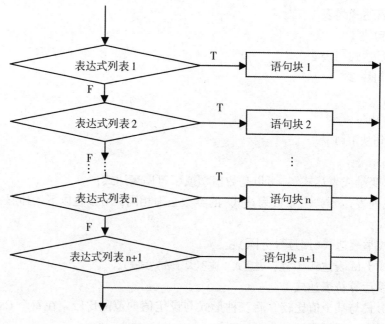

图 4-5　Select Case 语句

当值为 1 时，返回字符串"11"，然后放入 Op 变量中，当值为 2 时，返回字符串"10"，然后放入 Op 变量中，依次类推；当 Nop 是 1~4 的非整数时，系统自动先截取整数部分后再判断；若 Nop 不在 1~4 之间，函数返回 Null 值。

第三节　循环结构程序设计

循环是在指定的条件下多次重复执行一组语句，VB 中提供了多种形式的循环语句结构。

一、For-Next 循环结构语句

For 循环语句用于控制循环次数预知的循环结构。

For-Next 循环结构语句形式如下：

For 循环变量 = 初值 to 终值 [Step 步长]

　语句块

　[Exit For]

　语句块

Next 循环变量

其中，循环变量必须为数值型；

步长：一般为正，初值小于终值；若为负，这时初值大于终值；缺省时步长为 1。

语句块：可以是一句或多句语句，称为循环体。

82

Exit For：表示当遇到该语句时，退出循环，执行 Next 的下一句语句。

循环次数：$n = \text{Int}\left(\dfrac{\text{终值}-\text{初值}}{\text{步长}}\right)+1$，其流程如图 4-6 所示。

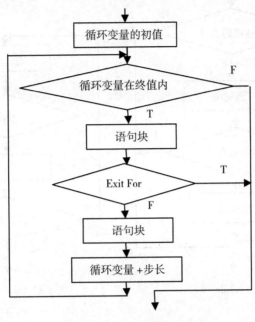

图 4-6　For 循环语句

该语句执行的过程如下：

①循环变量被赋初值，它仅被赋值一次；

②判断循环变量是否在终值内，如果是，执行循环体；否则，结束循环，执行 Next 的下一语句；

③循环变量+步长，转到步骤②，继续循环。

注意：当退出循环后，循环变量的值保持退出时的值不变。

二、Do-Loop 循环结构语句

Do 循环用于控制循环次数未知的循环结构。此种语句有两种语法形式：

形式 1：　　　　　　　　　　　　　　　形式 2：

Do ｛While｜Until｝<条件>　　　　　Do

　　语句块　　　　　　　　　　　　　　　语句块

　　［Exit Do］　　　　　　　　　　　　　［Exit Do］

　　语句块　　　　　　　　　　　　　　　语句块

Loop　　　　　　　　　　　　　　Loop ｛While｜Until｝<条件>

其中：①形式 1 为先判断后执行，有可能一次也不执行；形式 2 为先执行后判断，至少执行一次，两种形式（指 While）的流程分别如图 4-7 和图 4-8 所示。

②关键字 While 用于指明条件为真(True)时就执行循环体中的语句；Until 正好相反。

③Exit Do：表示当遇到该语句时，退出循环，执行 Loop 的下一句语句。

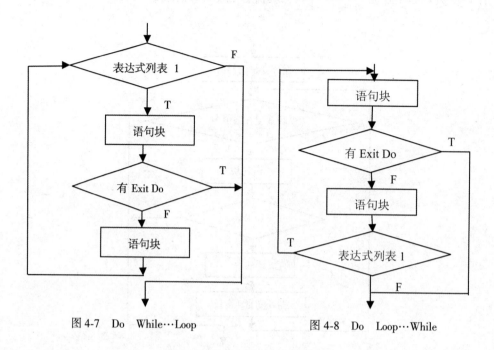

图 4-7　Do　While…Loop　　　　　　图 4-8　Do　Loop…While

三、Go To 语句

Go To 语句的形式如下：

Go To{标号 | 行号}

该语句的作用是无条件地转移到标号或行号指定的那行语句。

注意：①Go To 语句只能转换到同一过程的标号或行号处，标号是一个字符序列，首字符必须为字母，与大小无关，任何转移到的标号后应有冒号；行号是一个数字序列。

②以前的 Basic 语言中，Go To 语句使用的频率很高，编制出的程序称为 BS 程序(Bowl of Spaghetti Program，面条式的程序)，程序结构不清晰，可读性较差。结构化程序设计中要求尽量不用或少用 Go To 语句，用选择结构或循环结构来代替。

四、循环嵌套

在一个循环体内又包含了一个完整的循环结构称为循环的嵌套。循环嵌套对 For-Next 循环语句和 Do-Loop 语句均适用。

对于循环的嵌套，要注意以下事项：

①内循环变量与外循环变量不能同名；

②外循环必须完全包含内循环，且不能交叉。

案 例 4

1. 坐标转换计算

在施工测量中往往会遇到施工坐标和测量坐标相互转换的问题，首先应用根据公共点求解转换参数，再按相应的计算公式完成相互转换。

（1）计算方法

已知 M 和 N 两点，在测量坐标系统下的坐标值分别为 (x_m, y_m) 和 (x_n, y_n)；在施工坐标系统下的坐标值分别为 (a_m, b_m) 和 (a_n, b_n)，则转换参数求解和相互转换的公式分别为：

①参数 θ、x_0、y_0 求解：

$dx = x_N - x_M$

$dy = y_N - y_M$

$a_{xy} = \pi/2 \times (2-\mathrm{sgn}(dy+1.0E-10)) - a\tan(dx/(dy+1.0E-10))$

$da = a_N - a_M$

$db = b_N - b_M$

$aab = \pi/2 \times (2-\mathrm{sgn}(db+1.0E-10)) - a\tan(da/(db+1.0E-10))$

$\theta = axy - aab$

$x_0 = x_M - a_M \times \cos(\theta) + b_M \times \sin(\theta)$

$y_0 = y_M - a_M \times \sin(\theta) - b_M \times \cos(\theta)$

②施工坐标转换到测量坐标的公式：

$x_i = x_0 + a_i \times \cos(\theta) - b_i \times \sin(\theta)$

$y_i = y_0 + a_i \times \sin(\theta) + b_i \times \cos(\theta)$

③测量坐标转换到施工坐标的公式：

$a_i = (x_i - x_0) \times \cos(\theta) + (y_i - y_0) \times \sin(\theta)$

$b_i = (y_i - y_0) \times \cos(\theta) - (x_i - x_0) \times \sin(\theta)$

（2）窗体、框架等相关控件

窗体、框架等相关控件设置分别见表4-3和表4-4。

表 4-3   **窗体、框架等控件属性设置**

默认控件名	设置的控件名（Name）	标题（Caption）
Form1	frm_zbzh	坐标转换
Frame1	Frame1	参数求解
Frame2	Frame2	坐标转换

表 4-4

窗体界面中各框架内控件属性设置

框架	默认控件名	设置的控件名（Name）	标题（Caption）
Frame1 （Caption="参数求解"）	Label1	Label1	XM：
	Label2	Label2	YM：
	Label3	Label3	XN：
	Label4	Label4	YN：
	Label5	Label5	AM：
	Label6	Label6	BM：
	Label7	Label7	AN：
	Label8	Label8	BN：
	Label9	Label9	$\theta =$
	Label10	Label10	x0 =
	Label11	Label11	y0 =
	Text1	txt_xm	无定义
	Text2	txt_ym	无定义
	Text3	txt_xn	无定义
	Text4	txt_yn	无定义
	Text5	txt_am	无定义
	Text6	txt_bm	无定义
	Text7	txt_an	无定义
	Text8	txt_bn	无定义
	Text9	txt_st	无定义
	Text10	txt_x0	无定义
	Text11	txt_y0	无定义
	Command1	cmd_csqj	参数求解
Frame2 （Caption="坐标转换"）	Label12	Label12	测量坐标
	Label13	Label13	施工坐标
	Label14	Label14	坐标输入(格式为：点名，X，Y)
	Text12	Txt_zb	无定义
	Command2	cmd_clzsg	>>
	Command3	cmd_sgzcl	<<
	Command4	Cmd_tj	添加
	Command5	cmd_sc	删除
	Command6	cmd_qk	清空
	Check1	Chk_clorsg	施工坐标
	Check2	chk_cf	重复
	List1	Lst_cl	无定义
	List2	Lst_sg	无定义

(3)程序代码

程序代码如下:

```
Const pi As Double = 3. 141 592 653 589 79    '定义符号常量 pi, 值为 π
Dim st#, x0#, y0#    '定义坐标转换参数, st 代表旋转角 θ
'cmd_csqj_Click()事件完成转换参数的求解
Private Sub cmd_csqj_Click()
    Dim xm#, ym#, xn#, yn#, am#, bm#, an#, bn#
    Dim dx#, dy#, da#, db#, axy#, aab#
    xm = Val(Txt_xm): ym = Val(Txt_ym)
    xn = Val(Txt_xn): yn = Val(Txt_yn)
    am = Val(Txt_am): bm = Val(Txt_bm)
    an = Val(Txt_an): bn = Val(Txt_bn)
    dx = xn - xm: dy = yn - ym
    da = an - am: db = bn - bm
    axy = pi / 2 * (2 - Sgn(dy + 0.0000000001)) - Atn(dx / (dy + 0.0000000001))
    aab = pi / 2 * (2 - Sgn(db + 0.0000000001)) - Atn(da / (db + 0.0000000001))
    st = axy - aab
    x0 = xm - am * Cos(st) + bm * Sin(st)
    y0 = ym - am * Sin(st) - bm * Cos(st)
    txt_st = Trim(Str(st))
    txt_x0 = Trim(Str(x0))
    txt_y0 = Trim(Str(y0))
End Sub


'cmd_clzsg_Click()事件完成测量到施工的坐标转换
Private Sub cmd_clzsg_Click()
    Dim di $ , xi#, yi#, ai#, bi#, n%, i%
    Dim jh() As String
    st = Val(txt_st)
    x0 = Val(txt_x0)
    y0 = Val(txt_y0)
    n = Lst_cl. ListCount - 1
    If n >= 0 Then
        Lst_sg. Clear
        For i = 0 To n
            jh = Split(Lst_cl. List(i), ",")
            di = jh(0)
            xi = Val(jh(1))
```

```vb
        yi = Val(jh(2))
        ai = Round((xi - x0) * Cos(st) + (yi - y0) * Sin(st), 3)
        bi = Round((yi - y0) * Cos(st) - (xi - x0) * Sin(st), 3)
        Lst_sg. AddItem di + "," + Trim(Str(ai)) + "," + Trim(Str(bi))
      Next i
    End If
End Sub


'cmd_sgzcl_Click()事件完成施工到测量的坐标转换
Private Sub cmd_sgzcl_Click()
    Dim di$, xi#, yi#, ai#, bi#, n%, i%
    Dim jh() As String
    st = Val(txt_st)
    x0 = Val(txt_x0)
    y0 = Val(txt_y0)
    n = Lst_sg. ListCount - 1
    If n >= 0 Then
      Lst_cl. Clear
      For i = 0 To n
        jh = Split(Lst_sg. List(i), ",")
        di = jh(0)
        ai = Val(jh(1))
        bi = Val(jh(2))
        xi = Round(x0 + ai * Cos(st) - bi * Sin(st), 3)
        yi = Round(y0 + ai * Sin(st) + bi * Cos(st), 3)
        Lst_cl. AddItem di + "," + Trim(Str(xi)) + "," + Trim(Str(yi))
      Next i
    End If
End Sub


'Chk_clorsg_Click()事件选择需要操作的列表框 Lst_cl 或 Lst_sg
Private Sub Chk_clorsg_Click()
    If Chk_clorsg. Value Then
      Chk_clorsg. Caption = "测量坐标"
    Else
      Chk_clorsg. Caption = "施工坐标"
    End If
End Sub
```

```vb
'Cmd_tj_Click()事件向列表框 Lst_cl 或 Lst_sg 中添加一行数据
Private Sub Cmd_tj_Click()
    Dim i%, bz%
    If Chk_clorsg. Value Then
        If chk_cf. Value Then
            Lst_cl. AddItem Trim(txt_zb)
        Else
        bz = 1
        For i = 0 To Lst_cl. ListCount - 1
            If Lst_cl. List(i) = Trim(txt_zb) Then
                bz = 0
                Exit For
            End If
        Next i
        If bz Then
            Lst_cl. AddItem Trim(txt_zb)
        End If
        End If
    Else
        If chk_cf. Value Then
            Lst_sg. AddItem Trim(txt_zb)
        Else
            bz = 1
            For i = 0 To Lst_sg. ListCount - 1
                If Lst_sg. List(i) = Trim(txt_zb) Then
                    bz = 0
                    Exit For
                End If
            Next i
            If bz Then
                Lst_sg. AddItem Trim(txt_zb)
            End If
        End If
    End If
End Sub


'cmd_qk_Click()事件清空列表框 Lst_cl 或 Lst_sg 中的数据
Private Sub cmd_qk_Click()
```

```
    If Chk_clorsg. Value Then
        Lst_cl. Clear
    Else
        Lst_sg. Clear
    End If
End Sub
```

'cmd_sc_Click( )事件删除列表框 Lst_cl 或 Lst_sg 中所选定行的数据

```
Private Sub cmd_sc_Click( )
    If Chk_clorsg. Value And Lst_cl. ListIndex >= 0 Then
        Lst_cl. RemoveItem Lst_cl. ListIndex
    ElseIf Lst_sg. ListIndex >= 0 Then
        Lst_sg. RemoveItem Lst_sg. ListIndex
    End If
End Sub
```

(4)运行结果

程序运行后界面如图 4-9 所示。

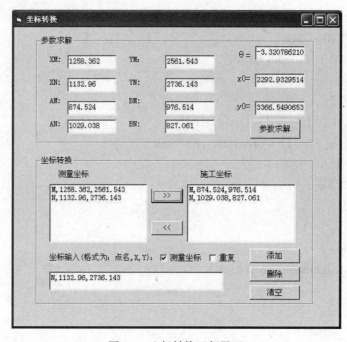

图 4-9　坐标转换运行界面

2. 单一附合水准路线平差计算

单一附合水准路线平差计算方法比较简单，这里不再赘述，下面仅介绍程序设计。

(1)窗体、框架等相关控件

窗体、框架等相关控件设置分别见表 4-5 和表 4-6。

表 4-5 窗体、框架等控件属性设置

默认控件名	设置的控件名（Name）	标题（Caption）
Form1	frm_fhszjs	附合水准平差计算
Frame1	Frame1	数据录入
Command4	cmd_pc	平差
Command5	cmd_tc	退出

表 4-6 窗体界面中各框架内控件属性设置

框架	默认控件名	设置的控件名（Name）	标题（Caption）
Frame1 （Caption="数据录入"）	Label1	Label1	已知数据列表：
	Label2	Label2	输入数据(点名，距离/测站，高差，高程)
	Label3	Label3	输入限差：
	Text1	txt_pc	无定义
	Text2	txt_sj	无定义
	Text3	txt_xc	无定义
	Command1	cmd_tj	添加
	Command2	cmd_sc	删除
	Command3	cmd_xg	修改
	List1	Lst_cjlr	无定义

(2)程序代码

程序代码如下：

'Lst_cjlr_Click()事件实现将所选定行的数据显示到文本框

```
Private Sub Lst_cjlr_Click()
    txt_sj. Text = Lst_cjlr. List(Lst_cjlr. ListIndex)
End Sub
```

'cmd_tj_Click()事件向列表框添加一行数据

```
Private Sub cmd_tj_Click()
    Lst_cjlr. AddItem Trim(txt_sj)
End Sub
```

'cmd_sc_Click( )事件删除列表框中选定行的数据
```
Private Sub cmd_sc_Click( )
    If Lst_cjlr. ListIndex >= 0 Then
        Lst_cjlr. RemoveItem Lst_cjlr. ListIndex
    End If
End Sub
```

'cmd_xg_Click( )事件完成对选定行数据的修改
```
Private Sub cmd_xg_Click( )
    Lst_cjlr. List( Lst_cjlr. ListIndex) = Trim( txt_sj)
End Sub
```

'cmd_pc_Click( )事件完成平差计算
```
Private Sub cmd_pc_Click( )
    Dim xc%, jh$( ), dm$( ), i%, n%
    Dim cz#( ), gc#( ), gzs#( ), gzhgc#( ), h#( )
    Dim fh#, fhr#, gzslj#
    xc = Val( txt_xc. Text)
    n = Lst_cjlr. ListCount - 1
    ReDim dm(n)
    ReDim gc(n)
    ReDim cz(n)
    ReDim gzs(n)
    ReDim gzhgc(n)
    ReDim h(n)
'数据提取到相应变量
For i = 0 To n
    jh = Split( Lst_cjlr. List(i), ",")
    If i = 0 Then
        dm(i) = jh(0)
        cz(i) = Val( jh(1))
        gc(i) = Val( jh(2))
        h(i) = Val( jh(3))
    ElseIf i <> n Then
        dm(i) = jh(0)
        cz(i) = Val( jh(1))
        gc(i) = Val( jh(2))
    Else
```

92

```
          dm(i) = jh(0)
          h(i) = Val(jh(1))
        End If
        If i <> n Then
          cz(n) = cz(n) + cz(i)
          gc(n) = gc(n) + gc(i)
        End If
      Next i
      '闭合差计算
      fh = Round(gc(n) - (h(n) - h(0)), 3)
      '闭合差容许值计算
      fhr = xc * Sqr(cz(n))
      '平差计算
      gzslj = 0
      For i = 0 To n - 2
        gzs(i) = Round(-fh / cz(n) * cz(i), 3)
        gzhgc(i) = gc(i) + gzs(i)
        h(i + 1) = h(i) + gzhgc(i)
        gzslj = gzslj + gzs(i)
      Next i
      gzs(n) = -fh
      gzhgc(n) = gc(n) + gzs(n)
      gzs(n - 1) = -fh - gzslj
      gzhgc(n - 1) = gzs(n - 1) + gc(n - 1)
      '平差成果输出
      '输出表头
      txt_pc. Text = " "
      txt_pc. Text = txt_pc. Text + "-------------------------------------------------" + Chr(13) +
Chr(10)
      txt_pc. Text = txt_pc. Text + " 点名 站数 高差(m) 改正数(m) 改正高差(m) 高程
(m)" + Chr(13) + Chr(10)
      txt_pc. Text = txt_pc. Text + "-------------------------------------------------" + Chr(13) +
Chr(10)
      For i = 0 To n - 1
      txt_pc. Text = txt_pc. Text + " " + dm(i) + String(5 - Len(dm(i)), " ") _
                + Str(cz(i)) + String(5 - Len(Str(cz(i))), " ") + _
                IIf(gc(i) > 0, Format(gc(i), " +0. 000"), Format(gc(i), "
0. 000")) + _
```

```vb
                            "    " + IIf(gzs(i) > 0, Format(gzs(i), "+0.000"), Format(gzs(i),
"0.000")) _
                        + "    " + IIf(gzhgc(i) > 0, Format(gzhgc(i), "+0.000"), Format
(gzhgc(i), "0.000")) _
                        + "    " + Format(h(i), "0.000") + Chr(13) + Chr(10)
        txt_pc.Text = txt_pc.Text + Chr(13) + Chr(10)
    Next i
    txt_pc.Text = txt_pc.Text + "  " + dm(n) + String(37, " ") + Format(h(n), "0.000") + Chr(13) + Chr(10)
    txt_pc.Text = txt_pc.Text + "  " + "∑ " + String(3, " ") _
                        + Str(cz(i)) _
                        + "    " + IIf(gc(n) > 0, Format(gc(n), "+0.000"), Format(gc(n), "0.000")) _
                        + "    " + IIf(gzs(n) > 0, Format(gzs(n), "+0.000"), Format(gzs(n), "0.000")) _
                        + "    " + IIf(gzhgc(n) > 0, Format(gzhgc(n), "+0.000"), Format(gzhgc(n), "0.000")) _
                        + Chr(13) + Chr(10)
    txt_pc.Text = txt_pc.Text + "---------------------------------------" + Chr(13) + Chr(10)
    txt_pc.Text = txt_pc.Text + "  " + "fh=∑ h-(H终-H始)=" _
                        + Str(gc(n)) + "-(" + Str(h(n)) + " - " + Str(h(0)) _
                        + ")=" + Format(fh, "0.000") + "m" + Chr(13) + Chr(10)

    txt_pc.Text = txt_pc.Text + "  " + "fh容=±" + Str(xc) + "sqr(n)=±" + Str(Round(fhr)) + "mm" + Chr(13) + Chr(10)
    If Abs(fh) <= fhr / 1000 Then
        txt_pc.Text = txt_pc.Text + "  " + "fh≤fh容,成果合格!" + Chr(13) + Chr(10)
    Else
        txt_pc.Text = txt_pc.Text + "  " + "fh>fh容,闭合差超限,成果不合格!" + Chr(13) + Chr(10)
    End If
    txt_pc.Text = txt_pc.Text + "---------------------------------------" + Chr(13) + Chr(10)
End Sub


'cmd_tc_Click()事件退出界面
Private Sub cmd_tc_Click()
    Unload frm_fhszjs
```

94

End Sub

(3)运行结果

程序运行后界面如图4-10所示。

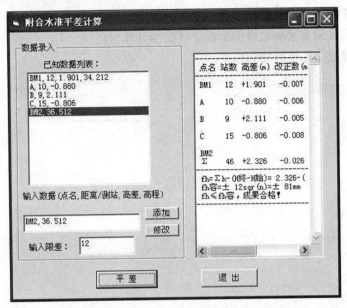

图4-10　单一附合水准路线平差计算运行界面

习　题　4

一、填空题

1. VB 的赋值语句既可以给_____赋值，也可以给对象的_____赋值。

2. 在 VB 中，用于产生输入对话框的函数是_____，其返回值类型是_____，若要利用该函数接收数据型数据则可利用_____函数对返回值进行类型转换。

3. 变量未赋值时，数值型变量的值为_____，字符串变量的值为_____。

4. 语句 Print Format(sgn(-6^2)+3.5," $ $ ##，##.00") 的输出结果是_____。

5. 在多分支选择结构的 Case 语句中，如果表达式列表为：表达式 1 To 表达式 2，那么表达式 1 应_____表达式 2。

6. 在条件多分支结构中，如果其中的某个条件满足且执行了相应的语句，则后面的条件_____。

7. 如有语句 x = 12；y = 16；Tmax = IIf(x>y，x，y)，则 Tmax 的值为_____；Nop = 2；Op = Choose(Nop，"11"，"10"，"01"，"00")，则 OP 的值为_____。

8. 在 For.. Next 循环语句中，如果省略 Step 步长值，则默认的步长值为_____。

9. 当两个循环语句嵌套时，总的循环次数为各循环次数之_____。

10. VB 中的注释语句是_____，如果该语句放在其他语句的后面，则用_____符号来分隔，该注释语句也可以用_____符号来替代；VB 的结束语句是_____。

二、编程题

1. 编写圆曲线偏角法和弦线偏距法放样数据计算的程序。

2. 编写支导线坐标推算的程序。

第五章 过程与作用域

VB 中有两类过程：一类是系统提供的内部函数过程和事件过程，事件过程是构成 VB 应用程序的主体；另一类是用户根据需要而定义的、供事件过程多次调用的过程。使用过程可以使程序简练、便于调试和维护。

在 VB 6.0 中，自定义过程分为以下几种：

以"Sub"保留字开始的为子过程；

以"Function"保留字开始的为函数过程；

以"Property"保留字开始的为属性过程；

以"Event"保留字开始的为事件过程。

本章将重点介绍 Sub 子过程和 Function 函数过程，并介绍变量及过程的作用范围。

第一节 Sub 子过程

一、Sub 子过程的定义

自定义子过程有以下两种方法：

1. 利用"工具"菜单下的"添加过程"命令定义

具体步骤如下：

①为想要编写过程的窗体/标准模块打开代码窗口；

②选择"工具"菜单下的"添加过程"命令，显示"添加过程"对话框，如图 5-1 所示。

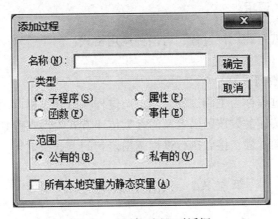

图 5-1 "添加过程"对话框

③在"名称"框中输入过程名(过程名中不能有空格);

④在"类型"组中选取"子程序"选项,定义一个子过程;

⑤在"范围"组中选取"公用的"定义一个公共级的全局过程;选取"私有的"定义一个标准模块级/窗体级的局部过程。

最后点击"确定"按钮。这时,Visual Basic 就建立了一个子过程的模块,用户可以在此模块中编写代码。

2. 利用代码窗口直接定义

在窗体/标准模块的代码窗口中,把插入点放在所有现有过程之外,输入 Sub 子过程名即可。

自定义子过程的形式如下:

```
[Private | Public][Static] Sub 子过程名[(参数列表)]
        局部变量或常数定义
        语句
        [Exit Sub]
        语句
End Sub
```

其中,①子过程名:命名规则与变量命名规则相同。不要与 Visual Basic 中的关键字和 Windows API 函数重名,也不能与同一级别的变量重名。

②Private 是可选参数,表示只有在包含其声明模块中的其他过程可以访问该 Sub 过程。

③Public 是可选参数,表示所有模块的所有其他过程都可以访问这个 Sub 过程,如果在包含 Option Private 的模块中使用,则这个过程在该模块外是不可以使用的。

④Static 是可选参数,表示调用之后仍保留 Sub 过程中局部变量的最后一次赋值,Static 属性对在 Sub 外声明的变量不会产生影响,即使过程中也使用了这些变量。

⑤参数列表:代表在调用时要传递给 Sub 过程参数的变量列表,如果有多个变量,则用逗号隔开。用户可以根据实际情况选择。

二、Sub 子过程的调用

在定义过程后,就可调用该过程,有两种调用格式:

①Call 子过程名[(参数列表)];

②子过程名[(参数列表)]。

调用其他过程的过程称为主调过程。当主调过程执行到过程调用语句时,就转去执行被调用的过程,此时实际参数按照已定义的参数传递方式给形式参数传递值。被调过程执行结束,就返回到主调过程,接着执行过程调用语句的下一条语句。

第二节 Function 函数过程

Function 过程,通常称为函数。它是一段具有返回值的程序代码块,可以是模块中相对独立的一个结构。Visual Basic 提供了很多内部函数，如常用的数字函数、字符串处理函数和数据类型转换函数等，用户也可以根据需要编写自己的函数，称为用户自定义函数或外部函数。

函数过程和子过程的共同点都是完成某种特定的一组程序代码，不同的是函数过程是带有返回值的特殊过程，所以函数过程定义时有返回值的类型说明。

一、Function 子过程的定义

自定义函数的定义和子过程一样，也有两种方法：一种是利用"工具"菜单下的"添加过程"命令定义，与子过程相同，只是在"类型"组中选择"函数"选项；另一种是利用代码窗口直接定义，其语法形式如下：

［Private｜Public］［Static］Function 函数过程名(［参数列表］)［As 类型］
   局部变量或常数定义
   语句
   函数名＝返回值
   ［Exit Function］
   语句
   函数名＝返回值
End Function

其中，①Private、Public 和 Static 的功能与本章第一节讲到的 Sub 过程中定义的语句相同；

②函数名的命名与变量的命名标准相同；

③由于函数需要返回值，与变量完全一样，函数过程有数据类型。这就决定了返回值的类型。As Type 语句设置返回变量的数据类型，如果没有 As 子句，缺省的数据类型为 Variant。

与 Sub 子过程类似，Function 过程也是一个可读取参数、执行一系列语句并改变其参数值的独立过程。与子过程不同的是，当要使用 Function 过程的返回值时，可以在表达式的右边使用它，这和 VB 内部函数的使用方式完全相同。

要从函数返回一个值，只需将该值赋值给函数名即可，在过程的任意位置上都可以出现这种赋值语句。

二、Function 子过程的调用

调用用户已经定义的 Function 过程和调用 VB 内部函数的方法相同，只要在表达式中通过使用函数名，并在其后的圆括号中给出相应的参数列表即可，例如：

Function finn( ) '定义名为 finn 的函数
 程序代码段
End Function
如果要将此函数的结果存入变量 x 中，调用的语句为：
x＝finn( )

使用调用 Sub 子过程的语句也能调用函数，如下面的两个语句都调用同一个函数。

Call Year(Now)

或者 Year Now

但需要注意的是，当用这种方法调用函数时，Visual Basic 放弃返回值。

【例 5-1】编写一个由斜距计算平距的函数。

```
'用函数过程实现由斜距计算平距
Const pi As Double = 3. 141 592 653 589 79
Function pj(xj!, jd!) As Single
    Dim hd#
    hd = jd * pi / 180
    pj = xj * Cos(hd)
End Function
'主调程序调用函数过程
Private Sub Form_Click( )
    Dim hd As Single
    hd = pj(125. 632, 12. 541)
    Print hd
End Sub
```

第三节 参 数 传 递

调用过程时可以把数据传递给被调用的过程，也可以把过程中的数据传递回来。在调用过程中，要考虑调用过程和被调用过程之间的数据是怎样传递的。通常在编写一个过程时，要考虑它需要输入哪些变量，进行处理后又输出哪些量。正确地提供一个过程的输入数据和正确地引用其输出数据，是使用过程的关键。

一、形参与实参

形式参数简称形参，是指在定义子过程或函数过程时，出现在子过程或函数名括号中的变量名，是接收数据的变量。

实际参数简称实参，是指在调用子过程或函数过程时，传递给子过程或函数过程的常量、变量或表达式。

形参与实参的对应关系是：在定义过程时，形参为实参预留位置；在调用过程时，实参的值被一一插入到对应的形参位置上。第一个形参接收第一个实参的值，第二个形参接收第二个实参的值……如果在调用过程的语句中传递的参数为常数或表达式，则系统将它们的值分别传递给过程中对应的参数变量；如果被传递的参数是变量，则系统自动将变量的值传递给形式参数后，实际参数隐藏起来，使其值随形式参数的变化而变化，当返回应用程序时，形式参数的值传给实际参数变量。

<实参列表>和<形参列表>中的对应变量名不必相同，但变量的个数必须相等，而且

各实参的书写顺序必须与相应的形参顺序一致，类型相符。所谓类型相符，对于变量参数就是类型相同，对于值参数则要求实参对形参赋值相容。

一般过程处理的数据来自调用它的应用程序的某些表示状态的信息，因为有了它们，才使得过程与应用程序联系在一起。信息包括在调用过程时传递到过程内的变量。当将变量传递到过程时，称变量为参数。

过程的参数缺省时，默认为 Variant 数据类型，用户也可以根据需要声明参数为其他数据类型。

二、传址与传值方式

在调用过程时，参数的传递有两种：按地址传递和按值传递，系统默认的是按地址方式传递。两种方式的区分标志是在定义过程时是否使用了关键字"ByVal"，形参前加了"ByVal"关键字时是按值传递，否则是按地址传递。

按地址传递参数，就是让过程根据变量的内存地址去访问实际变量的内容，即形参与实际参数使用相同的内存地址单元，这样通过子过程就可以改变变量本身的值。在按地址传递值时，实参必须是变量，因为常量或表达式无法按地址传递。

按值传递参数时，系统将实参的值复制给形参后，实参与形参分别使用不同的内存。被调过程中的变量在过程调用时有效，当过程调用结束时，这些形参所占用的存储单元也同时被释放，因此，在过程中对形参的任何操作都不会影响到实参。

【例 5-2】编写交换两个数的过程，其中 jh1 使用传值传递参数，jh2 用传址传递参数。

```
Public Sub jh1(ByVal x As Integer, ByVal y As Integer)
    Dim t As Integer
    t = x: x = y: y = t
End Sub
Public Sub jh2(x As Integer, y As Integer)
    Dim t As Integer
    t = x: x = y: y = t
End Sub


Private Sub Command1_Click()
    Dim a As Integer, b As Integer
    a = 10: b = 20
    jh1 a, b
    Print "A1 ="; a, "B1 ="; b
    a = 10: b = 20
    jh2 a, b
    Print "A2 ="; a, "B2 ="; b
End Sub
```

两种调用方式示意图如图 5-2 所示；调用结果如图 5-3 所示。

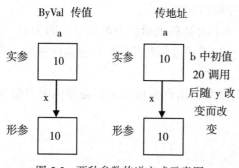

图 5-2　两种参数传递方式示意图

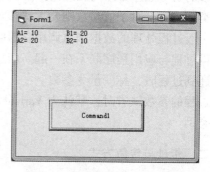

图 5-3　两种参数传递调用结果

从两种参数传递方式调用的结果可以看出：按传值方式结合的过程，系统将实参的值复制给形参后，实参与形参就断了联系。被调过程中的操作是在形参自己的存储单元中进行，当过程调用结束时，这些形参所占用的存储单元同时也被释放。因此，在过程中对形参的任何操作不会影响到实参，即实参的值不变；而传址结合的过程，当调用时，系统将实参的地址传递给形参后，实参与形参共用同一个存储单元。在被调用过程中，对形参的任何操作都变成了对相应实参的操作，实参的值就会随形参的改变而改变，即实参的值也发生变化。

三、数组传递

在使用子过程和函数过程时，可以将数组或数组元素作为参数进行传递。传递整个数组时，必须对实际参数与其所对应的形式参数写上所要传递的数组的名称和一对圆括号。

在定义过程时，数组可以作为形参出现在过程的形参列表中。声明数组参数的语法如下：

<形参数组名>( )　　[As 数据类型]

定义时，形参数组的大小可以不指明，但数组名后面的一对圆括号不能省略，否则系统认为形参是变量。数组作为参数时，过程调用的一般格式为：

<子过程名或函数过程名>　(<数组名>)

形参数组对应的实参必须也是数组，数据类型与形参一致，实参列表中的数组不需要用"( )"。过程传递数组只能按地址传递，形参与实参共有同一段内存单元，不能使用 ByVal 关键字修饰。

在被调过程中不能用 Dim 语句对形参数组声明，否则会产生"重复声明"的编译错误。但是在使用动态数组时，可以用 Redim 语句改变形参数组的维界，重新定义数组的大小。当返回调用过程时，对应的实参数组的维界也会随之发生变化。因为数组是按地址传递的，所以，在被调过程中改变数组维数、下标上下界及元素值，同时也改变了调用过程的数组。

【例 5-3】编写一组数据求和的函数。

'用函数过程实现一组数据的求和

```
Function qh(a( ) As Integer)
    Dim i%
    For i = LBound(a) To UBound(a)
        qh = qh + a(i)
    Next i
End Function
'主调程序调用函数过程
Private Sub Command1_Click( )
    Dim a(1 To 10) As Integer
    Dim i%
    For i = 1 To 10
        a(i) = i * 10
    Next i
    Print qh(a)
End Sub
```

第四节　过程的嵌套与递归调用

在 VB 中，如果一个过程(Sub 过程或 Function 过程)中调用另外一个过程，称为过程的嵌套调用；而过程直接或间接地调用其本身，则称为过程的递归调用。

一、过程的嵌套调用

VB 的过程定义都是互相平行或独立的，即在定义过程时，一个过程内不能包含另一个过程。VB 虽然不能嵌套定义过程，但可嵌套调用过程，也就是主程序可以调用子过程，在子过程中还可以调用另外的子过程，这种程序结构称为过程的嵌套调用。其结构如图 5-4 所示。

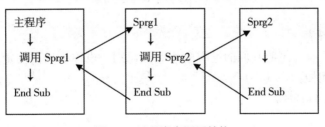

图 5-4　过程嵌套调用结构

二、过程的递归调用

递归过程是指过程在定义时过程体内又调用过程本身，这样的过程称为递归过程。例

103

如，在数学公式中，求 n! 阶乘公式可以描述为递归过程：

n! = 1   n=1 时

n! = n(n−1)!   n>1 时

利用这种特性可以分别编写求 n! 的递归函数过程：

```
Public Function func1(n As Integer) As Double
    If n = 1 Then
        func1 = 1
    Else
        func1 = n * func1(n - 1)
    End If
End Function

Private Sub Command1_Click( )
    Dim s1 as Double
    s1 = func1(10)
    Print s1
End Sub
```

第五节　变量的作用范围与生存周期

一、变量的作用范围

变量的作用范围是指变量被某一过程识别的范围。变量的作用域确定了能够知晓该变量存在的那部分代码。变量的作用范围可以根据声明此变量的位置不同来决定。例如，在一个过程内部声明变量时，只有过程内部的代码才能访问或改变此变量的值；如果在模块的通用段中声明某一变量，那么，其值对于同一模块内的所有过程都有效，甚至对于整个应用程序的所有过程都有效。根据声明变量的位置，变量分为过程级变量和模块级变量两类。

1. 过程级变量

过程级变量只有在声明它们的过程中才能被识别，也称为局部变量，用 Dim 或 Static 关键字来声明。例如：

Dim Temp As Integer

或者

Static intPermanent As Integer

在整个应用程序运行时，用 Static 声明的局部变量中的值一直存在，而用 Dim 声明的变量只在过程执行期间才存在。

对任何临时计算需要的变量来说，局部变量是最佳选择。例如：可以建立很多不同的过程，每个过程都包含称作 Temp 的变量。只要每个 Temp 都声明为局部变量，那么每个过程只识别它自己的 Temp。任何一个过程都能够改变它自己局部的 Temp 变量的值，而不会影响别的过程中的 Temp 变量。

2. 模块级变量

模块级变量是在模块的通用段中声明的变量，模块级变量分为两种，即私有变量和公有变量。

(1) 私有的模块级变量

私有的模块级变量在声明它的整个模块的所有过程中都能使用，但其他模块却不能访问该变量。声明方法是在模块的通用段中使用 Private 或 Dim 关键字声明变量。在模块的通用段中使用 Private 或 Dim 作用相同，但使用 Private 会提高代码的可读性。在模块级私有变量声明中，Private 和 Dim 之间没有本质区别，但 Private 更好些，因为很容易把它和 Public 区别开来，使代码更容易理解。

(2) 公有的模块级变量

公有的模块级变量在所有模块中的所有过程中都可以使用。它的作用范围是整个应用程序，因此，公有模块级变量属于全局变量。声明方法是在模块的通用段中使用 Public 关键字声明变量。例如，Public a As Integer，b As Single 全局变量是指在所有程序中都可以使用的内存变量。任何过程中对它的修改返回主程序后都有效，但为了安全起见，应尽量避免使用全局变量。

二、变量的生存周期

变量除具有作用范围之外，还具有生存周期，在这一期间变量能够保持它们的值。假设 a 为某一过程中的变量，当程序运行进入该过程时，系统要分配一定的内存空间给变量 a，但是当程序运行退出该过程时，这些内存空间可以释放，也可以保留。我们根据内存空间是否保留，把变量分为两类：静态变量(Static)和动态变量(Dynamic)。其中，静态变量不释放内存空间；动态变量释放内存空间。

1. 动态变量

动态变量所需要的内存空间是在程序进入变量所在过程时才被分配给该变量，程序退出该过程时其占用的内存空间会自动释放，以供其他变量使用。使用 Dim 声明的局部变量属于动态变量。

2. 静态变量

在应用程序的生存期内一直保持模块级变量和全局变量的值。但是局部变量的值在过程执行期间存在，当过程执行完毕，局部变量的值就已经不存在了，而且变量所占据的内存也将被释放。当下一次执行该过程时，它的所有局部变量将重新初始化。若将局部变量定义成静态的(用 Static 声明)，可保留变量的值。静态变量在过程结束后仍保留变量的值，即其占用的内存单元未释放。在过程内部用 Static 关键字声明静态变量。

第六节　过程的作用范围

过程可被访问的范围称为过程的作用域，它随所定义的位置和语句的不同而不同。按过程的作用范围来划分，其过程可分为：模块级过程和全局级过程。

一、模块级过程

模块级：在窗体模块、类模块或标准模块中用 Private 关键字定义的过程，只能被定义的窗体模块、类模块或标准模块中的过程调用。

二、全局级过程

在窗体模块或标准模块中用 Public 关键字（或缺省）定义的过程，可被该应用程序的所有窗体模块和标准模块中的过程调用。

三、调用其他模块中的过程

在工程中任何地方都能调用其他模块中的全局过程。调用过程有诸多技巧，它们与过程类型、位置以及在应用程序中的使用方式有关。

1. 调用 Sub 过程

在表达式中，Sub 过程不能用其名字调用。调用 Sub 过程的是一个独立的语句。Sub 过程还有一点与函数不一样，它不会用名字返回一个值。但是，与 Function 过程一样，Sub 过程也可以修改传递给它们的任何变量的值。

调用 Sub 过程有两种方法，以下两个语句都调用了名为 MyProc 的 Sub 过程：

Call MyProc(FirstArgument, SecondArgument)

MyProc FirstArgument, SecondArgument

注意：当使用 Call 语法时，参数必须在括号内。若省略 Call 关键字，则必须省略参数两边的括号。

2. 调用函数过程

通常，调用自行编写的函数过程的方法与调用 VB 内部函数过程（例句 Abs）的方法一样，即在表达式中写上它的名字，例如：

Print 10 * ToDec

X = ToDec

If ToDec = 10 Then Debug. print " Out of Range "

X = AnotherFunction(10 * ToDec)

就像调用 Sub 过程那样，也能调用函数。下面的语句都调用了一个函数：

Call Year(Now)

Year Now

3. 调用其他模块中的过程

在工程中的任何地方都能调用其他模块中的公用过程。可能需要指定这样的模块，它包含正在调用的过程。调用其他模块中的过程的各种技巧，取决于该过程是在窗体模块中、类模块中还是标准模块中。

4. 调用窗体中的过程

所有窗体模块的外部调用必须指向包含此过程的窗体模块。如果在窗体模块 Form1 中包含 SomeSub 过程，则可使用下面的语句调用 Form1 中的过程：

Call Form1. SomeSub(Arguments)

5. 调用标准模块中的过程

如果过程名是唯一的，则不必在调用时加模块名。无论是在模块内调用，还是在模块外调用，结果总会引用这个唯一过程。如果过程仅出现在一个地方，那么这个过程就是唯一的。

如果两个以上的模块都包含同名的过程，那就有必要用模块名来限定了。在同一模块内调用一个公共过程就会运行该模块内的过程。例如，对于 Module1 和 Module2 中名为 CommonName 过程，从 Module2 中调用 CommonName 则运行 Module2 中的 CommonName 过程，而不是 Module1 中的 CommonName 过程。

从其他模块调用公共过程名时必须指定那个模块。例如，若在 Module1 中调用 Module2 中的 CommonName 过程，要用下面的语句：

Module2. CommonName(Arguments)

在调用过程时要注意以下几点：

①全局级过程若在窗体模块中定义，其他模块的过程要调用，必须在该过程名前加上该过程所在的窗体名。例如，在窗体 Form1 中调用窗体模块 Form2 中的名为 Mysub 的全局过程，使用如下形式：

Call Form2. Mysub[(实参表)]或 Form2. Mysub[(实参表)]

②在标准模块中定义的全局级过程，外部过程均可调用，但过程名必须唯一，即在工程的多个标准模块中全局过程名不相同，否则调用时要加上标准模块名。例如，若在 Module1 和 Module2 中都有一个名为 Mysub 的全局过程，则调用 Module1 的 Mysub 过程，就应该使用如下形式：

Call Module1. Mysub[(实参表)]或 Module1. Mysub[(实参表)]

③若在一个只包含一个窗体的简单应用程序中，可直接在本窗体模块中用 Private 或 Public 关键字定义过程。

④若是包含多个窗体的应用程序，一般把子程序和函数过程放在标准模块中，并用 Public 关键字定义，这样定义的过程可被本应用程序的所有过程直接访问。

案　例　5

1. 数值取位

在测量数据的处理中，往往涉及取位问题，其原则一般为"4 舍 6 入，遇 5 奇进偶不进"。如要求数据小数点后保留 3 位有效数字，则"125.364 3"取位后为"125.364"；"125.364 6"取位后为"125.365"；"125.364 5"取位后为"125.364"；"125.365 5"取位后为"125.366"。

现编写一个名为 szqw 的函数，实现数值的取位计算，程序代码如下：

```
Function szqw#(ysz, n%)
    Dim qwz As Integer
```

```vb
    Dim fh As Integer
    fh = Sgn(ysz)
    If ysz < 0 Then
        ysz = Abs(ysz)
    End If
    If (Int(ysz * 10 ^ n) + 0.6) * 10 <= Int(ysz * 10 ^ (n + 1)) Then
        szqw = (Int(ysz * 10 ^ n) + 1) / 10 ^ n
    ElseIf (Int(ysz * 10 ^ n) + 0.5) * 10 = Int(ysz * 10 ^ (n + 1)) Then
        qwz = (Int(ysz * 10 ^ n) / 10 - Int(ysz * 10 ^ (n - 1))) * 10
        Select Case qwz
            Case 0, 2, 4, 6, 8
                szqw = (Int(ysz * 10 ^ n)) / 10 ^ n
            Case Else
                szqw = (Int(ysz * 10 ^ n) + 1) / 10 ^ n
        End Select
    ElseIf (Int(ysz * 10 ^ n) + 0.4) * 10 >= Int(ysz * 10 ^ (n + 1)) Then
        szqw = (Int(ysz * 10 ^ n)) / 10 ^ n
    End If
    szqw = szqw * fh
End Function


'Command1_Click()事件完成取位计算
Private Sub Command1_Click()
    Dim ysz#, n%
    ysz = Val(Text1)
    n = Val(Text2)
    Text3 = szqw(ysz, n)
End Sub


'Command2_Click()事件退出界面
Private Sub Command2_Click()
    Unload Form1
End Sub
```
程序运行后界面如图 5-5 所示。

2. 角度单位转换

编写一个名为 jdzh 的函数，实现不同角度单位之间的转换，其代码如下：

'srdw 和 scdw 为可选变量，省略时默认其值均为 0，即输入角度的单位为度.分秒，输出角度的单位为弧度

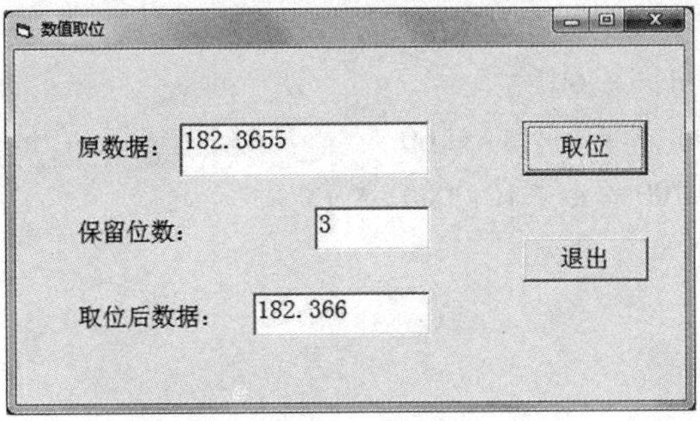

图 5-5　数值取位计算运行结果

Public Function jdzh#(jd#, Optional srdw% = 0, Optional scdw% = 0)

 Const pi# = 3. 141 592 653 589 79

 Dim d%, f%, m#, fh%

 fh = Sgn(jd)

 jd = Abs(jd)

'将输入角度单位首先转换为分

Select Case srdw

 Case 0'输入单位为度．分秒

  d = Int(jd)

  f = Int((jd − d) * 100)

  m = ((jd − d) * 100 − f) * 100

  jdzh = (d + f / 60 + m / 3 600)

 Case 1 '输入单位为度

  jdzh = jd

 Case Else '输入单位为弧度

  jdzh = jd * 180 / pi

End Select

'输出角度单位

Select Case scdw

 Case 0 '输出单位转换为弧度

  jdzh = jdzh * pi / 180 * fh

 Case 1 '输出单位为度

  jdzh = jdzh * fh

 Case 2 '输出单位为分

  jdzh = jdzh * 60 * fh

 Case 3 '输出单位为秒

  jdzh = jdzh * 3 600 * fh

```
    Case Else '输出单位为度. 分秒
    d = Int(jdzh)
    f = Int((jdzh − d) * 60)
    m = ((jdzh − d) * 60 − f) * 60
    jdzh = (d + f / 100 + m / 10 000) * fh
End Select
End Function
```

3. 前方交会计算

(1)计算方法

前方交会分角度前方交会和距离前方交会两种。如图 5-6 所示,角度前方交会是已知 A、B 两点的坐标以及角度观测值 α 和 β,求 P 点的坐标;而距离前方交会则是已知 A、B 两点的坐标,根据边长观测值 a 和 b,求 P 点的坐标。其中,角度交会按式(5-1)进行计算;距离交会先按式(5-2)计算出 α 和 β 角度值,再按式(5-1)计算出 P 点的坐标。

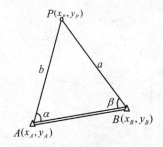

图 5-6 角度前方交会

$$\begin{cases} x_P = \dfrac{x_A\cot\beta + x_B\cot\alpha + (y_B - y_A)}{\cot\alpha + \cot\beta} \\ y_P = \dfrac{y_A\cot\beta + y_B\cot\alpha + (x_A - x_B)}{\cot\alpha + \cot\beta} \end{cases} \tag{5-1}$$

$$\begin{cases} \alpha = \arccos\dfrac{c^2 + b^2 - a^2}{2bc} \\ \beta = \arccos\dfrac{c^2 + a^2 - b^2}{2ac} \end{cases} \tag{5-2}$$

需要注意的是:①已知点和待定点必须按 A、B、P 逆时针方向编号,在 A 点观测角编号为 α,若距离交会则对边编号为 a,在 B 点观测角编号为 β,若距离交会则对边编号为 b。②在 VB 中反三角函数只有反正切 Atn( )函数,反余弦可按公式 arccos(X)= atn(−X/Sqr(−X*X+1))+2*atn(1)进行计算。

(2)窗体、框架等相关控件

窗体、框架等相关控件设置分别见表 5-1 和表 5-2。

表 5-1

窗体、框架等控件属性设置

默认控件名	设置的控件名(Name)	标题(Caption)
Form1	Form1	前方交会
Frame1	Frame1	交会方法
Frame2	Frame2	角度单位设置
Frame3	Frame3	已知数据输入
Frame4	Frame4	待定点坐标
Picture1	Picture1	—
Command1	cmd_js	计算
Command2	cmd_tc	退出
Label9	Label9	说明：已知点和待定点必须按 A、B、P 逆时针方向编号，在 A 点观测角编号为 α，若距离交会则对边编号为 a，在 B 点观测角编号为 β，若距离交会则对边编号为 b。

表 5-2 　　　　　　　　**窗体界面中各框架内控件属性设置**

框架	默认控件名	设置的控件名(Name)	标题(Caption)
Frame1 (Caption="交会方法")	Option1	opn_jdorjl	角度交会
	Option1	opn_jdorjl	距离交会
Frame2 (Caption="角度单位设置")	Option2	opn_dw	度.分秒
	Option2	opn_dw	度
	Option2	opn_dw	弧度
Frame3 (Caption="已知数据输入")	Label1	Label1	XA=
	Label2	Label2	YA=
	Label3	Label3	XB=
	Label4	Label4	YB=
	Label5	Label5	角度 α=
	Label6	Label6	角度 β=
	Text1	txt_xa	—
	Text2	txt_ya	—
	Text3	txt_xb	—
	Text4	txt_yb	—
	Text5	txt_a	—
	Text6	txt_b	—
Frame4 (Caption="待定点坐标")	Label7	Label7	XP=
	Label8	Label8	YP=
	Text7	txt_xp	—
	Text8	txt_yp	—

(3)程序代码

程序代码如下：

```
Option Explicit
'函数 jdzh()的功能是完成不同角度单位之间的转换，代码参见本节中的"角度单位
转换"。
'子过程 qfjh()完成角度前方交会或距离前方交会计算
Public Sub qfjh(xa#, ya#, xb#, yb#, a#, b#, xp$, yp$, Optional jdorjl% = 0, Optional
dw% = 0)
    Dim a1#, b1#, c#
    c = Sqr((xb - xa) ^ 2 + (yb - ya) ^ 2)
    If a <= 0 Or b <= 0 Or c = 0 Then
     MsgBox "输入的数值有误!"
     Exit Sub
    End If
    If jdorjl = 0 Then '前方角度交会
     a1 = jdzh(a, dw)
     b1 = jdzh(b, dw)
     xp = Format((xa / Tan(b1) + xb / Tan(a1) + (yb - ya)) / (1 / Tan(a1) + 1 / Tan
(b1)), "0.000")
     yp = Format((ya / Tan(b1) + yb / Tan(a1) + (xa - xb)) / (1 / Tan(a1) + 1 / Tan
(b1)), "0.000")
    Else '前方距离交会
    Dim x1#, x2#
    If Not (c + b > a And c + a > b And a + b > c) Then
      MsgBox "输入的数值有误!"
      Exit Sub
    End If
    x1 = (c ^ 2 + b ^ 2 - a ^ 2) / (2 * b * c)
    x2 = (c ^ 2 + a ^ 2 - b ^ 2) / (2 * a * c)
    a1 = Atn(-x1 / Sqr(-x1 * x1 + 1)) + 2 * Atn(1)
    b1 = Atn(-x2 / Sqr(-x2 * x2 + 1)) + 2 * Atn(1)
    xp = Format((xa / Tan(b1) + xb / Tan(a1) + (yb - ya)) / (1 / Tan(a1) + 1 / Tan
(b1)), "0.000")
    yp = Format((ya / Tan(b1) + yb / Tan(a1) + (xa - xb)) / (1 / Tan(a1) + 1 / Tan
(b1)), "0.000")
    End If
    End Sub
```

' Form_Load( )事件初始设置为角度交会，角度单位为度.分秒
Private Sub Form_Load( )
    opn_jdorjl(0) = 1
    opn_dw(0) = 1
End Sub

' opn_jdorjl_Click 事件完成数值输入提示信息的相互转换
Private Sub opn_jdorjl_Click(Index As Integer)
    If opn_jdorjl(0) Then
        Label5. Caption = "角度 α ="
        Label6. Caption = "角度 β ="
    Else
        Label5. Caption = "边长 a ="
        Label6. Caption = "边长 b ="
    End If
End Sub

' cmd_js_Click( )事件完成子过程调用及计算结果的输出
Private Sub cmd_js_Click( )
    Dim xa#, ya#, xb#, yb#, xp $, yp $, a#, b#, jdorjl%, dw%
    xa = Val(txt_xa) : ya = Val(txt_ya)
    xb = Val(txt_xb) : yb = Val(txt_yb)
    a = Val(txt_a) : b = Val(txt_b)
    If opn_jdorjl(0) Then
        jdorjl = 0
    Else
        jdorjl = 1
    End If
    If opn_dw(0) Then
        dw = 0
    ElseIf opn_dw(1) Then
        dw = 1
    Else
        dw = 2
    End If
    Call qfjh(xa, ya, xb, yb, a, b, xp, yp, jdorjl, dw)
        txt_xp = xp : txt_yp = yp
End Sub

'cmd_tc_Click( )事件退出界面
Private Sub cmd_tc_Click( )
    Unload Me
End Sub
(4)运行结果
程序运行后界面如图5-7所示。

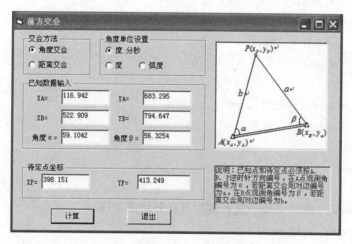

图5-7　前方交会运行界面

习　题　5

一、选择题

1. 下列叙述中正确的是(　　)。

   (A)在窗体的 Form_Load 事件中定义的变量是全局变量

   (B)局部变量的作用域可以超出所定义的过程

   (C)在某个 Sub 过程中定义的局部变量可以与其他事件过程中定义的局部变量同名，但其作用域只局限于该过程

   (D)在调用过程时，所有局部变量被系统初始化为0

2. 下列四个叙述中，错误的是(　　)。

   (A)过程内用 Dim 语句定义的变量，它的作用域是此过程

   (B)过程内用 Static 语句定义的变量，它的生存期与整个过程的运行期相同

   (C)过程内用 Dim 语句定义的变量，它的生存期与整个过程的运行期相同

   (D)若在模块的"通用声明"中写上语句：Option Explicit，则该模块的所有变量必须先说明后引用

3. 在过程定义中用(　　)表示形参的传值。

（A）Var　　　　　　（B）ByDef　　　　　（C）ByVal　　　　　　（D）Value

4. 若已编写了一个 Sort 子过程，在该工程中有多个窗体，为了方便地调用 Sort 子过程，应该将该过程放在（　　　）中。

　　（A）窗体模块　　　（B）标准模块　　　（C）类模块　　　　（D）工程

5. 在过程中定义的变量，若希望在离开该过程后，还能保存过程中局部变量的值，则应使用（　　　）关键字在过程中定义局部变量。

　　（A）Dim　　　　　（B）Private　　　　（C）Public　　　　　（D）Static

6. 下面子过程语句说明合法的是（　　　）。

　　（A）Sub f1(Byval n%( ))　　　　　　　　（B）Sub f1(n%) as Integer

　　（C）Function f1%(f1%)　　　　　　　　　（D）Function f1(Byval n%)

7. 要想从子过程调用后返回两个结果，下面子过程语句说明合法的是（　　　）。

　　（A）Sub f1(Byval n%, Byval m%)　　　　（B）Sub f1(n%, Byval m%)

　　（C）Sub f1(n%, m%)　　　　　　　　　　（D）Sub f1(Byval　n%, m%)

8. 在 VB 应用程序中，以下正确的描述是（　　　）。

　　（A）过程的定义可以嵌套，但过程的调用不能嵌套

　　（B）过程的定义不可以嵌套，但过程的调用可以嵌套

　　（C）过程的定义和调用均不可以嵌套

　　（D）过程的定义和调用均可以嵌套

9. 以下叙述中错误的是（　　　）。

　　（A）一个工程中只能有一个 Sub Main 过程

　　（B）窗体的 Show 方法的作用是将指定的窗体装入内存并显示该窗体

　　（C）窗体的 Hide 方法和 Unload 方法的作用完全相同

　　（D）若工程文件中有多个窗体，可以根据需要指定一个窗体为启动窗体

10. 以下叙述中错误的是（　　　）。

　　（A）如果过程被定义为 Static 类型，则该过程中的局部变量都是 Static 类型

　　（B）Sub 过程中不能嵌套定义 Sub 过程

　　（C）Sub 过程中可以嵌套调用 Sub 过程

　　（D）事件过程中可以像通用过程一样由用户定义过程名

11. 定义带可变参数的过程，使用的关键字是（　　　）。

　　（A）Optional　　　　（B）Option　　　　（C）ParamArray　　　（D）Private

12. 定义带可选参数的过程，使用的关键字是（　　　）。

　　（A）Optional　　　　（B）Option　　　　（C）ParamArray　　　（D）Private

二、填空题

1. 在过程定义的首部出现的变量名叫做＿＿＿＿参数，而在调用过程中传送给过程的＿＿＿＿、＿＿＿＿、＿＿＿＿或＿＿＿＿叫做＿＿＿＿参数。

2. 定义和调用函数或过程时参数传递的两种方法是＿＿＿＿和＿＿＿＿。

3. 在窗体的通用段用 Dim 语句定义的变量是＿＿＿＿级变量，它只能在＿＿＿＿中使用。

4. 全局级过程在定义时可以默认，也可以使用关键字_____进行显示声明；窗体/模块级的过程声明时要用关键字_____。

5. 用 ParamArray 关键字声明可变参数时，被声明的参数只能是_____。

6. 在带可选参数的过程中，使用_____函数来测试可选参数是否被选。

三、编程题

1. 编写大地主题解算的程序。

2. 编写同一平面内两条直线交点坐标计算的程序。

第六章　文　件　操　作

所谓文件,就是存储在外部介质(如磁盘、光盘)上的以文件名标识的数据集合,或者是计算机的某些外部设备(如打印机、终端等)。广义地说,任何输入/输出设备都是文件。把存储在计算机磁盘上的文件叫做磁盘文件,存储在输入/输出设备上的文件叫做设备文件。

在程序设计中,由于程序的运行常常需要输入大量的数据,程序运行过程中也会产生大量的中间结果,运行结束时也要输出大量的结果数据,如果仅靠键盘输入数据、显示器输出结果数据,那将远远降低计算机的效能,还会给用户带来许多不便,所以把程序和程序运行所需的输入数据、中间结果和输出数据以文件的形式保留在外部设备上,需要使用时再调入内存,这样既可节省内存空间,又能提高工作效率,而且使用的文件可以不受内存大小的限制。

Visual Basic 具有较强的对文件进行处理的能力,为用户提供了多种处理方法。它既可直接读写文件,同时又提供了大量与文件管理有关的语句和函数,以及用于制作文件系统的控件。程序员可以使用这些手段开发出功能强大的应用程序。

第一节　文件系统控件

一、驱动器列表框

驱动器列表框(DriveListBox)是在工具箱中的图标样式为"🔲"形状的工具按钮,其功能通常是只显示当前驱动器名称,单击向下箭头,就会显示出当前系统拥有的所有磁盘驱动器,以供用户选择。

1. Drive 属性

Drive 属性是驱动器列表框控件最重要和最常用的属性,该属性在设计时不可用。其格式如下:

　　　　对象 . Drive [= <字符串表达式>]

例如:Drive1. drive = "D:"

2. Change 事件

在程序运行时,当选择一个新的驱动器或通过代码改变 Drive 属性的设置时都会触发驱动器列表框 Change 事件的发生。

二、目录列表框

目录列表框(DirListBox)是在工具箱中的图标样式为"□"形状的工具按钮,其功能用来显示当前驱动器目录结构及当前目录下的所有子目录,供用户选择其中的一个目录为当前目录。

1. 常用属性

Path 属性是目录列表框控件最重要的属性,用于返回或设置当前路径。该属性在设计时是不可用的。其格式为:

 对象 . Path [= <字符串表达式>]

其中,<字符串表达式>是用来表示路径名的字符串表达式,例如:Dir1. Path = " C:\ Mydir"。

Path 属性也可以直接设置限定的网络路径,例如:\\ 网络计算机名 \ 共享目录名 \ path。

此外,目录列表框的 List、ListCount 和 ListIndex 等属性,与列表框(ListBox)控件的对应属性基本相同。

目录列表框中当前目录的 ListIndex 值为-1,上一个目录的 ListIndex 值为-2,再上一个的 ListIndex 值为-3,依次类推,如图 6-1 所示。

需要说明的是,连续双击鼠标左键才能改变当前目录。

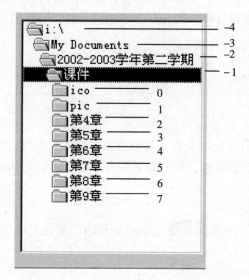

图 6-1　目录列表框 ListIndex 属性值

2. Change 事件

在程序运行时,每当改变当前目录,即目录列表框的 Path 属性发生变化时,都会触发 Change 事件的发生。

三、文件列表框

文件列表框(FileListBox)是在工具箱中的图标样式为"▣"形状的工具按钮，其功能是用简单列表形式显示 Path 属性指定目录中所有指定文件类型的文件。

1. 常用属性

(1)Path 属性

Path 属性用于返回和设置文件列表框当前目录，设计时不可用。当 Path 值改变时，会引发一个 PathChange 事件。

(2)FileName 属性

FileName 属性用于返回或设置被选定文件的文件名，设计时不可用。

需要注意的是，Filename 属性不包括路径名，若要从文件列表框(File1)中获得全路径的文件名并存放在指定的字符型变量中(如 Fname)，则使用下列程序代码：

```
If    Right(file1. path, 1) = " \ "    Then
    Fname=file1. path & file1. filename
Else
    Fname=file1. path & " \ " & file1. filename
End If
```

(3)Pattern 属性

Pattern 属性用于返回或设置文件列表框所显示的文件类型。可在设计状态设置或在程序运行时设置。缺省时表示所有文件。设置格式为：

对象 . Pattern [= value]

其中，value 是一个用来指定文件类型的字符串表达式，可包含通配符" * "和"?"，例如：

File1. Pattern = " * . bmp"

File1. Pattern = " * . txt；* . Doc"

File1. Pattern = "??? . txt"

若要指定显示多个不同的文件类型，则各文件类型间使用"；"符号进行分隔。

(4)文件属性

文件列表框的文件属性主要包括以下 5 个：

Archive：True，只显示文档文件；

Normal：True，只显示正常标准文件；

Hidden：True，只显示隐含文件；

System：True，只显示系统文件；

ReadOnly：True，只显示只读文件。

(5)MultiSelect 属性

文件列表框 MultiSelect 属性与 ListBox 控件中 MultiSelect 属性使用完全相同。默认情况是 0，即不允许选取多项。

(6)List、ListCount 和 ListIndex 属性

文件列表框中的 List、ListCount 和 ListIndex 属性与列表框(ListBox)控件的 List、ListCount 和 ListIndex 属性的含义和使用方法相同，在程序中对文件列表框中的所有文件进行操作，就会用到这些属性。

　　如果要将文件列表框(File1)中的所有文件名都在窗体上显示出来，则使用如下程序代码：

```
For i = 0 To File1.ListCount - 1
    Print File1.List(i)
Next i
```

　　2. 主要事件

　　(1)PathChange 事件

　　当路径被代码中 FileName 或 Path 属性的设置所改变时，将发生此事件。可使用 PathChange 事件过程来响应 FileListBox 控件中路径的改变。

　　(2)PatternChange 事件

　　当文件的列表样式(如:" * . * ")被程序代码中对 FileName 或 Path 属性的设置所改变时，将触发该事件。此外，可使用 PatternChange 事件过程来响应在 FileListBox 控件中样式的改变。

　　(3)Click、DblClick 事件

　　在文件列表中选中所单击的文件，将改变 ListIndex 属性值，并将 FileName 的值设置为所单击的文件名的名字。例如，单击输出文件名的代码为：

```
Private  Sub File1_Click( )
    MsgBox File1.FileName
End Sub
```

　　此外，文件列表框能够识别双击事件，常用于对所双击的文件进行处理。例如，双击执行可执行程序的代码为：

```
Private  Sub File1_DblClick( )
    Dim Fname As String
    If  Right(file1.path, 1) = " \ "  Then
        Fname = file1.path & file1.filename
    Else
        Fname = file1.path & " \ " & file1.filename
    End If
    RetVal = Shell(Fname, 1)    '执行可执行程序
End Sub
```

　　【例 6-1】编写程序代码，使各系统控件联动，即驱动器、目录和文件列表框同步显示文件。需要编写的程序代码如图 6-2 所示。

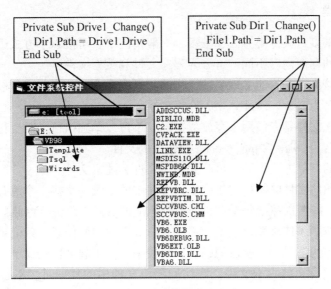

图 6-2　文件系统控件联动的代码

第二节　文件的基本概念

一、文件结构

为了有效地对数据进行处理，必须以某种特定的方式存放数据，这种特定的方式称为文件结构。把组成文件的基本数据称作记录，文件由记录组成，记录由字段组成，字段由字符组成。

1. 字符

字符是构成文件的最基本单位。字符可以是数字、字母、特殊符号或单一字节。字符可以是西文字符或汉字字符，一个西文字符占用一个字节，一个汉字字符占用两个字节。

2. 字段

字段也称为域，它由一个或几个字符组成，用来表示一项数据，如界址线名称、界址线类型、界址线位置等。每个字段都有字段名，字段中具体的数据叫字段值。

3. 记录

记录由一组相关的字段组成，如界址线属性表中每条界址线的名称、类型、位置等构成一个记录。

4. 文件

文件由记录构成，一个文件含有若干个记录。如界址线属性表中每条界址线的信息构成一个记录，所有界址线的信息构成一个文件。

二、文件分类

文件的种类繁多，其分类方式也较多，一般情况下，可按以下方式进行分类：

①根据文件的存储内容不同，可分为程序文件和数据文件：

程序文件：该文件是指能实现某种操作的一系列命令的有序集合，包括源文件和可执行文件。如扩展名为 . exe、. vbf、. vbg 等的文件。

数据文件：该文件是专门用来存放数据的，不可以单独执行，需要程序文件进行管理和调用。如扩展名为 . wav、. jpg、. doc、. txt 等的文件。

②根据文件的存储方式不同，可分为顺序文件和随机文件：

顺序文件：顺序文件的结构比较简单，文件中的记录一个接一个地有顺序地排列。在存入顺序文件时，按照次序把每个字符转换为相应的 ASCII 码进行存储；读取数据时必须从文件头开始，按顺序依次读出记录，不能只读取文件中的任意一条记录。顺序文件的优点是：在相同内容的情况下，所占的磁盘空间较小，使用起来比较简单。

随机文件：又称直接存取文件。在访问随机文件中的数据时，不必考虑每个记录的排列顺序和位置，就可以根据需要访问文件中的任意一个记录。随机文件的每条记录都有固定的长度，每条记录都有记录号。存取数据时，只需指明记录的记录号，就可以直接把数据存入指定位置或直接从指定位置读取数据。同时可以进行读/写操作，且存取数据速度较快，所以随机文件适用于需要进行数据库的访问、快速查找、经常需要更新数据的文件的访问。但其缺点是：在相同内容的情况下，所占磁盘空间较大，程序设计比较繁琐。

③根据文件的数据编码方式不同，可分为 ASCII 文件和二进制文件：

ASCII 文件：又称文本文件，它以 ASCII 码进行编码来保存文件。此种文件可以用字处理软件来操作。

二进制文件：文件中的数据是以二进制格式进行编码来存储的。二进制文件不能用普通的字处理软件处理。二进制文件占用空间小，文件灵活性强，但编程的工作量较大。

三、文件的打开与关闭

在 VB 中，操作一个数据文件要按以下步骤进行：

①打开或建立文件。一个文件只有先打开以后才能使用，否则必须先建立一个新文件才能使用。文件打开之后，都有其对应的文件号。文件号是一个整数，它代表文件，对文件进行操作，都需要指定相应的文件号。

②进行读/写操作。在第一步的基础上，对打开或建立的文件进行输入/输出操作，即所谓的读/写操作。一般情况下，把数据文件由主存传输到外部设备称为输出操作或写操作；把数据文件由外部设备传输到主存称为输入操作或读操作。

③关闭文件。在对一个文件进行读写操作之前，必须先打开它，如果所要操作的文件不存在，则必须先建立一个新的文件。在对一个文件的读写操作完成后，一定要将打开的文件关闭，否则，会造成数据的丢失。

1. 文件的打开

VB 用 Open 语句打开或建立一个文件。一般语法格式为：

Open 文件名［For 模式］［Access 存取类型］［锁定］As ［#］文件号［Len＝记录长度］

Open 语句的功能：为文件的输入、输出分配缓冲区，并确定缓冲区所使用的存取方式。

其中：①格式中的 Open、For、Access、As、Len 等为关键字，带方括号的字段为可选项。

②文件名为文件名字符串表达式，一般包括盘符、路径和文件名。

③模式指定文件的输入、输出方式。文件的输入、输出方式见表 6-1。

④存取类型用来指定访问文件的类型，即指出了在打开的文件中所对应进行的操作。若要打开的文件已经被其他进程打开，则不允许指定存取类型，否则 Open 操作失败，并产生错误信息。常见的存取类型见表 6-2。

⑤锁定子句只在多用户或多进程环境中使用，用来限制其他进程对打开文件进行读写操作。常见的锁定方式见表 6-3。

⑥文件号是一个整型表达式，其值在 1~511 之间。执行 Open 语句时，打开文件的文件号与一个具体的文件相关联，其他输入、输出语句或函数通过文件号与文件发生关联。

表 6-1　　　　　　　　　　　　　　　　文件的输入、输出方式

方式	说　　明
Input	顺序输入方式
Output	顺序输出方式
Append	顺序输出方式，与 Output 不同的是，用 Append 方式打开文件时，文件指针将被定位在文件末尾处，执行写操作时，写入的数据追加到原文件的后面
Binary	二进制方式。在这种方式下，可以用 Get 和 Put 语句对文件中任何字节位置的信息进行读写。在 Binary 方式中，若没有 Access 子句，则打开文件的类型与 Random 相同
Random	随机存取方式，是缺省方式。在 Random 方式中，若没有 Access 子句，则在执行 Open 语句时，VB 按顺序打开文件：读/写、只读或只写

表 6-2　　　　　　　　　　　　　　　　常见的存取类型

类型	说　　明
Write	打开只写文件
Read	打开只读文件
Read Write	打开读写文件。此种类型只对随机文件、二进制文件及用 Append 方式打开的文件有效

表 6-3	常见的锁定方式
方式	说　明
默认	本进程可以多次打开文件进行读写，其他进程不能对该文件进行读写
Shared	任何进程都可以对该文件进行读写操作
Lock Write	不允许其他进程写该文件，只在没有其他 Write 存取类型的进程访问该文件时，才允许这种锁定方式
Lock Read	不允许其他进程读该文件，只在没有其他 Read 存取类型的进程访问该文件时，才允许这种锁定方式
Lock Read Write	不允许其他进程进行读写该文件

⑦记录长度是一个整型表达式，被用来为随机存取文件设置记录长度。对于用随机访问方式打开的文件，该值是记录长度；对于顺序文件，该值是缓冲字符数。其值不能超过32 767字节。对于二进制文件，将省略 Len 子句。

为了满足不同存取方式的需要，同一个文件可以用几个不同的文件号打开，每个文件号都有自己的缓冲区。在 Input、Binary 和 Random 方式下，可以用不同的文件号打开同一个文件，而不必预先将该文件关闭。在 Append 和 Output 方式下，若要用不同的文件号打开同一个文件，则必须在打开文件时预先关闭该文件。

Open 语句有打开文件和建立文件两种功能。若打开的文件不存在，则在以 Output、Append、Binary 和 Random 方式打开文件时，可以先建立这个文件。而用 Input 方式打开文件时，则会出现"File Not Found"，即文件找不到的错误提示。

2. 文件的关闭

文件的读写操作结束后，应将文件关闭。这可以通过 Close 语句来实现。其格式为：

Close [[#]文件号][,[#]文件号,…]]

Close 语句用来结束文件的输入、输出操作。例如，假定用下面的语句打开文件：

Open" YourAddress. dat" For Output As #1

则可以用下面的语句关闭这个文件：

Close #1

需要说明的是：①Close 语句用来关闭文件，它是在打开文件之后进行的操作。格式中的"文件号"应该与 Open 语句中使用的文件号一致。关闭一个数据文件具有两方面的作用：第一，把文件缓冲区中所有数据写入文件中；第二，释放与该文件相关联的文件号，以供其他 Open 语句使用。

②Close 语句中的"文件号"是可选的。若指定了文件号，则把指定的文件关闭；若没有指定文件号，则将所有打开的文件都全部关闭。

③除了用 Close 语句关闭文件外，在程序结束时将自动关闭所有打开的数据文件。

第三节 文件的访问模式

在 VB 中，文件的访问模式分为顺序访问模式、随机访问模式和二进制访问模式 3 种，下面将分别进行介绍。

一、顺序访问模式

1. 顺序文件的写操作

将数据写入磁盘文件可由 Write#语句或 Print#语句来完成，其语法格式分别为：

①Print #文件号，[输出列表]

功能是向文件号参数指定的已打开的文件中写入输出列表所标示的信息。

其中，输出列表是数值或字符串表达式，表达式之间要用逗号、分号、Tab 函数或 Spc 函数分隔；文件号是以写方式打开文件的文件号，并且文件必须以 Output 或 Append 方式打开。如输出列表省略，将向文件中写入一个空行。例如：

Open "D：\ sj \ test. dat" For Output As #1

Print #1,"T001"，381 234. 543，58 654. 234，1 023. 851

Close #1

②Write#文件号，[输出列表]

其中的输出列表一般用"，"(逗号)分隔的数值或字符串表达式。Write#与 Print#的功能基本相同，区别是 Write#是以紧凑格式存放，在数据间自动插入逗号，并给字符串加上双引号。例如：

Dim dm＄，x#，y#，h#

Open "D：\ sj \ test. dat" For Output As #1

dm＝"T001"：x＝381 234. 543：

y＝58 654. 234：h＝1 023. 851

Write #1，dm，x，y，h

Close #1

程序运行后，用记事本程序打开 TEST. DAT 文件，可以看到所创建文件的内容及格式，如图 6-3 所示。

图 6-3 Write#语句写操作示例

2. 顺序文件的读操作

顺序文件的读操作由 Input #语句、Line Input #语句和 Input $ 函数来完成。

（1）Input #语句

语法格式为：Input #文件号，变量列表

其功能是从一个顺序文件中依次读出若干个数据项，并分别赋给变量列表中的变量，要求变量列表中变量的数据类型应与对应数据项的类型一致，为了保证读出数据的准确性，文件写入时使用 Write#语句。

（2）Line Input #语句

语法格式为：Line Input #文件号，字符串变量

其功能是从文件中读出一行数据，并将读出的数据赋给指定的字符串变量，读出的数据中不包含回车符和换行符。

（3）Input $ 函数

语法格式为：Input $（n，#文件号）

其功能是从文件号指定的文件中读出由 n 个字符组成的字符串。也就是说，该函数从文件号指定的文件中读取 n 个指定的字符，以字符串的形式返回并赋给指定的变量。

在进行顺序文件的读操作时，通常要与 LOF( ) 和 EOF( ) 两个函数配合使用，其功能分别为：

LOF( )：返回某文件的字节数，若返回值为"0"，则表明为空文件。

EOF( )：检查指针是否到达文件尾部，若返回值为"True"，则表明已到达文件尾部。

二、随机访问模式

随机访问模式要求文件中每条记录的长度都是相同的，记录与记录之间不需要特殊的分隔符号。只要给出记录号，就可以直接访问某一特定记录，其优点是存取速度快，更新容易。

1. 随机文件的写操作

语法格式为：Put［#］文件号，［记录号］，变量名

说明：Put 命令是将一个记录变量的内容，写入所打开的磁盘文件指定的记录位置；记录号是大于 1 的整数，表示写入的是第几条记录，如果忽略不写，则表示在当前记录后插入一条记录。

2. 随机文件的读操作

语法格式为：Get［#］文件号，［记录号］，变量名

说明：Get 命令是从磁盘文件中将一条由记录号指定的记录内容读入记录变量中；记录号是大于 1 的整数，表示对第几条记录进行操作，如果忽略不写，则表示当前记录的下一条记录。

三、二进制访问模式

二进制访问模式是最原始的文件类型，直接把二进制码存放在文件中，没有什么格式，以字节数来定位数据，允许程序按所需的任何方式组织和访问数据，也允许对文件中

各字节数据进行存取和访问。

该模式与随机模式类似，其读写语句也是 Get 和 Put，区别是二进制模式的访问单位是字节，随机模式的访问单位是记录。在此模式中，可以把文件指针移到文件的任何地方，刚开始打开时，文件指针指向第一个字节，以后随文件处理命令的执行而变化。文件一旦打开，就可以同时进行读写。

1. 二进制文件的写操作

语法格式为：Put［#］文件号，［写位置］，表达式

将表达式中的数据写入打开的二进制文件中指定的字节位置处。其中，文件号指定一个以二进制方式打开的文件；写位置指定数据要写入到文件中的具体位置，它是一个长整型参数，若省略此参数，则紧接上一次操作的位置写入；表达式指定写入文件中数据的来源，它可以是任意类型。

2. 二进制文件的读操作

语法格式为：Get［#］文件号，［读位置］，变量

将打开的二进制文件指定位置上的数据读出并保存到变量中。读出数据的长度（即数据的字节数）等于变量的长度。其中，文件号指定一个以二进制方式打开的文件；读位置指定所要读入的数据在文件中的位置，若省略这个参数，则紧接上一次操作的位置进行读操作；变量名指定从文件中读出的数据所要存入的变量，即所要存入的位置，这个变量的类型应该与读入的数据类型相容。

案　例　6

本节通过三角高程测量数据的编辑、保存、高差计算和成果保存的实现，从而达到理解和掌握驱动器列表框、目录列表框、文件列表框等文件系统控件的协同关系以及顺序文件的打开、读写和关闭等有关操作。

1. 计算方法

计算公式为：

$$h = S \times \sin(\alpha) + i - v \quad \text{或}$$
$$h = D \times \tan(\alpha) + i - v$$

式中：h 为高差；S 为斜距；D 为平距；α 为垂直角；i 为仪器高；v 为目标高。

2. 程序设计

（1）窗体、框架等相关控件

窗体、框架等相关控件设置分别见表 6-4 和表 6-5。

表 6-4　　　　　　　　　　　　**窗体、框架等控件属性设置**

默认控件名	设置的控件名（Name）	标题（Caption）
Form1	Form1	三角高程计算
Frame1	Frame1	观测数据

默认控件名	设置的控件名（Name）	标题（Caption）
Frame2	Frame2	基本设置
Frame3	Frame3	计算结果

表 6-5　　　　　　　　　　　　　**窗体界面中各框架内控件属性设置**

框架	默认控件名	设置的控件名（Name）	标题（Caption）
Frame1 （Caption="观测数据"）	Label1	Label1	文件格式（起点，终点，斜距/平距，垂直角，仪器高，目标高）
	Drive1	Drive1	—
	Dir1	Dir1	—
	File1	File1	—
	Text1	txt_gcsj	—
	Command1	cmd_dk	打开
	Command2	cmd_bc	保存
Frame2 （Caption="基本设置"）	Label12	Label12	角度单位：
	Combo1	cmb_jddw	—
	Option1	opn_jl	斜距
	Option1	opn_jl	平距
	Check1	chk_bt	追加表头
Frame3 （Caption="计算结果"）	Text2	txt_jsjg	
	Label3	Label3	文件格式（起点，终点，高差）
	Label4	Label4	输入文件名：
	Text3	txt_wjm	—
	Command3	cmd_js	计算
	Command4	cmd_jgbc	保存

（2）程序代码

程序代码如下：

Option Explicit '强制变量声明

'Drive1_Change()事件实现驱动器和目录列表同步

Private Sub Drive1_Change()

　　Dir1. Path = Drive1. Drive

128

```vb
End Sub

'Dir1_Change()事件实现目录和文件列表同步
Private Sub Dir1_Change()
  File1. Path = Dir1. Path
End Sub

'cmd_dk_Click()事件打开文件和输入数据
Private Sub cmd_dk_Click()
  Dim jl As String
  If File1. FileName <> " " Then
    txt_gcsj = " "
    Open Dir1. Path + " \ " + File1. FileName For Input As #1
    Do While Not EOF(1)
      Line Input #1 , jl
      txt_gcsj = txt_gcsj + jl + vbCrLf
    Loop
    Close #1
  Else
    MsgBox "没有选择文件!"
  End If
End Sub

'cmd_bc_Click()事件完成数据的保存
Private Sub cmd_bc_Click()
  Dim lj $
  If Trim(txt_gcsj) <> " " Then
    If File1. FileName = " " Then
      lj = Dir1. Path + " \ 临时数据文件 . dat"
    Else
      lj = Dir1. Path + " \ " + File1. FileName
    End If
    Open lj For Output As #1
    Print #1 , Trim(txt_gcsj)
    Close #1
    MsgBox "数据成功保存到" + " " " " + lj + " " " "
  Else
```

```
        MsgBox "数据为空!"
    End If
End Sub


'cmd_js_Click()事件完成三角高程计算
Private Sub cmd_js_Click()
 Dim gcsj$(), hjl$(), gc#, n%, i%
 Dim jl$, cd#, czj#, yg#, jg#
 If Trim(txt_gcsj) <> "" Then
  hjl = Split(txt_gcsj, vbCrLf)
  n = UBound(hjl, 1)
  txt_jsjg = ""
  For i = 0 To n
   jl = Trim(hjl(i))
   If jl <> "" Then
    jl = Replace(jl, ",,", ",")
    gcsj = Split(jl, ",")
    n = UBound(gcsj, 1)
    If n = 5 Then
     If IsNumeric(gcsj(2)) And IsNumeric(gcsj(3)) And IsNumeric(gcsj(4)) _
          And IsNumeric(gcsj(5)) Then
      cd = Val(gcsj(2))
      czj = Val(gcsj(3))
      yg = Val(gcsj(4))
      jg = Val(gcsj(5))
      '以下函数jdzh()的代码见第五章中案例5的"2. 角度单位转换"
      czj = jdzh(czj, cmb_jddw.ListIndex)
      If opn_jl(0) = True Then
      gc = cd * Sin(czj) + yg - jg
      Else
      gc = cd * Tan(czj) + yg - jg
      End If
      txt_jsjg = txt_jsjg & gcsj(0) & "," & gcsj(1) & "," & Format(gc, "0.000")
& vbCrLf
     End If
    Else
     MsgBox "数据格式不对，请检查!"
```

```
        Exit For
      End If
    End If
  Next i
 End If
End Sub


'cmd_jgbc_Click()事件完成计算结果的保存
Private Sub cmd_jgbc_Click()
 Dim lj $
 If txt_wjm. Text = "" Or Trim(txt_jsjg) = "" Then
   MsgBox "没有计算结果或文件名为空!"
 Else
   lj = Dir1. Path + " \ " + txt_wjm + ". dat"
   Open lj For Output As #1
   If chk_bt. Value = 1 Then
    Print #1, "起点, 终点, 高差"
   End If
   Print #1, txt_jsjg
   Close #1
   MsgBox "数据成功保存到" + """" + lj + """"
 End If
End Sub


'Form_Load()事件将距离初始设置为斜距, 角度单位为度. 分秒
Private Sub Form_Load()
 File1. Pattern = " *. dat" '设置文件类型
 chk_bt. Value = 1
 opn_jl(0) = True
 cmb_jddw. AddItem "度. 分秒"
 cmb_jddw. AddItem "度"
 cmb_jddw. AddItem "弧度"
 cmb_jddw. ListIndex = 0
End Sub
```
(3)运行结果

程序运行后界面如图 6-4 所示。

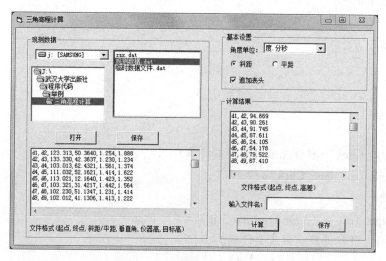

图 6-4　三角高程计算运行界面

习　题　6

一、选择题

1. 下面关于顺序文件的描述，正确的是(　　)。
   (A)每条记录的长度必须相同
   (B)可通过编程对文件中的某条记录方便地修改
   (C)数据只能以 ASCII 码形式存放在文件中，所以可通过文本编辑软件显示
   (D)文件的组织结构复杂

2. 下面关于随机文件的描述，不正确的是(　　)。
   (A)每条记录的长度必须相同
   (B)一个文件中记录号不必唯一
   (C)可通过编程对文件中的某条记录方便地修改
   (D)文件的组织结构比顺序文件复杂

3. 按文件的组织方式可分为(　　)。
   (A)顺序文件和随机文件　　　　　　(B) ASCII 文件和二进制文件
   (C)程序文件和顺序文件　　　　　　(D)磁盘文件和打印文件

4. 顺序文件是因为(　　)。
   (A)文件中按每条记录的记录号从小到大排序好的
   (B)文件中按每条记录的长度从小到大排序好的
   (C)文件中按每条记录的关键数据项的从大到小地排序
   (D)记录是按进入的先后顺序存放的，读出也是按原先写入的先后顺序读出

5. 随机文件是因为(　　)。

（A）文件中的内容是通过随机数产生的

（B）文件中的记录号是通过随机数产生的

（C）可对文件中的记录根据记录号随机地读/写

（D）文件的每条记录的长度是随机的

6. 文件号最大可取的值为（　　　）。

（A）255　　　　　（B）511　　　　　（C）512　　　　　（D）256

7. 为了建立一个随机文件，其中每一条记录由多个不同的数据类型的数据项组成，应使用（　　　）。

（A）记录类型　　　（B）数组　　　　　（C）字符串类型　　　（D）变体类型

8. 要从磁盘上读入一个文件名为"c：\ t1. txt"的顺序文件，下列（　　　）正确。

（A）F ="c：\ t1. txt"

　　　Open F For Input As # 1

（B）F ="c：\ t1. txt"

　　　Open "F" For Input As # 2

（C）Open"c：\ t1. txt"For Output As # 1

（D）Open c：\ t1. txt For Input As # 2

9. 全局记录类型定义语句应出现在（　　　）。

（A）窗体模块　　　　　　　　　　　（B）标准模块

（C）窗体模块、标准模块均可以　　　（D）窗体模块、标准模块均不可以

10. 要建立一个存放水准点数据的记录类型，字段包括编号、点名、等级和高程，则下列定义正确的是（　　　）。

（A）Type szd
　　　　bh As Integer
　　　　dm As String
　　　　dj As string
　　　　h as single
　　End Type

（B）Type szd
　　　　bh As Integer
　　　　dm As String * 10
　　　　dj As string
　　　　h as single
　　End Type

（C）Type szd
　　　　bh As Integer
　　　　dm As String
　　　　dj As string * 10
　　　　h as single
　　End Type

（D）Type szd
　　　　bh As Integer
　　　　dm As String * 10
　　　　dj As string * 10
　　　　h as single
　　End Type

11. 若以读的方式打开顺序文件"d：\ file1. dat"，则正确的语句是（　　　）。

（A）Open "d：\ file. dat" For Output As #1

（B）Open "d：\ file. dat" For Input As #1

（C）Open "d：\ file. dat" For Binary As #1

（D）Open "d：\ file. dat" For Random As #1

12. 判断顺序文件中的数据是否读完，应使用( )函数。

(A) LOF   (B) LOC   (C) EOF   (D) FreeFile

13. 若要从 1 号的随机文件中读取数据，使用的语句为( )。

(A) Print #1, r   (B) Write #1, r   (C) Put #1, r   (D) Get #1, r

14. 改变驱动器列表框的 Drive 属性将引发( )事件。

(A) Load   (B) Click   (C) Pattern change   (D) Change

15. 目录列表框和文件列表框都有( )属性。

(A) List   (B) Value   (C) Path   (D) Pattern

16. 文件列表框 FileListBox 用于设置或返回文件类型的属性是( )。

(A) Drive   (B) Path   (C) Pattern   (D) FileTitle

17. 下列以读方式打开顺序文件的模式是( )。

(A) Output   (B) Input   (C) Random   (D) Binary

二、填空题

建立文件名为"c：\ 控制点 . txt"的顺序文件，内容来自文本框，每按 Enter 键写入一条记录，然后清除文本框的内容，直到文本框内输入"End"字符串。

```
Private Sub Form_Load()

    _____

End Sub
Private Sub Text1_KeyPress(KeyAscii As Integer)
    If KeyAscii = 13 Then
        If _____ Then
            Close # 1
            End
        Else

            _____

            Text1. SelText = ""
        End If
    End If
End Sub
```

将 C 盘根目录下的一个文本文件 old. dat 复制到新文件 new. dat 中，并利用文件操作语句将 old. dat 文件从磁盘上删除。

```
Private Sub Command1_Click()
    Dim str1 $
    Open"c：\ old. dat"_____ As # 1
    Open"c：\ new. dat"_____
    Do While _____

        _____

        Print # 2, str1
```

```
        Loop
            _____
            _____
    End Sub
```

文本文件合并。将文本文件"ttxt"合并到"t1. txt"文件中

```
    Private Sub Command1_Click( )
        Dim s  $
        Open" t1. txt"_____
        Open" ttxt"_____
        Do While Not EOF(2)
            Line Input # 2 , s
            Print # 1 , s
        Loop
        Close # 1, # 2
    End Sub
```

随机文件的修改。对已建立的有若干条记录的文件名为"c：\ 水准点 . dat"的随机文件，记录类型见本章选择题中第 13 题正确的记录结构。要读出记录号为 5 的那条记录，显示在窗体上，然后将其高程统一加-0.029m，再写入原记录的位置，再读出，显示修改成功与否。

```
    Private Sub Command1_Click( )
        Dim s As szd, _____
        Open "c：\ 水准点 . dat" For Random As # 1 Len = len(s)
        _____
        Print s. bh, s. dm, s. dj, s. h
        _____
        Put # 1, 5, s
        _____
        Print s. bh, s. dm, s. dj, s. h
        Close # 1
    End Sub
```

三、编程题

1. 编写同一平面内点与面位置关系判断的程序。

2. 编写观测距离两次改化计算的程序。

第七章　界面组合设计

第一节　菜单程序设计

在窗口环境下，大型应用程序的用户界面一般都使用菜单界面。菜单用于给命令进行分组，使用户能够更方便、更直观地访问这些命令。菜单可分为下拉式菜单和弹出式菜单（快捷菜单）两种基本类型。下拉式菜单一般通过菜单栏中菜单标题的方式打开，而弹出式菜单一般通过在某一区域单击鼠标右键的方式打开。

一、菜单编辑器

在 VB 中，用菜单编辑器可以设计菜单和菜单项；在已有的菜单上添加新菜单项；编辑、修改和删除已有的菜单和菜单项。

进入菜单编辑器的方法有如下 4 种：

①单击"工具"→"菜单编辑器"选项；

②单击常用工具栏中的"菜单编辑器"按钮；

③使用快捷键 Ctrl+E；

④在要建立菜单的窗体（此窗体为活动窗体）上单击鼠标右键，会弹出一个快捷菜单，选择其中的"菜单编辑器"按钮。

打开的菜单编辑器窗口如图 7-1 所示，菜单设计将通过这个窗口来完成。菜单设计包括以下内容：

①标题(P)：用于用户输入显示在窗体上的菜单标题，输入的内容会在菜单编辑器窗口下边的空白部分显示出来，该区域称为菜单显示区域。

如果输入时在菜单标题的某个字母前输入一个"&"符号，那么该字母就成了热键字母，在窗体上显示时该字母有下画线，操作时同时按 Alt 键和该带有下画线的字母就可选择这个菜单命令。例如，建立文件菜单"File"，在标题文本框内应输入"&File"，程序执行时按 Alt+F 键就可以选择"File"菜单。

如果设计的下拉菜单要分成若干组，则需要用分界符(Separator Bar)进行分隔，则在建立菜单时在标题文本框中输入一个连字符"-"，那么该菜单形成一个分割条。

②名称(M)：由用户输入菜单项的名称，它不会显示出来，在程序中用来标识该菜单项。在标题框中输入了一个菜单标题，在名称框中应有一个对应的菜单名称。分界符也要有对应的名称。

③索引(X)：如果建立菜单数组，必须使用该属性。

图 7-1　VB 的菜单编辑器

④快捷键(S)：在此列表框列出了很多快捷键，供用户为菜单项选择一个快捷键。菜单项的快捷键可以不要，但如果选择了快捷键，则会显示在菜单标题的右边。在程序运行时，用户按快捷键同样可完成选择该菜单项并执行相应命令的操作。

⑤复选(C)：如果在显示框中选定了某个菜单项，再选定"复选"检查框，那么当前被选定的菜单项左边加上了一个检查标记"√"，表示该菜单项是一个选项。

⑥有效(E)：该检查框决定菜单项是否可选（有效）。当该检查框被选中，表示菜单的 Enabled 属性为 True，程序执行时菜单项高亮度显示，是可选的；如果没有被选中，即 Enabled 属性为 False，在程序执行时菜单项变成灰色，不能被用户选择。

⑦可见(V)：该检查框决定菜单是否可见。若该检查框未被选中，表示该菜单项的 Visible 属性为 False，在程序执行时不可见。

⑧"←"和"→"按钮：菜单层次的选择按钮。若建立好一个菜单项后按"→"按钮，则该菜单项在显示框中向右移一段，前面加"…"，表示该菜单项为下一级的菜单项。如果选定了某菜单项后，再按"←"按钮，前面的省略号将取消，表示该菜单项是上一级的菜单项。

⑨"↑"和"↓"按钮：用于改变菜单项的位置。

⑩"下一个(N)"按钮：当用户把一个菜单项的各个属性设置完以后，选择此按钮，即可换行设置下一个菜单项。

⑪"插入(I)"按钮：在当前选择的菜单项前插入一个新的菜单项。

⑫"删除(T)"按钮：删除选定的菜单项。

二、下拉式菜单

在下拉式菜单中，一般有一个主菜单，称为菜单栏；每个菜单栏包括一个或多个选择项，称为菜单标题。

当单击一个菜单标题时，包含菜单项的列表（即菜单）被打开，在列表项目中，可以包含分隔条和子菜单标题（其右边含有三角的菜单项）等。当选择子菜单标题时又会"下拉"出下一级菜单项列表，称为子菜单。

VB的菜单层次最多可达6级，但在实际应用中一般不超过3层，因为菜单的层次过多，不便于用户操作。

建立下拉式菜单的步骤如下：

①启动菜单编辑器；

②输入菜单标题；

③输入菜单名称；

④选择快捷键、复选、有效、可见等属性；

⑤运用菜单项移动按钮调整菜单位置；

⑥重复步骤②~步骤⑤，直到完成菜单输入；

⑦单击"确定"按钮。

下拉式菜单建立以后，需要为相应的菜单项编写过程代码，以实现菜单功能。

三、弹出式菜单

弹出式菜单是独立于菜单栏而显示在窗体上的浮动菜单，其显示的位置取决于鼠标所处的位置，用户只需要在窗体的某个地方单击鼠标右键，就会弹出快捷菜单，供用户选择执行。

建立快捷菜单分两步进行：首先用菜单编辑器建立菜单，与下拉菜单的建立方法相同，需要注意的是，若仅建立快捷菜单，则必须将主菜单项的"可见(V)"属性设置为"False"，子菜单项的"可见(V)"属性设置为"True"；其次在程序运行时要用PopupMenu方法来显示设计好的弹出式菜单，其格式为：

［对象.］PopupMenu 菜单>［, 标志, x, y］

其中，x，y：快捷菜单显示的位置。

标志：指定快捷菜单的行为。当标志为0时，快捷菜单的项只能是对鼠标左键起反应；当标志为1时，快捷菜单中的项对鼠标左键和右键都有反应；当标志为2时，PopupMenu方法只能用在MouseDown事件过程中。

第二节　对话框程序设计

在图形用户界面中，对话框（DialogBox）是程序与用户进行交互的主要途径。它既可以用于输入信息，也可以用来显示信息。在VB应用程序中，可以使用下列3种对话框：

①预定义的对话框；

②通用对话框；

③用户自定义对话框。

预定义对话框是系统定义的对话框，可以通过调用 InputBox 函数或执行 MsgBox 语句来直接显示，其使用方法已在第四章中进行了说明。下面将主要介绍通用对话框。

一、通用对话框

VB 提供了一组基于 Windows 的标准对话框界面。用户可以利用通用对话框工具在窗体上创建 6 种标准对话框，即打开（Open）、另存为（Save As）、颜色（Color）、字体（Font）、打印机（Printer）和帮助（Help）对话框。

通用对话框不是标准控件，把通用对话框添加到工具箱的方法是：

①选择"工程"菜单中的"部件"命令，打开"部件"对话框。

②在部件列表框中选择"Microsoft Common Dialog Control 6.0"选项，如图 7-2 所示。

③单击"确定"按钮，通用对话框即被添加到工具箱中。

一旦把通用对话框添加到工具箱中，就可以像使用标准控件一样能够把它添加到窗体中。在设计状态，窗体上显示通用对话框图标，但在程序运行时，窗体上不会显示通用对话框，直到在程序中用 Action 属性或 Show 方法激活而调用所需的对话框。通用对话框仅用于应用程序与用户之间进行信息交互，是输入、输出的界面，不能实现打开文件、存储文件、设置颜色、设置字体、打印等操作。如果要实现这些功能还需要编写程序代码。

通用对话框的类型是通过设置 Action 属性值或 Show 方法来实现的。Action 属性和 Show 方法见表 7-1。

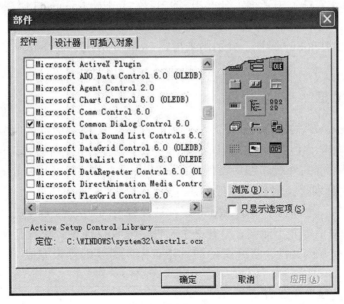

图 7-2　部件对话框

表 7-1   **Action 属性和 Show 方法**

Action 属性	Show 方法	说　明
1	ShowOpen	显示文件打开对话框
2	ShowSave	显示另存为对话框
3	ShowColor	显示颜色对话框
4	ShowFont	显示字体对话框
5	ShowPrinter	显示打印机对话框
6	ShowHelp	显示帮助对话框

此外，通用对话框的共同属性还有：

①CancelError 属性：通用对话框里有一个"取消"按钮，用于向应用程序表示用户可以取消当前操作。当 CancelError 属性设置为"True"时，若用户单击"取消"按钮，通用对话框自动将错误对象 Err. Number 设置为"32 755（cdlCancel）"以便供程序判断。若 CancelError 属性设置为"False"，则单击"取消"按钮时不产生错误信息。

②DialogTitle 属性：每个通用对话框都有默认的对话框标题，通过 DialogTitle 属性可由用户自行设计对话框标题所显示的内容。

③Flags 属性：通用对话框的 Flags 属性可以修改每个具体对话框的默认操作，其值可有 3 种形式，即符号常量、十六进制数和十进制数。

④HelpCommand 属性：指定 Help 的类型。

⑤HelpContext 属性：用来确定 Help ID 的内容，与 HelpCommand 属性一起使用，指定显示的 Help 主题。

⑥HelpFile 和 HelpKey 属性：分别用来指定 Help 应用程序的 Help 文件名和 Help 主题能够识别的名字。

二、文件对话框

使用 ShowOpen 方法或 ShowSave 方法显示的"打开"文件对话框或"另存为"文件对话框，尽管作用不一样，但其外观及其属性基本一致，与 Word 界面的"打开"文件对话框或"另存为"文件对话框的外观和作用类似。此外，也可通过设置通用对话框的 Action 属性值为"1"或"2"，分别得到"打开"文件对话框或"另存为"文件对话框。

在程序运行时，通用对话框的 Action 属性被设置为"1"，就立即弹出"打开"文件对话框。"打开"文件对话框并不能真正打开一个文件，它仅仅提供一个打开文件的用户界面，供用户选择所要打开的文件，打开文件的具体工作还需要编程来完成，"另存为"对话框也一样。

文件对话框的属性主要有：

①DefaultExt：设置对话框中默认文件类型，即扩展名。该扩展名出现在"文件类型"栏内。如果在打开或保存的文件名中没有给出扩展名，自动将 DefaultExt 属性值作为其扩展名。

②DialogTitle：此属性用来设置对话框的标题。在默认情况下，"打开"对话框的标题是"打开"，"保存"对话框的标题是"保存"。

③FileName：该属性值为字符串，用于设置和得到用户所选的文件名(包括路径名)。

④FileTitle：该属性用来指定对话框中所选择的文件名(不包括路径)，该属性与FileTitle属性的区别是：FileName属性用来指定完整的路径，而FileTitle只指定文件名。

⑤Filter：该属性用来过滤文件类型，使文件列表框中显示指定的文件类型。可以在设计时设置该属性，也可以在代码中设置该属性。Filter的属性值由一对或多对文本字符组成，每对字符串间要用符号"|"隔开，格式为：

文件说明1 | 文件类型1 | 文件说明2 | 文件类型2

例如，要在打开对话框的"文件类型"中显示文本文件(∗.txt)和Word文档(∗.doc)，则Filter属性应设置为：

CommonDialog1.Filter=文本文件 | ∗.txt | Word文档 | ∗.doc

⑥InitDir：该属性用来指定打开对话框中的初始目录。如果要显示当前目录，则该属性不需要设置。

三、颜色对话框

颜色对话框的方法是ShowColor，Aciton为3的通用对话框，如图7-3所示，供用户选择颜色。

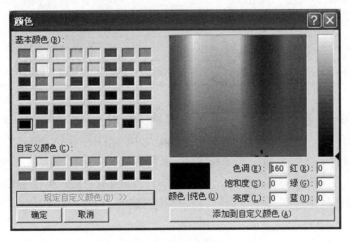

图7-3　颜色对话框

颜色对话框最重要的属性是Color属性和Flags属性，其中Color属性用于返回或设置选定的颜色。

在调色板中提供了基本颜色(Basic Colors)，还提供了用户的自定义颜色(Custom Colors)，用户可自己调配颜色，当用户在调色板中选中某颜色时，该颜色值赋予Color属性。

此外，Flags属性的取值及含义见表7-2。

表 7-2   颜色对话框的 **Flags** 属性的取值

符号常量	十进制值	作用
vbCCRGBinit	1	使得 Color 属性定义的颜色在首次显示对话框时随着显示出来
vbCCFullOpen	2	打开完整对话框，包括"用户自定义颜色"窗口
vbCCPreventFullOpen	4	禁止选择"规定自定义颜色"按钮
vbCCShowHelp	8	显示一个 Help 按钮

为了设置或读取 Color 属性，必须将 Flags 属性设置为 1(vbCCRGBinit)。

四、字体对话框

字体对话框是当 Action 为 4 时的通用对话框，供用户选择字体。

对于字体对话框，除了基本属性外，还有以下重要属性：

①Flags 属性：其属性值见表 7-3。

表 7-3   字体对话框的 **Flags** 属性取值

符号常数	属性值	作　用
cdlCFScreenFonts	&H1	显示屏幕字体
cdlCFPrinterFonts	&H2	显示打印机字体
cdlCFBoth	&H3	显示打印机和屏幕字体
cdlCFEffects	&H100	在字体对话框显示删除线和下画线检查框及颜色组合框

②Max 和 Min 属性：字体大小用点来度量。在默认情况下，字体大小的范围为 1~2 048个点，用 Max 和 Min 属性可以指定字体大小的范围(在1~2 048之间的整数)。但是在设置 Max 和 Min 属性之前，必须把 Flags 属性设置为8 192。

③FontBold、FontItalic、FontName、FontSise、FontStrikeThru 和 FontUnderLine 这些属性可以在字体对话框中选择，也可以通过程序代码赋值。

第三节　工具栏设计

工具栏已经成为许多基于 Windows 的应用程序的标准功能。工具栏提供了对于应用程序中最常用的菜单命令的快速访问方法。制作工具栏有两种方法：一种方法是手工制作，即利用图形框和命令按钮，但比较繁琐；另一种方法是通过组合使用 ToolBar、ImageList 控件，使工具栏制作像菜单制作一样简单易学。

使用这些控件前必须打开"部件"对话框，在控件选项卡中选定"Microsoft Windows Common Control 6.0"，将控件添加到工具箱。

组合使用 ToolBar、ImageList 创建工具栏的步骤如下：

①在 ImageList 控件中添加所需的图像；

②在 ToolBar 控件中创建 Button 对象；

③在 ButtonClick 事件中用 Select Case 语句对各按钮进行相应的编程。

一、在 ImageList 控件中添加图像

ImageList 控件不单独使用，专门为其他控件提供图像库，是一个图像窗口控件。工具栏按钮的图像就是通过 ToolBar 控件从 ImageList 的图像库中获得的。

在窗体上增加 ImageList 控件后，选中该控件，默认名为 ImageList1，单击右键，从弹出的快捷菜单中选择"属性"，然后在"属性"对话框中选择"图像"标签，如图 7-4 所示。

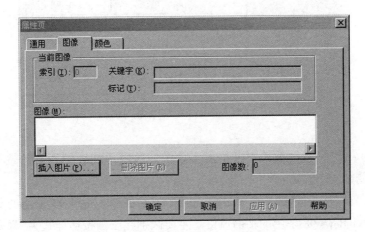

图 7-4　ImageList"图像"标签对话框

其中，"索引(I)"表示每个图像的编号，在 ToolBar 的按钮中引用；

"关键字(K)"表示每个图像的标识名，在 ToolBar 的按钮中引用；

"图像数"表示已插入的图像数目；

"插入图片(P)…"按钮，插入新图像，图像文件的扩展名为 .ico、.bmp、.gif、.jpg 等；

"删除图片(R)"按钮用于删除选中的图像。

二、在 ToolBar 控件中添加按钮

ToolBar 工具栏可以建立多个按钮，每个按钮的图像都来自 ImageList 对象中插入的图像。

1. 为工具栏连接图像

在窗体上增加 ToolBar 控件后，右键单击 ToolBar 控件，选择"属性"命令打开如图 7-5 所示的 ToolBar 控件"属性页"对话框，选择"通用"选项卡。

其中，"图像列表(I)框表示与 ImageList 控件的链接，此列选择"ImageList1"控件名；

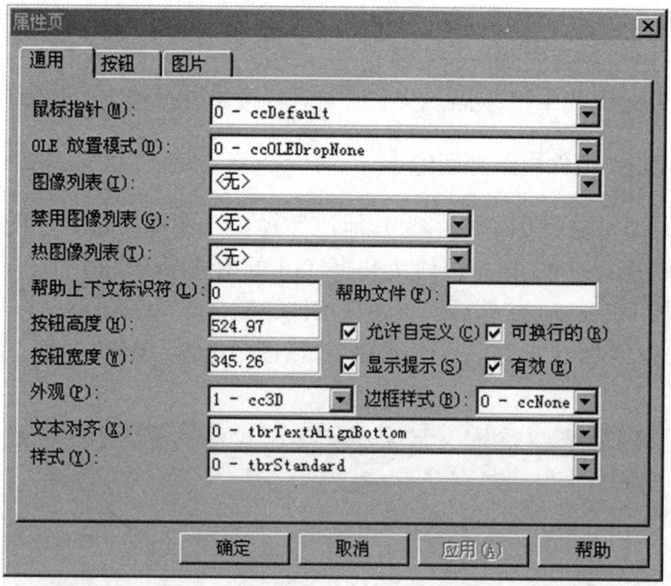

图 7-5　ToolBar“通用”标签对话框

　　“可换行的(R)”复选框被选中表示当工具栏的长度不能容纳所有的按钮时，在下一行显示，否则剩余的不显示；

　　“样式(Y)”是 VB 新增的。0 – tbrStandard 表示如 Windows 95 采用的普通风格；1–tbrFlat 表示如 Windows 98 采用的平面风格。主要区别在于当按钮样式为“样式 3”时，前者按钮不可见，只留出一点空间；后者为有一条竖线的细窄按钮。

　　其余各项含义显而易见，一般取默认值。

　　注意：若要对 ImageList 控件进行增、删图像，必须先在 ToolBar 控件的“图像列表”框设置“无”，即与 ImageList 切断联系。否则，VB 提示无法对 Imagelist 控件进行编辑。

　　2. 为工具栏增加按钮

　　打开“属性页”上的“按钮”选项卡，单击“插入按钮”，可以在工具栏上插入按钮，对话框中主要属性有：

　　索引(I)：表示每个按钮的数字编号，在 ButtonClick 事件中引用。

　　关键字(K)：表示每个按钮的标识名，在 ButtonClick 事件中引用。

　　样式(Y)：按钮样式，共 6 种，含义见表 7-4。

　　图像(Image)：ImageList 对象中的图像，它的值可以是图中的 Key 或 Index。

　　值(Value)：表示按钮的状态，有按下(tbrPressed)和没按下(tbrUnpressed)，对样式 1 和样式 2 有用。

表 7-4		按钮样式	
值	常数	说　明	
0	tbrDefault	普通按钮。按下按钮后恢复原状,如"新建"按钮	
1	tbrCheck	开关按钮。按下按钮后保持按下状态,如"加粗"等按钮	
2	tbrButtonGroup	编组按钮。在一组按钮中只能有一个有效,如对齐方式按钮	
3	tbrSepatator	分隔按钮。将左右按钮分隔开	
4	tbrPlaceholder	占位按钮。用来安放其他按钮,可以设置其宽度(width)	
5	tbrDropdown	菜单按钮。具有下拉菜单,如 Word 中的"字符缩放"按钮	

三、响应 ToolBar 控件事件

ToolBar 控件常用的事件有两个:ButtonClick 和 ButtonMenuClick。前者对应按钮样式为"0"~"2",后者对应样式为"5"的菜单按钮。

实际上,工具栏上的按钮是控件数组,单击工具栏上的按钮会发生 ButtonClick 事件或 ButtonMenuClick 事件,可以利用数组的索引(Index 属性)或关键字(Key 属性)来识别按钮,再使用 Select Case 语句完成代码编制。

第四节　多重窗体程序设计

通常,一个简单的 VB 应用程序对应着一个窗体,称为单窗体。在实际应用中,特别是对一些较复杂的应用程序,单一窗体往往很难满足需要,必须通过多重窗体来实现,这就涉及应用程序对多个窗体的管理。

多重窗体程序设计有两种形式。一种形式是 MDI(Multiple Document Interface),即多文档界面。其表现形式是在单个容器窗体中创建包含多个窗体的应用程序,这个容器窗体称为父窗体。被包含在父窗体中的其他窗体称为子窗体,父窗体和子窗体的关系是主从关系。程序运行时,子窗体显示在其父窗体工作的空间之内。所有子窗体最小化时,它的图标只显示在父窗体内,而不是在 Windows 任务栏中。当父窗体关闭或最小化时,子窗体也随之关闭或最小化。

多重窗体程序设计的另一种形式,是创建由相互独立的若干窗体组成的多重窗体应用程序。这些窗体之间没有从属关系,窗体显示的空间也不受其他窗体制约,任何一个窗体最小化时,它的图标均显示在 Windows 的任务栏内。

一、与多重窗体程序设计有关的语句和方法

多重窗体实际上是单一窗体的集合,对每个窗体的界面设计和事件代码的编写与以前介绍的完全一样,必须注意的是各个窗体之间的相互关系。在对窗体程序进行设计时,常常需要打开、关闭、隐藏或显示指定的窗体,这可通过相应的语句和方法来实现。

1. Load 语句

格式如下：

Load 窗体名称

"窗体名称"是窗体的 Name 属性。Load 语句把一个窗体装入内存。但此时窗体并没有显示出来。

2. Unload 语句

格式如下：

Unload 窗体名称

该语句与 Load 语句的功能相反，它从内存中卸载指定的窗体。

3. Show 方法

格式如下：

［窗体名称．］Show［模式］

Show 方法用来显示一个窗体。如果省略"窗体名称"，则显示当前窗体。参数"模式"只用来确定窗体的状态，可以取"0"或"1"。当"模式"值为 1（或常量 vbModal）时，表示鼠标只在此窗体内起作用。

4. Hide 方法

格式如下：

［窗体名称．］Hide

Hide 方法使窗体隐藏，即不在屏幕上显示，但仍在内存中，因此，它与 Unload 有所不同。

5. MDIChild 方法

当一个普通窗体的 MDIChild 属性被设置为 True 时，则该窗体将成为 MDI 标准形式中的一个子窗体。MDIChild 属性只能在设计时通过属性窗口进行设置，不能在程序运行时经常改变。

6. Arrange 方法

MDI 中可以包含多个子窗体。当打开多个子窗体时，在父窗体 MDIForm 中使用 Arrange 方法能使子窗体按一定的规律排列。其使用的一般格式是：

［MDIForm 名．］Arrange［参数］

格式中的"参数"是一个整数，表示所使用的排列方式，系统提供 4 种选择：

0——使所有正常显示的子窗体按层叠方式排列；

1——使所有正常显示的子窗体按水平方式排列；

2——使所有正常显示的子窗体按垂直方式排列；

3——使所有正常显示的子窗体重新排列整齐。

相互独立的多窗体程序主要是通过上述的多窗体应用程序语句，实现不同的窗体效果的过程。具体操作案例见第 4 节。

二、添加 MDI 父窗体

在 VB 中添加 MDI 父窗体的方法是：执行菜单"工程"→"添加 MDI 窗体"命令，将弹出如图 7-6 所示的对话框，在该对话框中双击默认项或将默认项选中后单击"打开"按钮。

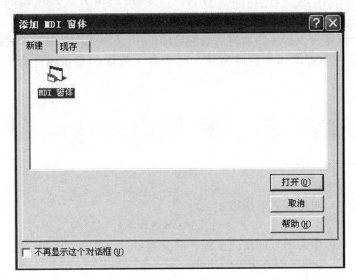

图 7-6　添加父窗体

一般来说，一个工程文件只能有一个 MDI 窗体。但是在一个 MDI 窗体中可以允许有多个 MDI 子窗体。

三、添加 MDI 子窗体

将 VB 中普通窗体的 MDIChild 属性设置为"True"时，便成为 MDI 子窗体。一个 MDI 子窗体能够被最大化、最小化和移动，但是它们都只能在父 MDI 窗体内部进行。

在一个 MDI 父窗体中允许有多个子窗体时，需要对除第一个子窗体以外的窗体编写代码，以便使所有的子窗体都能够在父窗体中显示出来。例如，在一个 MDI 父窗体中有 3 个子窗体，分别是 Form1、Form2 和 Form3，则需要在父窗体的代码窗口中编写如下代码：

```
Private Sub MDIForm_Load( )
    Form2. Show                    '显示第二个父窗体
    Form3. Show                    '显示第三个父窗体
End Sub
```

当程序启动后，在父窗体中便可将所有的子窗体显示出来。

在多重窗体中要注意以下几点：

①多重窗体是单一窗体程序的集合，是在单一窗体程序的基础上建立起来的多重窗体，可以把一个复杂的问题分解为若干个简单的问题。

②在多重窗体程序中，每个窗体作为一个文件保存，当对某个窗体进行修改时，应该在资源管理器窗口中找到该窗体文件，然后调出界面或代码进行修改。

③在一般情况下，屏幕上某个时刻只显示一个窗体，其他窗体隐藏或从内存中删除，为了提高执行速度，暂时不显示的窗体通常用 Hide 方法隐藏。窗体隐藏后，不在屏幕上

显示，但仍在内存中，它要占用一部分内存空间。因此，当窗体较多时，应用 Unload 方法删除一部分窗体，需要时再用 Show 方法显示，因为 Show 方法具有双重功能，即先装入后显示。

④当有多个窗体时，程序启动时启动的窗体以"工程 1 属性"中显示为准，若未设置，则把设计时的第一个窗体作为启动窗体。对于有父窗体的多重窗体程序启动窗体为父窗体。

案　例　7

1. 抵偿坐标系统的建立

(1)计算方法与步骤

①计算测区中心附近起算的横坐标：

$$Y_m = 1.8563 \times \Delta\lambda \cos\varphi \tag{7-1}$$

式中，Y_m 为测区中心附近的横向坐标，单位为 km；$\Delta\lambda$ 为测区中心附近中央子午线的经差，单位为分；φ 为测区中心附近的纬度。

②变形计算：

$$\delta = -\frac{S(H_m + h_m)}{R_m} + \frac{SY_m^2}{2R_m^2} \tag{7-2}$$

③测区中心相对于抵偿高程归化面的高程：

$$H_c = \frac{Y_m^2}{2R_m} \times 1\,000(\mathrm{m}) \tag{7-3}$$

④抵偿高程归化面相对于参考椭球面的高程：

$$H_0 = (H_m + h_m) - H_c \tag{7-4}$$

式中，$(H_m + h_m)$ 为测区平均高程面。

⑤缩放系数：

$$q = \frac{H_0}{R_m} \tag{7-5}$$

⑥国家统一坐标系换算抵偿坐标系：

$$\begin{cases} X_c = X + q(X - X_0) \\ Y_c = Y + q(Y - Y_0) \end{cases} \tag{7-6}$$

式中，X、Y 为国家统一坐标系的坐标；X_c、Y_c 为抵偿坐标系的坐标；X_0、Y_0 为缩放原点。可以选在测区中心的整数值，或控制点。

⑦抵偿坐标系换算国家统一坐标系：

$$\begin{cases} X = X_c + q(X_c - X_0) \\ Y = Y_c + q(Y_c - Y_0) \end{cases} \tag{7-7}$$

⑧抵偿后变形计算与可行性分析：

$$\delta = -\frac{SH_c}{R_m} + \frac{SY_m^2}{2R_m^2} \tag{7-8}$$

148

（2）窗体及相关控件与界面设计

窗体及相关控件等相关属性设置见表 7-5~表 7-12，界面设计如图 7-7~图 7-13 所示。

表 7-5 　　　　　　　　　　　　　　　**窗体属性设置**

默认控件名	设置的控件名（Name）	标题（Caption）
Form1	frm_dczbx	抵偿坐标系的建立
Form2	frm_tycs	投影参数设置
Form3	frm_cqxx	测区信息输入
Form4	frm_bxjs	变形计算
Form5	frm_dcys	抵偿元素计算

表 7-6 　　　　　　　　　　　**frm_dczbx 窗体内控件属性设置**

默认控件名	设置的控件名（Name）	标题（Caption）	备　注
Frame1	Frame1	国家坐标	
MSHFlexGrid1	grd_gj	—	Frame1 容器内
Label1	Label1	文件格式：点名，X 坐标，Y 坐标	Frame1 容器内
Frame2	Frame2	抵偿坐标	
MSHFlexGrid2	grd_dc	—	Frame2 容器内
Frame3	Frame3	缩放原点坐标	
Label2	Label2	点名：	Frame3 容器内
Combo1	cmb_dm	—	Frame3 容器内
Label3	Label3	X（m）=	Frame3 容器内
Label4	Label4	Y（m）=	Frame3 容器内
Text1	txt_x	—	Frame3 容器内
Text2	txt_y	—	Frame3 容器内
Check1	chk_sd	设定	Frame3 容器内
Command1	cmd_dk	打开	
Command2	cmd_bc	保存	
Text3	txt_dk	—	
Text4	txt_bc	—	
Command3	cmd_gjzdc	>>	
Command4	cmd_dczgj	<<	
CommonDialog1	CDg1	—	

表 7-7 **frm_dczbx 窗体中的菜单设计**

菜单项	名称	快捷键	菜单项	名称	快捷键
文件	mnu_wj		抵偿坐标	mnu_dczb	
… 打开…	mnu_dk	Ctrl+O	… 测区信息输入…	mnu_cqxx	Ctrl+X
… 保存	mnu_bc	Ctrl+S	… 变形计算…	mnu_bxjs	Ctrl+B
基本设置	mnu_sz		… 抵偿元素计算…	mnu_ysjs	Ctrl+D
… 投影参数设置…	mnu_tycs	Ctrl+T			

表 7-8 **frm_tycs 窗体内控件属性设置**

默认控件名	设置的控件名(Name)	标题(Caption)	备 注
Label1	Label1	椭球选择：	
Combo1	cmb_tq	—	
Command1	cmd_qd	确定	
Command2	cmd_qx	取消	
Frame1	Frame1	投影分带	
Option1	opn_tyd	6°带	Frame1 容器内
Option1	opn_tyd	3°带	Frame1 容器内

表 7-9 **frm_cqxx 窗体内控件属性设置**

默认控件名	设置的控件名(Name)	标题(Caption)	备 注
Frame1	Frame1	测区边缘经纬度	
Label1	Label1	纬度(B)：	Frame1 容器内
Label2	Label2	经度(L)：	Frame1 容器内
Text1	txt_b	—	Frame1 容器内
Text2	txt_l	—	Frame1 容器内
Option1	opn_dw	度．分秒	Frame1 容器内
Option1	opn_dw	度	Frame1 容器内
Option1	opn_dw	弧度	Frame1 容器内
Label3	Label3	测区平均高程：	
Text3	txt_hm	—	
Command1	cmd_qd	确定	
Command2	cmd_qx	取消	

表 7-10   **frm_bxjs 窗体内控件属性设置**

默认控件名	设置的控件名（Name）	标题（Caption）	备　注
Frame1	Frame1	变形值	
Text1	txt_bxz	—	Frame1 容器内
Text2	txt_sm	—	Frame1 容器内
Label1	Label1	（cm/km）	Frame1 容器内
Label2	Label2	应小于 2.5cm	Frame1 容器内

表 7-11   **frm_dcys 窗体内控件属性设置**

默认控件名	设置的控件名（Name）	标题（Caption）	备　注
Frame1	Frame1	抵偿元素	
Label1	Label1	抵偿高程面（m）：	Frame1 容器内
Label2	Label2	q（缩放系数）：	Frame1 容器内
Text1	txt_h0	—	Frame1 容器内
Text2	txt_q	—	Frame1 容器内
Frame2	Frame2	抵偿后变形值	
Text3	txt_dchbx	—	Frame2 容器内
Label3	Label3	（cm/km）	Frame2 容器内

在窗体 frm_dczbx（Caption="抵偿坐标系的建立"）界面上制作工具栏 Toolbar1 的方法、步骤如下：

首先点击"工程"→"部件…"，打开部件对话框，在控件选项卡中选定"Microsoft Windows Common Control6.0"，将控件添加到工具箱中。

①将工具箱中的 ImageList 控件添加到窗体 frm_dczbx 界面上，名称为 ImageList1，并依次添加图像，如图 7-7 所示。

②将工具箱中的 ToolBar 控件添加到窗体 frm_dczbx 界面上，并点击右键打开"属性"对话框，在"通用"选项卡中，将"列表图像（I）"和"热图像列表（T）"都选择为"ImageList1"；在"按钮"选项卡中进行如表 7-12 的设置，操作界面如图 7-8 所示。

表 7-12   **ToolBar1"按钮"选项卡属性设置**

索引（I）	关键字（K）	工具提示文本（X）	图像（G）
1	dk	打开文件	1
2	bc	保存文件	2
3	sz	椭球参数设置	3

索引(I)	关键字(K)	工具提示文本(X)	图像(G)
4	sr	测区信息录入	4
5	bx	变形计算	5
6	dc	抵偿元素计算	6

图 7-7　ImageListl 图像加载及属性设置

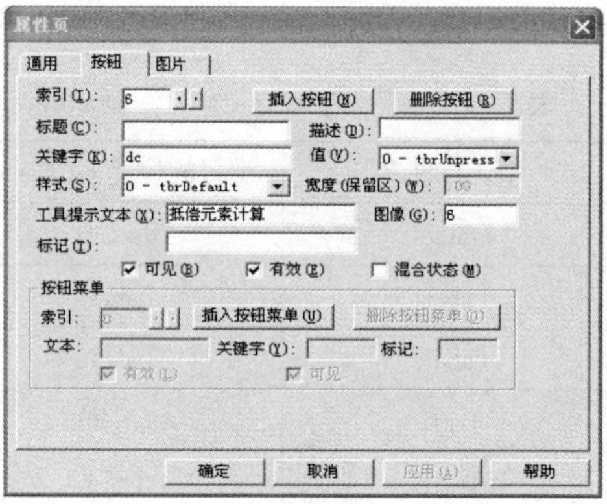

图 7-8　ToolBarl 属性设置

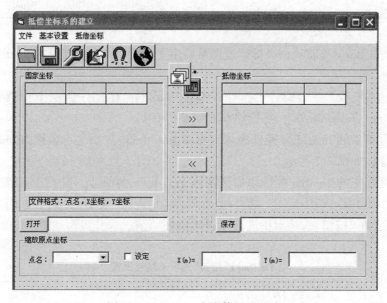

图 7-9　frm_dczbx 主窗体界面设计

图 7-10 frm_tycs 窗体界面设置

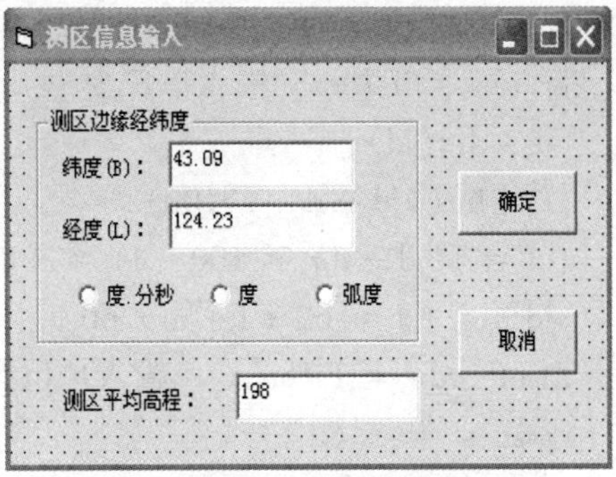

图 7-11 frm_cqxx 窗体界面设置

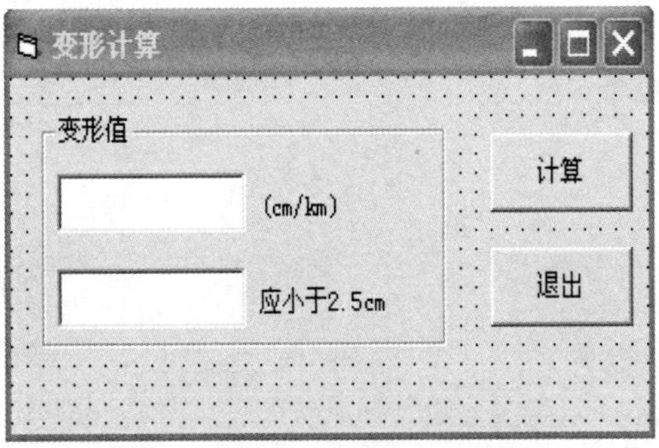

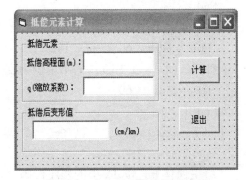

图 7-12 frm_bxjs 窗体界面设置

图 7-13 frm_dcys 窗体界面设置

2. 程序代码设计

(1)标准模块中的代码

标准模块中的代码具体如下：

Public a#(3)，f#(3)，dm $ ( )，X#( )，Y#( )，fname $, fnamebz $, fbz As Boolean，cmdi%

Public tqi%，tyfd%，b#，l#，dw%，hm#，dt#，bxsm $, ym#, rm#, dchbx#, h0#, q#, di%, xh%

Public Sub tqcsfz( )

  a(0) = 6 378 245：f(0) = 298. 3

  a(1) = 6 378 140：f(1) = 298. 257

  a(2) = 6 378 137：f(2) = 298. 257 222 101

  a(3) = 6 378 137：f(3) = 298. 257 223 563

End Sub

'自定义函数 jdzh( )实现不同角度单位之间的相互转换

Public Function jdzh#(jd#, Optional srdw% = 0, Optional scdw% = 0)

  Const pi# = 3. 141 592 653 589 79

```vb
Dim d%, f%, m#
If srdw = 0 Then '输入单位为 度. 分秒
  d = Int(jd)
  f = Int((jd - d) * 100)
  m = ((jd - d) * 100 - f) * 100
  jdzh = (d * 60 + f + m / 60)
ElseIf srdw = 1 Then  '输入单位为度
  jdzh = jd * 60
Else '输入单位弧度
  jdzh = jd * 180 / pi * 60
End If
If scdw = 0 Then '输出单位转换为弧度
  jdzh = jdzh / 60 * pi / 180
ElseIf scdw = 1 Then '输出单位为度
  jdzh = jdzh / 60
End If
End Function
```

(2)主窗体 frm_dczbx 中的程序代码

①下拉式菜单的程序代码如下:

'mnu_dk_Click() 事件实现打开作业文件(后缀 *.PRJ),并输出到编辑框 rtb_sj 中

```vb
Private Sub mnu_dk_Click()
Dim bz%, n%, c$(), jl$
CDg1. Filter = "作业文件( *.PRJ) | *.PRJ"
CDg1. ShowOpen
fname = Trim(CDg1. FileName)
fbz = False
If fname <> "" Then
  Open fname For Input As #1
  Do While Not EOF(1)
  Line Input #1, jl
  jl = Trim(jl)
  If jl = "" Then
    Close #1
    fname = ""
    Exit Sub
  End If
  If jl = "[投影参数]" Then
```

```
      bz = 1
ElseIf jl = "[测区信息]" Then
      bz = 2
ElseIf jl = "[变形计算]" Then
      bz = 3
ElseIf jl = "[抵偿元素]" Then
      bz = 4
ElseIf jl = "[主界面]" Then
      bz = 5
ElseIf jl = "[END]" Then
      Close #1
      Exit Sub
End If
c = Split(Trim(jl), ",")
n = UBound(c, 1)
If bz = 1 And jl <> "[投影参数]" Then
   If n = 1 And IsNumeric(c(0)) And IsNumeric(c(1)) Then
      tqi = Val(c(0)): tyfd = Val(c(1))
   Else
      MsgBox "数据格式有误!"
      Close #1
      fname = ""
      Exit Sub
   End If
ElseIf bz = 2 And jl <> "[测区信息]" Then
   If n = 3 And IsNumeric(c(0)) And IsNumeric(c(1)) And _
         IsNumeric(c(2)) And IsNumeric(c(3)) Then
      b = Val(c(0)): l = Val(c(1))
      dw = Val(c(2)): hm = Val(c(3))
   Else
      MsgBox "数据格式有误!"
      Close #1
      fname = ""
      Exit Sub
   End If
ElseIf bz = 3 And jl <> "[变形计算]" Then
   If n = 3 And IsNumeric(c(0)) And _
         IsNumeric(c(2)) And IsNumeric(c(3)) Then
```

155

```
            dt = Val(c(0)): bxsm = c(1)
            ym = Val(c(2)): rm = Val((3))
        Else
          MsgBox "数据格式有误!"
          Close #1
          fname = " "
          Exit Sub
        End If
      ElseIf bz = 4 And jl <> "[抵偿元素]" Then
        If n = 2 And IsNumeric(c(0)) And IsNumeric(c(1)) And IsNumeric(c(2)) Then
          h0 = Val(c(0)): q = Val(c(1)): dchbx = Val(c(2))
        Else
          MsgBox "数据格式有误!"
          Close #1
          fname = " "
          Exit Sub
        End If
      ElseIf bz = 5 And jl <> "[主界面]" Then
        If n = 3 And IsNumeric(c(1)) And IsNumeric(c(2)) And IsNumeric(c(3)) Then
          fnamebz = c(0)
          If Dir(fnamebz) <> " " Then
            fbz = True
            cmdi = Val(c(1))
            Call cmd_dk_Click
            fbz = False
            fnamebz = " "
          End If
          If cmdi = xh Then
            txt_x = c(2): txt_y = c(3)
          End If
        Else
          MsgBox "数据格式有误!"
          Close #1
          fname = " "
          Exit Sub
        End If
      End If
    Loop
```

```
      Close #1
   End If
End Sub

'mnu_bc_Click( )事件实现编辑框中内容的保存
Private Sub mnu_bc_Click( )
 If fname = "" Then
   CDg1. Filter = "作业文件( * . PRJ) | * . PRJ"
   CDg1. ShowSave
   fname = Trim( CDg1. FileName)
 End If
 If fname = "" Then
   Exit Sub
 End If
 Open fname For Output As #1
 Print #1, "[投影参数]"
 Print #1, Str( tqi) + "," + Str( tyfd)
 Print #1, "[测区信息]"
 Print #1, Str( b) + "," + Str( l) + "," + Str( dw) + "," + Str( hm)
 Print #1, "[变形计算]"
 Print #1, Str( dt) + "," + bxsm + "," + Str( ym) + "," + Str( rm)
 Print #1, "[抵偿元素]"
 Print #1, Str( h0) + "," + Str( q) + "," + Str( dchbx)
 Print #1, "[主界面]"
 Print #1, txt_dk + "," + Str( cmdi) + "," + Str( Val( txt_x) ) + "," + Str( Val( txt_y) )
 Print #1, "[END]"
 Close #1
End Sub
'mnu_tycs_Click( )装载并显示窗体 frm_tycs,进行椭球参数设置
Private Sub mnu_tycs_Click( )
 frm_tycs. Show vbModal
End Sub

'mnu_cqxx_Click( )装载并显示窗体 frm_cqxx,进行测区信息数据的输入
Private Sub mnu_cqxx_Click( )
 frm_cqxx. Show vbModal
End Sub
```

'mnu_bxjs_Click()装载并显示窗体 frm_bxjs，进行变形数值的计算
Private Sub mnu_bxjs_Click()
 frm_bxjs. Show vbModal
End Sub

'mnu_ysjs_Click()装载并显示窗体 frm_dcys，进行抵偿参数的计算
Private Sub mnu_ysjs_Click()
 frm_dcys. Show vbModal
End Sub

②弹出式菜单中的程序代码如下：
'Form_MouseDown()事件实现在主窗体 frm_dczbx 界面空白处点击右键弹出"抵偿坐标(mnu_dczb)"菜单
Private Sub Form_MouseDown(Button As Integer, Shift As Integer, X As Single, Y As Single)
 If Button = 2 Then
  PopupMenu mnu_dczb
 End If
End Sub

'grd_gj_MouseDown()事件实现在表格 grd_gj 上点击右键弹出"文件(mnu_wj)"菜单
Private Sub grd_gj_MouseDown(Button As Integer, Shift As Integer, X As Single, Y As Single)
 If Button = 2 Then
  PopupMenu mnu_wj
 End If
End Sub

'grd_dc_MouseDown()事件实现在表格 grd_dc 上点击右键弹出"文件(mnu_wj)"菜单
Private Sub grd_dc_MouseDown(Button As Integer, Shift As Integer, X As Single, Y As Single)
 If Button = 2 Then
  PopupMenu mnu_wj
 End If
End Sub

③工具栏的程序代码如下：
'Toolbar1_ButtonClick()事件实现点击工具栏按钮图像时，触发与下拉式菜单相对应

的子过程事件

```vb
Private Sub Toolbar1_ButtonClick(ByVal Button As MSComctlLib.Button)
  Select Case Button.Index
    Case 1 '打开…
      Call mnu_dk_Click
    Case 2 '保存
      Call mnu_bc_Click
    Case 3 '椭球参数设置…
      Call mnu_tycs_Click
    Case 4 '测区信息输入…
      Call mnu_cqxx_Click
    Case 5 '变形计算…
      Call mnu_bxjs_Click
    Case 6 '抵偿元素计算…
      Call mnu_ysjs_Click
  End Select
End Sub
```

④主窗体 frm_dczbx 中其他控件的程序代码如下：

```vb
'Form_Load()事件完成表格 grd_gj 的初始设置
Private Sub Form_Load()
  grd_gj.Rows = 2
  grd_gj.ColWidth(0) = 1 000
  grd_gj.ColWidth(1) = 1 200
  grd_gj.ColWidth(2) = 1 200
  grd_gj.TextMatrix(0, 0) = "点名"
  grd_gj.TextMatrix(0, 1) = "X 坐标(m)"
  grd_gj.TextMatrix(0, 2) = "Y 坐标(m)"
  grd_dc.Rows = 2
  grd_dc.ColWidth(0) = 1 000
  grd_dc.ColWidth(1) = 1 200
  grd_dc.ColWidth(2) = 1 200
  grd_dc.TextMatrix(0, 0) = "点名"
  grd_dc.TextMatrix(0, 1) = "X 坐标(m)"
  grd_dc.TextMatrix(0, 2) = "Y 坐标(m)"
  chk_sd.Enabled = False
End Sub
'chk_sd_Click()事件将自定义坐标值保存到全局变量
```

```vb
Private Sub chk_sd_Click( )
  If chk_sd. Value Then
    X(xh) = Val(txt_x): Y(xh) = Val(txt_y)
  End If
End Sub
'cmb_dm_Click( )事件将组合框中所选点的坐标显示到文本框
Private Sub cmb_dm_Click( )
  di = cmb_dm. ListIndex
  txt_x = Trim(Str(X(di)))
  txt_y = Trim(Str(Y(di)))
  chk_sd. Enabled = False
  If di = xh Then
    chk_sd. Enabled = True
  End If
End Sub
'cmd_dk_Click( )事件打开国家坐标数据,并输出到 grd_gj 表格
Private Sub cmd_dk_Click( )
  Dim n%, i%, jl$, c$( )
  CDg1. FileName = " "
  If fbz = False Then
    CDg1. Filter = "数据文件 ( *. csv) | *. csv | "
    CDg1. FilterIndex = 1
    CDg1. ShowOpen
    fnamebz = Trim(CDg1. FileName)
  End If
  If fnamebz = " " Then
    Exit Sub
  End If
  ReDim dm(200), X(200), Y(200)
  txt_dk = fnamebz
  Close #2
  Open fnamebz For Input As #2
  xh = 0
  cmb_dm. Clear
  grd_gj. Rows = 2
  Do While Not EOF(2)
    Line Input #2, jl
    If Trim(jl) <> " " Then
```

160

```
    c = Split(Trim(jl), ",")
    If UBound(c, 1) = 2 And IsNumeric(c(1)) And IsNumeric(c(2)) Then
      dm(xh) = c(0): X(xh) = Val(c(1)): Y(xh) = Val(c(2))
      cmb_dm.AddItem dm(xh)
      xh = xh + 1
      grd_gj.TextMatrix(xh, 0) = Trim(c(0))
      grd_gj.TextMatrix(xh, 1) = Trim(c(1))
      grd_gj.TextMatrix(xh, 2) = Trim(c(2))
      grd_gj.AddItem ""
    Else
      MsgBox "数据或格式有误!"
      Exit Sub
    End If
  End If
Loop
dm(xh) = "": X(xh) = 0: Y(xh + 1) = 0
ReDim Preserve dm(xh)
ReDim Preserve X(xh)
ReDim Preserve Y(xh)
cmb_dm.AddItem "自定义"
cmb_dm.ListIndex = cmdi
Close #2
End Sub


'cmd_gjzdc_Click()事件将国家坐标转换为抵偿坐标
Private Sub cmd_gjzdc_Click()
Dim i%, xc#, yc#, x0#, y0#
If grd_gj.Rows - 2 <= 0 Then
  MsgBox "没有公共点数据,请检查!"
  Exit Sub
End If
x0 = Val(txt_x): y0 = Val(txt_y)
grd_dc.Rows = 2
For i = 0 To xh - 1
  xc = X(i) + q * (X(i) - x0)
  yc = Y(i) + q * (Y(i) - y0)
  grd_dc.TextMatrix(i + 1, 0) = dm(i)
  grd_dc.TextMatrix(i + 1, 1) = Format(xc, "0.000 0")
```

```vb
      grd_dc. TextMatrix(i + 1, 2) = Format(yc, "0. 000 0")
      grd_dc. AddItem ""
  Next i
End Sub
'cmd_dczgj_Click()事件将抵偿坐标转换为国家坐标
Private Sub cmd_dczgj_Click()
  Dim i%, xc#, yc#, dg $ , xg#, yg#, x0#, y0#
  If grd_dc. Rows <= 2 Then
    MsgBox "没有公共点数据，请检查!"
    Exit Sub
  End If
  x0 = Val(txt_x) : y0 = Val(txt_y)
  grd_gj. Clear
  grd_gj. Rows = 2
  For i = 1 To grd_dc. Rows − 2
    dg = grd_dc. TextMatrix(i, 0)
    xc = Val(grd_dc. TextMatrix(i, 1))
    yc = Val(grd_dc. TextMatrix(i, 2))
    xg = xc − q * (xc − x0)
    yg = yc − q * (yc − y0)
    grd_gj. TextMatrix(i, 0) = dg
    grd_gj. TextMatrix(i, 1) = Format(xg, "0. 000 0")
    grd_gj. TextMatrix(i, 2) = Format(yg, "0. 000 0")
    grd_gj. AddItem ""
  Next i
End Sub
'cmd_bc_Click()事件将转换后的抵偿坐标数据保存到文件
Private Sub cmd_bc_Click()
  If grd_dc. Rows <= 2 Then
    MsgBox "没有数据!"
    Exit Sub
  End If
  CDg1. Filter = "坐标文件 ( * . csv) | * . csv | "
  CDg1. FilterIndex = 1
  CDg1. ShowSave
  If CDg1. FileName <> "" Then
    Dim i%, dm_dc $ , x_dc $ , y_dc $  '定义变量
    txt_bc = CDg1. FileName
```

```
    Open CDg1. FileName For Output As #3
    For i = 1 To grd_dc. Rows - 2
      dm_dc = grd_dc. TextMatrix(i, 0)
      x_dc = Val(grd_dc. TextMatrix(i, 1))
      y_dc = Val(grd_dc. TextMatrix(i, 2))
      Print #3, dm_dc + "," + x_dc + "," + y_dc
    Next i
  End If
  Close #3
End Sub
```

(3)窗体 frm_tycs 中的程序代码

具体程序代码如下：

```
' Form_Load()事件在组合框 Cmb_tq 中加载显示项目
Private Sub Form_Load()
  Cmb_tq. AddItem "北京 54"
  Cmb_tq. AddItem "西安 80"
  Cmb_tq. AddItem "国家 2 000"
  Cmb_tq. AddItem "WGS 84"
  Cmb_tq. ListIndex = tqi
  opn_tyd(tyfd) = 1
  Call tqcsfz
End Sub
' cmd_qd_Click()事件将设置好的参数保存到模块级全局变量
Private Sub cmd_qd_Click()
  tqi = Cmb_tq. ListIndex
  If opn_tyd(0) Then
    tyfd = 0
  Else
    tyfd = 1
  End If
  Unload frm_tycs
End Sub
' cmd_qx_Click()事件取消参数设置
Private Sub cmd_qx_Click()
  Unload frm_tycs
End Sub
```

（4）窗体 frm_cqxx 中的程序代码

具体程序代码如下：

```
'Form_Load()事件完成初始设置
Private Sub Form_Load()
    txt_b = Trim(Str(b))
    txt_l = Trim(Str(l))
    opn_dw(dw) = 1
    txt_hm = Trim(Str(hm))
End Sub
'cmd_qd_Click()事件完成参数设置
Private Sub cmd_qd_Click()
    dw = 0 '度. 分秒
    If opn_dw(1) Then
        dw = 1 '度
    ElseIf opn_dw(2) Then
        dw = 2 '弧度
    End If
    b = Val(txt_b)
    l = Val(txt_l)
    hm = Val(txt_hm)
    Unload frm_cqxx
End Sub
'cmd_qx_Click()事件取消参数设置
Private Sub cmd_qx_Click()
Unload frm_cqxx
End Sub
```

（5）窗体 frm_bxjs 中的程序代码

具体程序代码如下：

```
'Form_Load()事件完成初始设置
Private Sub Form_Load()
    txt_bxz = Format(dt * 100, "0.000 000")
    txt_sm = bxsm
End Sub
```

```
'cmd_js_Click()事件完成变形值的计算
Private Sub cmd_js_Click()
    Dim 10#, 11#, b1#, bi#
```

164

```vb
    l1 = jdzh(1, dw, 1)
    If tyfd = 0 Then
      l0 = (Int(l1 / 6) + 1) * 6 - 3
    ElseIf tyfd = 1 Then
      l0 = (Int((l1 - 1.5) / 3) + 1) * 3
    End If
    b1 = jdzh(b, dw)
    Call tqcsfz
    bi = a(tqi) - 1 / f(tqi) * a(tqi)
    e2 = (a(tqi) ^ 2 - bi ^ 2) / a(tqi) ^ 2
    m = a(tqi) * (1 - e2) * (1 - e2 * Sin(b1) ^ 2) ^ -1.5
    n = a(tqi) * ((1 - e2 * Sin(b1) ^ 2) ^ -0.5)
    rm = Round(Sqr(m * n), 0)
    ym = Round(1.853 * (l1 - l0) * 60 * Cos(b1), 1)
    dt = Round(-1 000 * hm / rm + 1 000 * (ym * 1 000) ^ 2 / (2 * rm ^ 2), 6)
    txt_bxz = Format(dt * 100, "0.000 000")
    If Abs(dt) > 0.025 Then
      txt_sm = "变形超限!"
    Else
      txt_sm = "变形不超限!"
    End If
    bxsm = txt_sm
End Sub


'cmd_tc_Click()事件退出 frm_bxjs 窗体界面
Private Sub cmd_tc_Click()
Unload frm_bxjs
End Sub


(6)窗体 frm_dcys 中的程序代码
具体程序代码如下:
'Form_Load()事件完成初始设置
Private Sub Form_Load()
  txt_h0 = Format(h0, "0")
  txt_q = Format(q, "0.000 000 000")
  txt_dchbx = Format(dchbx * 100, "0.000 000 000")
End Sub
'cmd_js_Click()事件完成抵偿元素及抵偿后变形值的计算
```

```
Private Sub cmd_js_Click( )
  Dim hc#
  If rm < 0. 1 Then
    MsgBox "请先进行变形计算"
    Exit Sub
  End If
  hc = Round((ym * 1 000) ^ 2 / (2 * rm) , 0)
  h0 = hm - hc
  q = Round(h0 / rm, 9)
  dchbx = Round(-1 000 * hc / rm + 1 000 * (ym * 1 000) ^ 2 / (2 * rm ^ 2) , 6)
  txt_h0 = Format(h0, "0" )
  txt_q = Format(q, "0. 000 000 000" )
  txt_dchbx = Format(dchbx * 100, "0. 000 000 000" )
End Sub
'cmd_js_Click( )事件退出窗体 frm_dcys 界面
Private Sub Command1_Click( )
  Unload frm_dcys
End Sub
```

习 题 7

一、选择题

1. 在用菜单编辑器设计菜单时，必须输入的项有(　　)。
　　(A)标题　　　　　　　(B)快捷键　　　　　(C)索引　　　　　(D)名称
2. 在下列关于菜单的说法中，错误的是(　　)。
　　(A)每个菜单项与其他控件一样也有自己的属性和事件
　　(B)除了 Click 事件之外，菜单项还能响应其他如 DblClick 等事件
　　(C)菜单项的快捷键不能任意设置
　　(D)程序运行时，若菜单项的 Enabled 属性为 False，则该菜单项变成灰色
3. 在下列关于对话框的叙述中，错误的是(　　)。
　　(A)CommanDialog1. ShowFont 显示字体对话框
　　(B)在打开对话框中，用户选择的文件名可以经 FileTile 属性返回
　　(C)在打开对话框中，用户选择的文件名及路径可以经 FileName 属性返回
　　(D)通用对话框中可以制作和显示帮助对话框
4. 菜单的热键指使用 Alt 键和菜单标题中的一个字符来打开菜单，建立热键的方法是在菜单标题的某个字符前加上一个(　　)字符。
　　(A)%　　　　　(B)$　　　　　　(C)&　　　　　(D)#
5. 要将通用对话框 CommanDialog1 设置成不同的对话框，应通过(　　)属性来设置。

（A）Name　　　　　　（B）Action　　　　　　（C）Tag　　　　　　（D）Left

6. 关于多重窗体的叙述中，正确的是(　　　)。

　　（A）作为启动对象的 Main 子过程只能放在窗体模块内

　　（B）如果启动对象是 Main 子过程，则程序启动时不加载任何窗体，以后由该过程根据不同情况决定是否加载哪一个窗体

　　（C）没有启动窗体，程序不能运行

　　（D）以上都不对

7. 在 VB 中，除了可以指定某个窗体作为启动对象外，还可以指定(　　　)作为启动对象。

　　（A）事件　　　　　　（B）Main 子过程　　　　　　（C）对象　　　　　　（D）菜单

8. 以下语句正确的是(　　　)。

　　（A）CommonDialog1. Filter = All Files｜*.*｜Picture(*.bmp)｜*.bmp

　　（B）CommonDialog1. Filter="All Files"｜"*.*"｜"Picture(*.bmp)"｜"*.bmp"

　　（C）CommonDialog1. Filter="All Files｜*.*｜Picture(*.bmp)｜*.bmp"

　　（D）CommonDialog1. Filter=｛All Files｜*.*｜Picture(*.bmp)｜*.bmp｝

9. 如果 Form1 是启动窗体，并且 Form1 的 load 事件过程中有 Form2. Show，则程序启动后(　　　)。

　　（A）发生一个运行错误

　　（B）发生一个编译

　　（C）在所有的初始化代码运行后 Form1 是活动窗体

　　（D）在所有的初始化代码运行后 Form2 是活动窗体

10. 当用户将焦点移到另一个应用程序时，当前应用程序的活动窗体将(　　　)。

　　（A）发生 DeActive 事件

　　（B）发生 LostFocus 事件

　　（C）发生 DeActive 和 LostFocus 事件

　　（D）不发生 DeActive 和 LostFocus 事件

11. 在窗体上画一个名称为 CommonDialog1 的通用对话框，一个名称为 Command1 的命令按钮。然后编写如下事件过程：

```
Private Sub Command1_Click( )
CommonDialog1. FileName = ""
CommonDialog1. Filter = "all file｜*.*｜(*.Doc)｜*.Doc｜(*.Txt)｜*.Txt"
CommonDialog1. FilterIndex = 2
CommonDialog1. DialogTitle = "VBTest"
CommonDialog1. Action = 1
End Sub
```

对于这个程序，以下叙述中错误的是(　　　)。

　　（A）该对话框被设置为"打开"对话框

　　（B）在该对话框中指定的默认文件名为空

(C)该对话框的标题为 VBTest

(D)在该对话框中指定的默认文件类型为文本框(＊.Txt)

12. 以下叙述中错误的是(　　)。

(A)下拉式菜单和弹出式菜单都用菜单编辑器建立

(B)在多窗体程序中，每个窗体都可以建立自己的菜单系统

(C)除分隔线外，所有菜单项都能接收 Click 事件

(D)如果把一个菜单项的 Enable 属性设置为 False，则该菜单项不可见

13. 在 Visual Basic 工程中，可以作为"启动对象"的程序是(　　)。

(A)任何窗体或标准模块 　　　　　(B)任何窗体或过程

(C)Sub Main 过程或其他任何模块 　(D)Sub Main 过程或任何窗体

14. 以下叙述中错误的是(　　)。

(A)在程序运行时，通用对话框控件是不可见的

(B)在同一个程序中，用不同的方法(如 ShowOpen 或 ShowSave 等)打开的通用对话框具有不同的作用

(C)调用通用对话框控件的 ShowOpen 方法，可以直接打开在该通用对话框中指定的文件

(D)调用通用对话框控件的 ShowColor 方法，可以打开颜色对话框

二、填空题

1. 在菜单编辑器中建立一个菜单，其主要菜单项的名称为 mnuEdit，Visible 属性为 False。程序运行后，如果用鼠标右键单击窗体，则弹出与 mnuEdit 对应的菜单。以下是实现上述功能的程序，请填空。

Private Sub Form_____(Button As Integer, Shift As Integer, X As Single, Y As Single)

　If Button＝2 Then

　　_____ mnuEdit

　End If

End Sub

2. 不管是在窗口顶部的菜单条上显示菜单还是隐藏菜单，都可以用_____方法把它们作为弹出菜单，在程序运行期间显示出来。

3. 假定有一个通用对话框 CommonDialog1，除了可以用 CommonDialog1.Action＝3 显示颜色对话框外，还可以用_____方法显示。

4. 在显示字体对话框之前必须设置_____属性，否则将发生不存在的字体错误。

5. 在用 Show 方法后显示自定义的对话框时，如果 Show 方法后带_____参数，就将窗体作为模式对话框显示。

6. 如果在建立菜单时，在标题文本框中输入一个"_____"，那么菜单显示时，形成一个分割线。

三、编程题

1. 编写断面法土方量计算的程序。

2. 编写高程拟合参数解算的程序。

第八章　测绘编程应用

第一节　平面多边形面积与周长计算

一、计算方法

在测量工作中，往往会涉及利用拐点坐标进行多面形周长和面积的计算问题。假如有一 n 边形，其拐点坐分别为 $(x_1,\ y_1)$，$(x_2,\ y_2)$，$\cdots$，$(x_n,\ y_n)$，则其周长和面积计算的公式分别为：

1. 周长公式

在解算多边形周长时，显然周长即为各条边边长之和。单边边长计算式为：

$$l_i = \sqrt{(x_{i+1}-x_i)^2+(y_{i+1}-y_i)^2} \qquad (i=1,\ 2,\ \cdots,\ n) \tag{8-1}$$

其周长计算式为：

$$C = \sum_{i=1}^{n} l_i \tag{8-2}$$

2. 面积公式

$$P = \frac{1}{2}\sum_{i=1}^{n}(x_i+x_{i+1})\sum_{i=1}^{n}(y_{i+1}+y_i) \tag{8-3}$$

此处，令 $x_{n+1}=x_1$，$y_{n+1}=y_1$

对于图形的绘制还涉及将实地的测量坐标转换到计算机屏幕坐标系中去，对实地某点 P 转换到计算机屏幕坐标系中的坐标可按下式计算：

$$\begin{cases} X_s = \min X_s + S_X \cdot (Y - \min Y) \\ Y_s = \min Y_s + S_Y \cdot (X - \min X) \end{cases} \tag{8-4}$$

式中，$(X,\ Y)$ 为点 P 测量坐标系中的坐标；$(\min X,\ \min Y)$ 为要显示区域的最小测量坐标(左下角)；$(\max X,\ \max Y)$ 为最大测量坐标(右上角)，$(X_s,\ Y_s)$ 为 P 点在计算机屏幕显示区的屏幕坐标，$(\min X_s,\ \min Y_s)$ 为屏幕显示区的最小坐标(左上角)，$(\max X_s,\ \max Y_s)$ 为屏幕显示区的最大坐标(右下角)，S_X，S_Y 为测量坐标到屏幕坐标换算的比例系数，可按下式计算：

$$\begin{cases} S_X = \dfrac{\max X_S - \min X_S}{\max Y - \min Y} \\[3mm] S_Y = \dfrac{\max Y_S - \min Y_S}{\max X - \min X} \end{cases} \tag{8-5}$$

为了保证在计算机屏幕上显示的图形不变形，通常取 $S_{XY}=\min(S_X,S_Y)$ 代替 S_X 和 S_Y，即取 S_X、S_Y 中较小值作为坐标变换的比例系数。

二、程序设计

1. 窗体、框架等相关控件

窗体、框架等相关控件设置分别见表 8-1 和表 8-2。

表 8-1   **窗体、框架等控件属性设置**

默认控件名	设置的控件名（Name）	标题（Caption）
Form1	Form1	三角高程计算
Frame1	Frame1	计算结果
Command1	Cmnd_sj	读取数据
Command2	Cmnd_tx	图形绘制
Command3	Cmnd_js	周长与面积计算
picture1	Pct_tx	—
Label1	Label1	数据格式（点名，X 坐标，Y 坐标）
Text1	Txt_xx	—
CommonDialog1	CDg1	—

表 8-2   **窗体界面中各框架内控件属性设置**

框架	默认控件名	设置的控件名（Name）	标题（Caption）
Frame1 （Caption="计算结果"）	Label2	Label2	周长：
	Label3	Label3	面积：
	Text2	Txt_zc	—
	Text3	Txt_mj	—

2. 程序代码

程序代码如下：

```
Option Explicit '强制变量声明
Option Base 1
Dim s%, bz%
Dim dh$(), x#(), y#()
'Cmnd_sj_Click()事件读取面积计算的坐标数据
Private Sub Cmnd_sj_Click()
  Dim jl$, n%, gcsj$()
```

```
CDg1. Action = 1
CDg1. Filter = "文本文件|    *. dat"
bz = 0
If CDg1. FileName <> "" Then
 Open CDg1. FileName For Input As #1
 s = 0
 Txt_xx = ""
 Do While Not EOF(1)
  Line Input #1, jl
  If Trim(jl) <> "" Then
   jl = Replace(jl, ",,", ",")
   gcsj = Split(jl, ",")
   n = UBound(gcsj, 1)
   If n = 2 Then
    If IsNumeric(gcsj(1)) And IsNumeric(gcsj(2)) Then
     bz = 1
     s = s + 1
     ReDim Preserve dh(s)
     ReDim Preserve x(s)
     ReDim Preserve y(s)
     dh(s) = gcsj(0)
     x(s) = Val(gcsj(1))
     y(s) = Val(gcsj(2))
     Txt_xx = Txt_xx + Trim(jl) + vbCrLf
    Else
     Txt_xx = ""
     bz = 2
     MsgBox "数据或格式有误!"
     Exit Do
    End If
   Else
    Txt_xx = ""
    bz = 2
    MsgBox "数据或格式有误!"
    Exit Do
   End If
  End If
 Loop
```

```
    If bz = 1 Then
      Txt_xx = Txt_xx + "读入的图形为" + Str(s) + "边形"
    End If
    Close #1
  End If
  ReDim Preserve dh(s + 1)
  ReDim Preserve x(s + 1)
  ReDim Preserve y(s + 1)
  dh(s + 1) = dh(1): x(s + 1) = x(1): y(s + 1) = y(1)
End Sub


'Cmnd_tx_Click()事件完成图形绘制
Private Sub Cmnd_tx_Click()
  If bz <> 1 Or s < 4 Then
    MsgBox "没有打开正确的文件"
    Exit Sub
  End If
  Dim i%, sx#, sy#, sxy#
  Dim minx#, maxx#, miny#, maxy#
  Dim maxxs#, maxys#, minxs#, minys#
  Dim vw#, vh#
  Dim xx#(), yy#()
  ReDim xx(s + 1): ReDim yy(s + 1)
  Pct_tx. Cls
  minx = x(1): miny = y(1): maxx = x(1): maxy = y(1)
  For i = 2 To s
    If minx > x(i) Then
      minx = x(i)
    End If
    If maxx < x(i) Then
      maxx = x(i)
    End If
    If miny > y(i) Then
      miny = y(i)
    End If
    If maxy < y(i) Then
      maxy = y(i)
    End If
```
172

```
Next i
maxxs = Pct_tx. Width − Pct_tx. Width ╱ 10
maxys = Pct_tx. Height − Pct_tx. Height ╱ 10
minxs = Pct_tx. Width ╱ 10
minys = Pct_tx. Height ╱ 10
sx = ( maxxs − minxs) ╱ ( maxy − miny)
sy = ( maxys − minys) ╱ ( maxx − minx)
sxy = sx
If sxy > sy Then
  sxy = sy
End If
ReDim xx#( 1 To s + 1) , yy#( 1 To s + 1)
For i = 1 To s
  xx( i) = minxs + ( y( i) − miny) * sxy
  yy( i) = maxys − ( x( i) − minx) * sxy
Next i
xx( s + 1) = xx( 1): yy( s + 1) = yy( 1)
For i = 1 To s
  Pct_tx. Line ( xx( i) , yy( i) )−( xx( i + 1) , yy( i + 1) )
Next i
End Sub


' Cmnd_js_Click( )事件完成周长与面积计算
Private Sub Cmnd_js_Click( )
If bz <> 1 Or s < 4 Then
  MsgBox "没有打开正确的文件"
  Exit Sub
End If
Dim p#, zc#, i%, j%
zc = 0
p = 0
For i = 1 To s
  zc = zc + Sqr( ( x( i + 1) − x( i) ) ^ 2 + ( y( i + 1) − y( i) ) ^ 2)
  p = p + ( x( i + 1) + x( i) ) * ( y( i + 1) − y( i) ) ╱ 2
Next i
Txt_zc = Format( Abs( zc) , "0. 000" )
Txt_mj = Format( p, "0. 000" )
End Sub
```

3. 运行结果

程序运行后界面如图 8-1 所示。

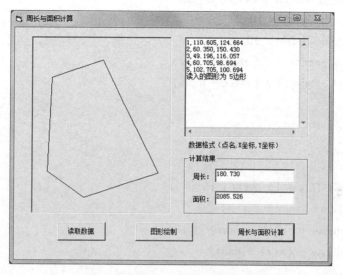

图 8-1　周长与面积计算运行界面

第二节　地形图分幅与编号

地形图分幅有梯形分幅和矩形分幅两种方法，国家基本比例尺地形图采用梯形分幅，其编号有新、旧两种，本节采用新编号的方法进行程序设计。

一、计算方法

新的国家基本比例尺地形图的分幅和编号中不同比例尺地形图的经、纬差见表 8-3。

表 8-3　　　　　　　　　　　　不同比例尺地形图的经、纬差

比例尺		1∶100 万	1∶50 万	1∶25 万	1∶10 万	1∶5 万	1∶2.5 万	1∶1 万	1∶5 000
图幅经纬差	经差	6°	3°	1°30′	30′	15′	7′30″	3′45″	1′52.5″
	纬差	4°	2°	1°	20′	10′	5′	2′30″	1′15″

不同比例尺相应代码见表 8-4。

表 8-4　　　　　　　　　　　　不同比例尺地形图代码

比例尺	1∶50 万	1∶25 万	1∶10 万	1∶5 万	1∶2.5 万	1∶1 万	1∶5 000
代码	B	C	D	E	F	G	H

174

1. 已知某点的经、纬度或图幅西南图廓点的经纬度 λ 和 φ ，计算图幅编号

利用公式(8-6)计算 1：100 万图幅编号

$$\left. \begin{array}{l} a = \left[\dfrac{\lambda}{4°} \right] + 1 \\[3mm] b = \left[\dfrac{\varphi}{6°} \right] + 1 \end{array} \right\} \tag{8-6}$$

式中：[　]表示分数值取整；

　　　a 为 1：100 万图幅所在纬度带的字符所对应的数字码；

　　　b 为 1：100 万图幅所在经度带的数字码；

　　　λ 为某点的经度或图幅西南图廓点的经度；

　　　φ 为某点的纬度或图幅西南图廓点的纬度。

按照公式(8-7)计算所求比例尺地形图在 1：100 万图号后的行、列编号。

$$\left. \begin{array}{l} c = \dfrac{4°}{\Delta\varphi} - \left[\left(\dfrac{\varphi}{4°} \right) \div \Delta\varphi \right] \\[3mm] d = \left[\left(\dfrac{\lambda}{6°} \right) \div \Delta\lambda \right] + 1 \end{array} \right\} \tag{8-7}$$

式中：(　)表示商取余；

　　　[　]表示分值取整；

　　　c 为所示比例尺地形图在 1：100 万地形图编号后的行号；

　　　d 为所示比例尺地形图在 1：100 万地形图编号后的列号；

　　　λ 为某点的经度或图幅西南图廓点的经度；

　　　φ 为某点的纬度或图幅西南图廓点的纬度；

　　　$\Delta\lambda$ 为所求比例尺地形图分幅的经差；

　　　$\Delta\varphi$ 为所求比例尺地形图分幅的纬差。

2. 已知图号计算该图幅西南图廓点的经、纬度

$$\left. \begin{array}{l} \lambda = (b - 31) \times 6° + (d - 1) \times \Delta\lambda \\[3mm] \varphi = (a - 1) \times 4° + \left(\dfrac{4°}{\Delta\varphi} - c \right) \times \Delta\varphi \end{array} \right\} \tag{8-8}$$

式中：λ 为图幅西南图廓点的经度；

　　　φ 为图幅西南图廓点的纬度；

　　　a 为 1：100 万图幅所在纬度带的字符所对应的数字码；

　　　b 为 1：100 万图幅所在经度带的数字码；

　　　c 为该比例尺地形图分幅的纬差；

　　　d 为该比例尺地形图分幅的经差；

　　　$\Delta\varphi$ 为该比例尺地形图分幅的纬差；

　　　$\Delta\lambda$ 为该比例尺地形图分幅的经差。

3. 不同比例尺地形图编号的行、列关系换算

由较小比例尺地形图编号中的行、列代码计算所含各种较大比例尺地形图编号中的

175

行、列代码。

按公式(8-9)计算最西北角图幅编号中的行、列代码：

$$\left.\begin{aligned} c_大 &= \frac{\Delta\varphi_小}{\Delta\varphi_大} \times (c_小 - 1) + 1 \\ d_大 &= \frac{\Delta\varphi_小}{\Delta\varphi_大} \times (d_小 - 1) + 1 \end{aligned}\right\} \tag{8-9}$$

按公式(8-10)计算最东南角图幅编号中的行、列代码：

$$\left.\begin{aligned} c_大 &= c_小 \times \frac{\Delta\varphi_小}{\Delta\varphi_大} \\ d_大 &= d_小 \times \frac{\Delta\varphi_小}{\Delta\varphi_大} \end{aligned}\right\} \tag{8-10}$$

由较大比例尺地形图编号中的行、列代码计算包含该图的较小比例尺地形图编号中的行、列代码按公式(8-11)进行：

$$\left.\begin{aligned} c_小 &= \left[\frac{c_大}{\left(\frac{\Delta\varphi_小}{\Delta\varphi_大}\right)}\right] \\ d_小 &= \left[\frac{d_大}{\left(\frac{\Delta\varphi_小}{\Delta\varphi_大}\right)}\right] \end{aligned}\right\} \tag{8-11}$$

式中：$c_大$ 为较大比例尺地形图在 1：100 万地形图编号后的行号；

$d_大$ 为较大比例尺地形图在 1：100 万地形图编号后的列号；

$c_小$ 为较小比例尺地形图在 1：100 万地形图编号后的行号；

$d_小$ 为较小比例尺地形图在 1：100 万地形图编号后的列号；

$\Delta\varphi_大$ 为大比例尺地形图分幅的纬差；

$\Delta\varphi_小$ 为小比例尺地形图分幅的纬差。

二、程序设计

1. 窗体、框架等相关控件

窗体、框架等相关控件设置分别见表 8-5 和表 8-6。

表 8-5   窗体、框架等控件属性设置

默认控件名	设置的控件名(Name)	标题(Caption)
Form1	Form1	地形图分幅与编号
Frame1	Frame1	数据输入
Frame2	Frame2	西南图廓点
Frame3	Frame3	东北图廓点

176

默认控件名	设置的控件名（Name）	标题（Caption）
Frame4	Frame4	不同比例尺关系换算
Command1	Cmd_bh	经纬度→编号
Command2	Cmd_jwd	编号→经纬度
Command3	cmd_hs	比例尺 1→比例尺 2
Label4	Label4	编号：
Text3	Txt_bh	—

表 8-6   **窗体界面中各框架内控件属性设置**

框架	默认控件名	设置的控件名（Name）	标题（Caption）
Frame1 （Caption="数据输入"）	Label1	Label1	比例尺：
	Label2	Label2	纬度（度．分秒）：
	Label3	Label3	经度（度．分秒）：
	Combo1	Cmb_bl	—
	Text1	Txt_wd	—
	Text2	Txt_jd	—
Frame2 （Caption="西南图廓点"）	Label5	Label5	纬度：
	Label6	Label6	经度：
	Text4	Txt_wd1	—
	Text5	Txt_jd1	—
Frame3 （Caption="东北图廓点"）	Label7	Label7	纬度：
	Label8	Label8	经度：
	Text6	Txt_wd2	—
	Text7	Txt_jd2	—
Frame4 （Caption="不同比例 尺关系换算"）	Label9	Label9	比例尺 1：
	Label10	Label10	比例尺 2：
	Label11	Label11	行、列号（比例尺 1，6 位）：
	Label12	Label12	行、列号（比例尺 2）：
	Combo2	Cmb_bl1	—
	Combo3	Cmb_bl2	—
	Text8	Txt_hlh	—
	Text9	Txt_bh2	—

2. 程序代码

程序代码如下：

新建标准模块 Module1，并定义公共数组变量 dh、dwd、djd，分别存放不同比例尺的代码、纬差和经差。

```
Public dh $ (7), dwd#(7), djd#(7)
'自定义函数 fzdfm()的功能是将分转换为度°分′秒″的形式
Function fzdfm $ (f0#)
  Dim d%, f%, m#
  d = Int(f0 / 60)
  f = Int(f0 - d * 60)
  m = (f0 - d * 60 - f) * 60
  fzdfm = d & "°" & Format(f, "00") & "′" & Format(m, "00.0") & "″"
End Function


'Form_load()事件完成组合框所显示项目的加载
Private Sub Form_Load()
  Cmb_bl. AddItem "1∶100 万"
  Cmb_bl. AddItem "1∶50 万"
  Cmb_bl. AddItem "1∶25 万"
  Cmb_bl. AddItem "1∶10 万"
  Cmb_bl. AddItem "1∶5 万"
  Cmb_bl. AddItem "1∶2. 5 万"
  Cmb_bl. AddItem "1∶1 万"
  Cmb_bl. AddItem "1∶5 000"

  Cmb_bl. ListIndex = 0 '给定初值
  Cmb_bl1. AddItem "1∶50 万"
  Cmb_bl1. AddItem "1∶25 万"
  Cmb_bl1. AddItem "1∶10 万"
  Cmb_bl1. AddItem "1∶5 万"
  Cmb_bl1. AddItem "1∶2. 5 万"
  Cmb_bl1. AddItem "1∶1 万"
  Cmb_bl1. AddItem "1∶5 000"
  Cmb_bl1. ListIndex = 0 '给定初值

  Cmb_bl2. AddItem "1∶50 万"
  Cmb_bl2. AddItem "1∶25 万"
  Cmb_bl2. AddItem "1∶10 万"
```

```
Cmb_bl2. AddItem "1：5 万"
Cmb_bl2. AddItem "1：2. 5 万"
Cmb_bl2. AddItem "1：1 万"
Cmb_bl2. AddItem "1：5 000"
Cmb_bl2. ListIndex ＝ 1  '给定初值

dh(0) ＝ " "：dwd(0) ＝ 240：djd(0) ＝ 360   '1：100 万
dh(1) ＝ "B"：dwd(1) ＝ 120：djd(1) ＝ 180   '1：50 万
dh(2) ＝ "C"：dwd(2) ＝ 60：djd(2) ＝ 90   '1：25 万
dh(3) ＝ "D"：dwd(3) ＝ 20：djd(3) ＝ 30   '1：10 万
dh(4) ＝ "E"：dwd(4) ＝ 10：djd(4) ＝ 15   '1：5 万
dh(5) ＝ "F"：dwd(5) ＝ 5：djd(5) ＝ 7. 5   '1：2. 5 万
dh(6) ＝ "G"：dwd(6) ＝ 2. 5：djd(6) ＝ 3. 75   '1：1 万
dh(7) ＝ "H"：dwd(7) ＝ 1. 25：djd(7) ＝ 1. 875   '1：5 000
End Sub


'Cmd_bh_Click( )过程事件完成地形图编号的计算
Private Sub Cmd_bh_Click( )
 Dim wd#, jd#, bh $, a%, b%, c%, d%, i%
 Dim ljd#, lwd#, ujd#, uwd#, wy#, jy#
 jd ＝jdzh(Val(Txt_jd), 0, 2)   '函数 jdzh( )的代码见第五章中案例 5 的"2. 角度单
位转换"
 wd ＝jdzh(Val(Txt_wd), 0, 2)
 a ＝ Int(wd ／ 240) ＋ 1
 b ＝ Int(jd ／ 360) ＋ 31
 wy ＝ wd － Int(wd ／ 240) * 240
 jy ＝ jd － Int(jd ／ 360) * 360
 i ＝ Cmb_bl. ListIndex
 c ＝ 240 ／ dwd(i) － Int(wy ／ dwd(i))
 d ＝ Int(jy ／ djd(i)) ＋ 1
 If i ＝ 0 Then
  bh ＝ Chr(a ＋ 64) ＋ Trim(Str(b))
 Else
  bh ＝ Chr(a ＋ 64) ＋ Trim(Str(b)) ＋ dh(i) ＋ Format(c, "000") ＋ Format(d, "
000")
 End If
 Txt_bh ＝ bh
 ljd ＝ (b － 31) * 360 ＋ (d － 1) * djd(i)
```

```vb
    lwd = (a - 1) * 240 + (240 / dwd(i) - c) * dwd(i)
    ujd = ljd + djd(i)
    uwd = lwd + dwd(i)
    Txt_jd1 = fzdfm(ljd)
    Txt_wd1 = fzdfm(lwd)
    Txt_jd2 = fzdfm(ujd)
    Txt_wd2 = fzdfm(uwd)
End Sub


'Cmd_jwd_Click()事件根据编号完成西南和东北图廓点经、纬度的计算
Private Sub Cmd_jwd_Click()
  Dim a%, b%, c%, d%, i%, bh$
  Dim ljd#, lwd#, ujd#, uwd#
  bh = Trim(Txt_bh)
  a = Asc(Left(bh, 1)) - 64
  b = Val(Mid(bh, 2, 2))
  If Len(bh) = 3 Then
    i = 0 : c = 1 : d = 1
  Else
    i = Asc(Mid(bh, 4, 1)) - 65
    c = Val(Mid(bh, 5, 3))
    d = Val(Right(bh, 3))
  End If
  ljd = (b - 31) * 360 + (d - 1) * djd(i)
  lwd = (a - 1) * 240 + (240 / dwd(i) - c) * dwd(i)
  ujd = ljd + djd(i)
  uwd = lwd + dwd(i)
  Txt_jd1 = fzdfm(ljd)
  Txt_wd1 = fzdfm(lwd)
  Txt_jd2 = fzdfm(ujd)
  Txt_wd2 = fzdfm(uwd)
End Sub


'cmd_hs_Click()事件实现不同比例尺之间的换算
Private Sub cmd_hs_Click()
  Dim i%, j%, c1%, c2%, d1%, d2%
  Dim c21%, d21%, i1%, j1%, bh$
  i = Cmb_bl1.ListIndex
```

180

```
j = Cmb_bl2. ListIndex
bh = Trim(Txt_hlh)
c1 = Val(Left(bh, 3))
d1 = Val(Right(bh, 3))
Txt_bh2 = " "
If i = j Then
 Txt_bh2 = dh(j) + Txt_hlh
ElseIf i > j Then
 If c1 = Int(c1 / (dwd(j) / dwd(i))) * (dwd(j) / dwd(i)) Then
  c2 = c1 / (dwd(j) / dwd(i))
 Else
  c2 = Int(c1 / (dwd(j) / dwd(i))) + 1
 End If

 If d1 = Int(d1 / (dwd(j) / dwd(i))) * (dwd(j) / dwd(i)) Then
  d2 = d1 / (dwd(j) / dwd(i))
 Else
  d2 = Int(d1 / (dwd(j) / dwd(i))) + 1
 End If
 Txt_bh2 = dh(j) + Format(c2, "000") + Format(d2, "000")
Else
 c2 = dwd(i) / dwd(j) * (c1 - 1) + 1
 d2 = dwd(i) / dwd(j) * (d1 - 1) + 1
 c21 = c1 * dwd(i) / dwd(j)
 d21 = d1 * dwd(i) / dwd(j)
 For i1 = c2 To c21
  For j1 = d2 To d21
   Txt_bh2 = Txt_bh2 + dh(j) + Format(i1, "000") + Format(j1, "000") + "   "
  Next j1
  Txt_bh2 = Txt_bh2 + Chr(13) + Chr(10)
 Next i1
 End If
End Sub
```

3. 运行结果

程序运行后界面如图 8-2 所示。

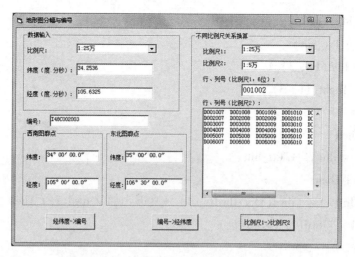

图 8-2　地形图分幅与编号程序运行界面

第三节　高斯投影计算

高斯投影是一种等角横轴切椭圆柱投影。它是假设一个椭圆柱面与地球椭球体面横切于某一条经线上，按照等角条件将中央经线东、西各 3°或 1.5°经线范围内的经纬线投影到椭圆柱面上，然后将椭圆柱面展开成平面而形成的一种投影。

我国规定按经差 6°或 3°进行分带投影，在特殊情况下，工程测量控制网也可采用 1.5°带或任意带。但为了测量成果的通用，还会涉及不同投影带之间的换算。

高斯投影计算分正算和反算两种，正算是将某点的经、纬度换算为高斯平面直角坐标，反之为反算。

一、计算方法

高斯投影正、反算涉及椭球体的基本参数有：长半轴 a、短半轴 b、扁率 α、第一偏心率 e 和第二偏心率 e'。

1. 高斯投影正算公式

$$\left.\begin{array}{l} x=X+\dfrac{N}{2}\sin B\cos Bl^2+\dfrac{N}{24}\sin B\cos^3 B\left(5-t^2+9\eta^2+4\eta^4\right)l^4+ \\[2mm] \qquad\dfrac{N}{720}\sin B\cos^5 B\left(61-58t^2+t^4\right)l^6 \\[3mm] y=N\cos BL+\dfrac{N}{6}\cos^3 B\left(1-t^2+\eta^2\right)l^3+ \\[2mm] \qquad\dfrac{N}{120}\cos^5 B\left(5-18t^2+t^4+14\eta^2-58\eta^2 t^2\right)l^5 \end{array}\right\} \tag{8-12}$$

式中：$l=L-L_0$，为某点经度与中央子午线经度的差值；

$t=\tan B$；

$\eta^2=e'^2\cos^2 B$；

$$N=\frac{a}{\sqrt{1-e^2\sin^2B}}=\frac{c}{\sqrt{1+e'^2\cos^2B}}。$$

2. 高斯投影反算公式

$$\left.\begin{array}{l}B=B_f-\dfrac{t_f}{2M_fN_f}y^2+\dfrac{t_f}{24M_fN_f^3}(5+3t_f^3+\eta_f^2-9\eta_f^2t_f^2)y^4-\\[4mm]\qquad\dfrac{t_f}{720M_fN_f^5}(61+90t_f^2+45t_f^4)y^6\\[4mm]l=\dfrac{1}{N_f\cos B_f}y-\dfrac{1}{6N_f^3\cos B_f}(1+2t_f^2+\eta_f^2)y^3+\\[4mm]\qquad\dfrac{1}{120N_f^5\cos B_f}(5+28t_f^2+24t_f^4+6\eta_f^2+8\eta_f^2t_f^2)y^5\end{array}\right\} \quad (8\text{-}13)$$

式中：y 为自然坐标；B_f 与 N_f 需要进行简单的推算：

其中，B_f 的推算过程为：

$$\beta_0=1-\frac{3}{4}e'^2+\frac{45}{64}e'^4-\frac{175}{256}e'^6+\frac{11\,025}{16\,384}e'^8$$

$$C_0=\beta_0c$$

$$\beta=\frac{X}{C_0}$$

$$\left.\begin{array}{l}m_0=a(1-e^2)\\[3mm]m_2=\dfrac{3}{2}e^2m_0\\[3mm]m_4=\dfrac{5}{4}e^2m_2\\[3mm]m_6=\dfrac{7}{6}e^2m_4\\[3mm]m_8=\dfrac{9}{8}e^2m_6\end{array}\right\} \quad (8\text{-}14)$$

$$\left.\begin{array}{l}a_0=m_0+\dfrac{m_2}{2}+\dfrac{3}{8}m_4+\dfrac{5}{16}m_6+\dfrac{35}{128}m_8+\cdots\\[3mm]a_2=\dfrac{m_2}{2}+\dfrac{m_4}{2}+\dfrac{15}{32}m_6+\dfrac{7}{16}m_8\\[3mm]a_4=\dfrac{m_4}{8}+\dfrac{3}{16}m_6+\dfrac{7}{32}m_8\\[3mm]a_6=\dfrac{m_6}{32}+\dfrac{m_8}{16}\\[3mm]a_8=\dfrac{m_8}{128}\end{array}\right\} \quad (8\text{-}15)$$

$$P_2 = -\frac{m_2}{2m_0} \left.\begin{array}{l} \\ \\ \end{array}\right\} \quad \begin{array}{l} q_2 = -P_2 - P_2 P_4 + \dfrac{1}{2}P_2^3 \\[2mm] q_4 = -P_4 + P_2^2 - 2P_2 P_6 + 4P_2^2 P_4 + \cdots \\[2mm] q_6 = -P_6 + 3P_2 P_4 - \dfrac{3}{2}P_2^3 \end{array} \left.\begin{array}{l} \\ \\ \\ \end{array}\right\} \qquad (8\text{-}16)$$

$$P_4 = \frac{m_4}{4m_0}$$

$$P_6 = -\frac{m_6}{6m_6}$$

$$B_f = \beta + q_2\sin 2\beta + q_4\sin 4\beta + q_6\sin 6\beta$$

N_f 的推算过程为:

$$c = \frac{a^2}{b} \ (\ a \ \text{为椭球体的长半轴},\ b \ \text{为短半轴})$$

$$\left.\begin{array}{l} n_0' = c \\[2mm] n_2' = -\dfrac{1}{2}e'^2 n_0' \\[2mm] n_4' = -\dfrac{3}{4}e'^2 n_2' \\[2mm] n_6' = -\dfrac{5}{6}e'^2 n_4' \end{array}\right\} \qquad (8\text{-}17)$$

$$N_f = n_0' - (-n_2' - (n_4' + n_6'\cos^2 B_f)\cos^2 B_f)\cos^2 B_f$$

$$t_f = \tan B_f$$

$$\eta_f = e'^2\cos^2 B_f$$

$$M_f = \frac{N_f}{1 + e'^2\cos^2 B_f}$$

3. 换带计算及邻带换算

换带计算和邻带换算的基本思路是将椭球面上的大地坐标作为过渡坐标,首先将某投影带内的相关点的平面坐标$(x,y)1$,利用高斯反算公式将其换算为椭球面上的大地坐标(B,L),然后根据将要换算的带利用高斯正算,计算出新带中的高斯平面坐标$(x,y)2$。

二、程序设计

1. 窗体、框架等相关控件

窗体、框架等相关控件设置分别见表8-7、表8-8和表8-9。

表 8-7   **窗体、框架等控件属性设置**

默认控件名	设置的控件名(Name)	标题(Caption)
Form1	Form1	高斯正反算
Frame1	Frame1	选择椭球
Frame2	Frame2	投影设置

续表

默认控件名	设置的控件名(Name)	标题(Caption)
Frame3	Frame3	换带计算设置
Frame4	Frame4	带号及中央经度计算
SSTab1	SSTab1	单点转换及批量转换

表 8-8 **窗体界面中各框架内控件属性设置**

框架	默认控件名	设置的控件名(Name)	标题(Caption)
Frame1 (Caption="椭球选择")	Combo1	Cmb_tq	—
	Label1	Label1	长半轴 A:
	Label2	Label2	扁率 F:
	Text1	Txt_A	—
	Text2	Txt_F	—
Frame2 (Caption="投影设置")	Label3	Label3	中央经度(度.分秒)
	Text3	Txt_L0	—
	Check1	chk_jwb	加 500 公里
Frame3 (Caption="换带计算设置")	Label4	Label4	中央经度(度.分秒)
	Text4	Txt_L01	—
	Check2	chk_jwb1	加 500 公里
	Check3	chk_hdjs	是否换带计算
Frame4 (Caption="带号及中央经度计算")	Option1	opn_fd	6°带
	Option1	opn_fd	3°带
	Option1	opn_fd	1.5°带
	Label5	Label5	输入经度(度.分秒)
	Label6	Label6	带号
	Label7	Label7	中央经度(度.分秒)
	Text5	Txt_jd	—
	Text6	Txt_dh	—
	Text7	Txt_L02	—

表 8-9　　　　　　　　　　　　　　　　　**SSTab1 内控件属性设置**

框架	默认控件名	设置的控件名(Name)	标题(Caption)
SSTab1(Caption="单点转换")	Frame5	Frame5	大地坐标
	Label8	Label8	纬度(B)
	Label9	Label9	经度(L)
	Text8	Txt_B	—
	Text9	Txt_L	—
	Frame6	Frame6	投影坐标
	Label10	Label10	X 坐标
	Label11	Label11	Y 坐标
	Text10	Txt_x	—
	Text11	Txt_y	—
	Command1	cmd_zs	-->
	Command2	cmd_fs	<--
SSTab1(Caption="批量转换")	Frame7	Frame7	大地坐标
	Label12	Label12	文件格式:
	Text12	txt_dk	—
	Text13	txt_gs	—
	Command3	cmd_dk	打开
	Frame8	Frame8	投影坐标
	Text14	txt_xj	—
	Command4	cmd_xj	新建
	Check4	chk_bt	是否写入表头
	Check5	chk_xr	是否写入换带前数据
	Check6	chk_xybl	XY>>BL
	Command5	cmd_plzh	>>

注：SSTab 控件的加载：点击菜单"工程"→"部件(O)…"，在"控件"页选中"Microsoft Tabbed Dialog Control 6.0"选项后，点击"确定"，则该编辑框控件出现在工具箱中，用法同其他控件。

2. 程序代码

程序代码设计如下：

在 VB 窗体界面下点击"工程"→"添加模块(M)"，并在新建模块的通用中声明全局变量，用于存放相应椭球长半轴 a 和扁率 f 的值，其代码如下：

Public a#(4), f#(4)

在窗体的通用窗口中定义高斯正算和反算的两个子过程，代码如下：

```
'gszs( )子过程完成高斯正算
Public Sub gszs(wd#, jd#, l0#, i%, x#, y#)
  Dim djd#, e#, e1#, b#
  Dim m0#, m2#, m4#, m6#, m8#
  Dim a0#, a2#, a4#, a6#, a8#
  Dim x0#, n#, n2#, t#
  djd = jd - l0
  b = a(i) - 1 / f(i) * a(i)
  e = (a(i) ^ 2 - b ^ 2) / a(i) ^ 2
  e1 = (a(i) ^ 2 - b ^ 2) / b ^ 2
  m0 = a(i) * (1 - e)
  m2 = 1.5 * e * m0
  m4 = 1.25 * e * m2
  m6 = 7 / 6 * e * m4
  m8 = 9 / 8 * e * m6
  a0 = m0 + m2 / 2 + 3 / 8 * m4 + 5 / 16 * m6 + 35 / 128 * m8
  a2 = m2 / 2 + m4 / 2 + 15 / 32 * m6 + 7 / 16 * m8
  a4 = m4 / 8 + 3 / 16 * m6 + 7 / 32 * m8
  a6 = m6 / 32 + m8 / 16
  a8 = m8 / 128
  x0 = a0 * wd - a2 / 2 * Sin(2 * wd) + a4 / 4 * Sin(4 * wd) - a6 / 6 * Sin(6 * wd) + a8 / 8 * Sin(8 * wd)
  n = a(i) * (1 - e * Sin(wd) ^ 2) ^ -0.5
  t = Tan(wd)
  n2 = e1 * Cos(wd) ^ 2
  x = x0 + n / 2 * Sin(wd) * Cos(wd) * djd ^ 2 + n / 24 * Sin(wd) * Cos(wd) ^ 3 * (5 - t ^ 2 + 9 * n2 + 4 * n2 ^ 2) _
      * djd ^ 4 + n / 720 * Sin(wd) * Cos(wd) ^ 5 * (61 - 58 * t ^ 2 + t ^ 4) * djd ^ 6
  y = n * Cos(wd) * djd + n / 6 * Cos(wd) ^ 3 * (1 - t ^ 2 + n2) * djd ^ 3 + n / 120 * Cos(wd) ^ 5 * (5 - 18 * t ^ 2 + _
      t ^ 4 + 14 * n2 - 58 * n2 * t ^ 2) * djd ^ 5
End Sub


'gsfs( )子过程完成高斯反算
Public Sub gsfs(x#, y#, l0#, i%, wd#, jd#)
  Dim c#, e#, el#, b#, dl#
```

```
Dim a0#, Bf#, Nf#, Mf#, Zf#, tf#, rnf#, bt#
Dim b0#, b2#, b4#, b6#, b8#
Dim p2#, p4#, p6#, q2#, q4#, q6#
Dim m0#, m2#, m4#, m6#, m8#
Dim n0#, n2#, n4#, n6#
b = a(i) - a(i) * (1 / f(i))
c = a(i) * a(i) / b
e = (a(i) ^ 2 - b ^ 2) / a(i) ^ 2
el = (a(i) ^ 2 - b ^ 2) / b ^ 2
a0 = (1 - el * 3 / 4 + (el ^ 2) * 45 / 64 - (el ^ 3) * 175 / 256 + (el ^ 4) * 11025
/ 16384) * c
m0 = a(i) * (1 - e)
m2 = e * m0 * 3 / 2
m4 = e * m2 * 5 / 4
m6 = e * m4 * 7 / 6
m8 = e * m6 * 9 / 8
n0 = c
n2 = -el * n0 / 2
n4 = -el * n2 * 3 / 4
n6 = -el * n4 * 5 / 6
bt = x / a0
b0 = m0 + m2 / 2 + m4 * 3 / 8 + m6 * 5 / 16 + m8 * 35 / 128
b2 = m2 / 2 + m4 / 2 + m6 * 15 / 32 + m8 * 7 / 16
b4 = m4 / 8 + m6 * 3 / 16 + m8 * 7 / 32
b6 = m6 / 32 + m8 / 16: b8 = m8 / 128
p2 = -b2 / (b0 * 2)
p4 = b4 / (4 * b0)
p6 = -b6 / (6 * b0)
q2 = -p2 - p2 * p4 + p2 ^ 3 / 2
q4 = -p4 + p2 ^ 2 - 2 * p2 * p6 + 4 * p4 * p2 ^ 2
q6 = -p6 + 3 * p2 * p4 - p2 ^ 3 * 3 / 2
Bf = bt + q2 * Sin(2 * bt) + q4 * Sin(4 * bt) + q6 * Sin(6 * bt)
Nf = n0 - (-n2 - (n4 + n6 * Cos(Bf) ^ 2) * Cos(Bf) ^ 2) * Cos(Bf) ^ 2
Zf = y / (Nf * Cos(Bf))
tf = Tan(Bf)
rnf = el * Cos(Bf) ^ 2
Mf = Nf / (1 + el * Cos(Bf) ^ 2)
wd = Bf - tf * y ^ 2 / (2 * Mf * Nf) + tf * (5 + 3 * tf ^ 3 + rnf ^ 2 - 9 * (rnf ^ 2)
```

```
            * (tf ^ 2)) * _
                y ^ 4 / (24 * Mf * Nf ^ 3) − tf * (61 + 90 * tf ^ 2 + 45 * tf ^ 4) * y ^ 6 /
(720 * Mf * Nf ^ 5)
        dl = y / (Nf * Cos(Bf)) − (1 + 2 * tf ^ 2 + rnf ^ 2) * y ^ 3 / (6 * Nf ^ 3 * Cos
(Bf)) + (5 + 28 * tf ^ 2 _
                + 24 * tf ^ 4 + 6 * rnf ^ 2 + 8 * rnf ^ 2 * tf ^ 2) * y ^ 5 / (120 * Nf ^ 5 *
Cos(Bf))
        jd = dl + l0
    End Sub


    'Form_Load()事件主要完成组合框等显示项目的设置
    Private Sub Form_Load()
      Cmb_tq. AddItem "北京 54"
      Cmb_tq. AddItem "西安 80"
      Cmb_tq. AddItem "国家 2000"
      Cmb_tq. AddItem "WGS 84"
      Cmb_tq. AddItem "自定义"
      a(0) = 6 378 245: f(0) = 298. 3
      a(1) = 6 378 140: f(1) = 298. 257
      a(2) = 6 378 137: f(2) = 298. 257 222 101
      a(3) = 6 378 137: f(3) = 298. 257 223 563
      a(4) = 6 378 245: f(4) = 298. 3
      Cmb_tq. ListIndex = 0 '给定初值
      Txt_A = "6378245"
      Txt_F = "298. 3"
      Txt_L01. Enabled = False
      Txt_L01. BackColor = &H80000004
      chk_jwb1. Enabled = False
      txt_gs = "点名, 纬度, 经度"
      chk_jwb. Value = 1
      chk_jwb1. Value = 1
    End Sub


    'Cmb_tq_Click()事件完成坐标系统的选择
    Private Sub Cmb_tq_Click()
      Dim i%
      i = Cmb_tq. ListIndex
      Txt_A = Trim(Str(a(i)))
```

```
  Txt_F = Trim(Str(f(i)))
 If i <> 4 Then
  Txt_A. Enabled = False
  Txt_F. Enabled = False
  chk_zdy. Enabled = False
 Else
  Txt_A. Enabled = True
  Txt_F. Enabled = True
 End If
End Sub
```

'chk_zdy_Click()事件完成自定义坐标椭球参数的设置
```
Private Sub chk_zdy_Click()
 If chk_zdy. Value Then
  a(4) = Val(Txt_A)
  f(4) = Val(Txt_F)
 End If
End Sub
```

'chk_hdjs_Click()事件完成数据输入提示信息的转换设置
```
Private Sub chk_hdjs_Click()
 If chk_hdjs. Value Then
  Frame4. Caption = "换带前投影坐标"
  Frame5. Caption = "换带后投影坐标"
  Label7. Caption = "Y 坐标"
  Label8. Caption = "X 坐标"
  cmd_fs. Enabled = False
  Txt_L01. Enabled = True
  Txt_L01. BackColor = &H80000005
  chk_jwb1. Enabled = True
  Frame6. Caption = "换带前坐标"
  Frame7. Caption = "换带后坐标"
  chk_xybl. Enabled = False
  txt_gs = "点名，X 坐标，Y 坐标"
  chk_xr. Caption = "是否写入换带前数据"
 Else
  Frame4. Caption = "大地坐标"
  Frame5. Caption = "投影坐标"
```

190

```
      Label8. Caption = "纬度(B)"
      Label7. Caption = "经度(L)"
      cmd_fs. Enabled = True
      Txt_L01. Enabled = False
      Txt_L01. BackColor = &H80000004
      chk_jwb1. Enabled = False
      If chk_xybl. Value Then
       Frame6. Caption = "投影坐标"
       Frame7. Caption = "大地坐标"
       txt_gs = "点名，X 坐标，Y 坐标"
       chk_xr. Caption = "是否写入投影坐标"
      Else
       Frame6. Caption = "大地坐标"
       Frame7. Caption = "投影坐标"
       txt_gs = "点名，纬度，经度"
       chk_xr. Caption = "是否写入大地坐标"
      End If
      chk_xybl. Enabled = True
     End If
    End Sub


    'chk_xybl_Click()事件完成数据输入提示信息的转换设置
    Private Sub chk_xybl_Click()
     If chk_xybl. Value Then
       Frame6. Caption = "投影坐标"
       Frame7. Caption = "大地坐标"
       txt_gs = "点名，X 坐标，Y 坐标"
       chk_xr. Caption = "是否写入投影坐标"
      Else
       Frame6. Caption = "大地坐标"
       Frame7. Caption = "投影坐标"
       txt_gs = "点名，纬度，经度"
       chk_xr. Caption = "是否写入大地坐标"
      End If
    End Sub


    'opn_fd_Click()事件完成带号及中央经度的计算
    Private Sub opn_fd_Click(Index As Integer)
```

```
  Dim jd#, n%, 10#
'函数 jdzh( )代码见第五章中案例 5 的"2. 角度单位转换",下同
jd =jdzh( Val( Txt_jd) , 0, 1)
  Select Case Index
   Case 0 '6 度带
    n = Int( jd / 6) + 1
    Txt_dh = Trim( Str( n) )
    Txt_L02 = Format( n * 6 - 3, "0")
   Case 1    '3 度带
    n = Int( ( jd - 1. 5) / 3) + 1
    Txt_dh = Trim( Str( n) )
    Txt_L02 = Format( n * 3, "0")
   Case 2    '1. 5 度带
    n = Int( ( jd - 0. 75) / 1. 5) + 1
    Txt_dh = Trim( Str( n) )
    Txt_L02 = Format( jdzh( n * 1. 5, 1, 4) , "0. 00")
  End Select
End Sub


'cmd_zs_Click( )事件完成高斯正算或换带计算
Private Sub cmd_zs_Click( )
 Dim jd#, wd#, i%, l0#, L01#, x#, y#
 i = Cmb_tq. ListIndex
 l0 =jdzh( Val( Txt_L0) )
 If chk_hdjs. Value Then
 '换带计算
  x = Val( Txt_B)
  y = Val( Txt_L)
  If chk_jwb. Value Then
   y = y - 500 000
  End If
  Call gsfs( x, y, l0, i, wd, jd)
  L01 =jdzh( Val( Txt_L01) )
  Call gszs( wd, jd, L01, i, x, y)
  If chk_jwb1. Value Then
   y = y + 500 000
  End If
  Txt_x = Format( x, "0. 000")
```

```vb
    Txt_y = Format(y, "0.000")
  Else '高斯正算
    jd =jdzh(Val(Txt_L))
    wd =jdzh (Val(Txt_B))
    Call gszs(wd, jd, l0, i, x, y)
    If chk_jwb. Value Then
      y = y + 500 000
    End If
    Txt_x = Format(x, "0.000")
    Txt_y = Format(y, "0.000")
  End If
End Sub


'cmd_fs_Click()事件完成高斯反算
Private Sub cmd_fs_Click()
  Dim x#, y#, l0#, i%, wd#, jd#
  x = Val(Txt_x)
  y = Val(Txt_y)
  If chk_jwb. Value Then
    y = y - 500 000
  End If
  l0 =jdzh(Val(Txt_L0))
  i = Cmb_tq. ListIndex
  Call gsfs(x, y, l0, i, wd, jd)
  Txt_B = Trim(Format(jdzh(wd, 2, 4), "0.000 000 000"))
  Txt_L = Trim(Format(jdzh(jd, 2, 4), "0.000 000 000"))
End Sub


'cmd_dk_Click()事件将所要打开的文件名显示到指定的文本框中
Private Sub cmd_dk_Click()
CDg1. Filter = "数据文件（*.csv）| *.csv| "
  CDg1. FilterIndex = 1
  CDg1. ShowOpen
  If CDg1. FileName <> "" Then
    txt_dk = Trim(CDg1. FileName)
  End If
End Sub
```

```
'cmd_xj_Click()事件将要保存数据的文件名显示到指定的文本框中
Private Sub cmd_xj_Click()
 Dim xx%
Line1:
 CDg1. FileName = ""
 CDg1. Filter = "数据文件（＊.csv）| ＊.csv | "
 CDg1. FilterIndex = 1
 CDg1. ShowSave
 If CDg1. FileName <> "" Then
  If Dir(CDg1. FileName) = "" Then
   txt_xj = Trim(CDg1. FileName)
  Else
   If FileLen(CDg1. FileName) = 0 Then
    txt_xj = Trim(CDg1. FileName)
   Else
    xx = MsgBox("""" + CDg1. FileName + """" + "已存在。要替换它吗?", 4, "另
存为")
    If xx = 7 Then
     GoTo Line1
    Else
     txt_xj = Trim(CDg1. FileName)
    End If
   End If
  End If
 End If
End Sub


'cmd_plzh_Click 事件完成批量的高斯正算、反算或换带计算
Private Sub cmd_plzh_Click()
 If Trim(txt_dk) = "" Or Trim(txt_xj) = "" Then
  MsgBox "没有打开或新建的文件!"
  Exit Sub
 End If
 Dim c $(), jl $, s1#, s2#, c1#, c2#, st1 $, st2 $
 Dim l0#, L01#, i%, n%, wd#, jd#
 Open txt_dk For Input As #1
 Open txt_xj For Output As #2
 If chk_bt. Value Then '写入表头
```

```
If chk_xr. Value Then   '转换前表头
  If chk_hdjs. Value Then
    Print #2, "点名, 换带前 X 坐标(m), 换带前 Y 坐标(m), 换带后 X 坐标(m),
换带后 Y 坐标(m)"
  ElseIf chk_xybl. Value Then
    Print #2, "点名, X 坐标(m), Y 坐标(m), 纬度 B(度. 分秒), 经度 L(度. 分
秒)"
  Else
    Print #2, "点名, 纬度 B(度. 分秒), 经度 L(度. 分秒), X 坐标(m), Y 坐标
(m)"
  End If
Else
  If chk_hdjs. Value Then
    Print #2, "点名, 换带后 X 坐标(m), 换带后 Y 坐标(m)"
  ElseIf chk_xybl. Value Then
    Print #2, "点名, 纬度 B(度. 分秒), 经度 L(度. 分秒)"
  Else
    Print #2, "点名, X 坐标(m), Y 坐标(m)"
  End If
End If
End If
Do While Not EOF(1)
  Line Input #1, jl
  If Trim(jl) <> "" Then
  c = Split(Trim(jl), ",")
  n = UBound(c, 1)
  If n = 2 Then
    If IsNumeric(c(1)) And IsNumeric(c(2)) Then
    l0 =jdzh(Val(Txt_L0))
    i = Cmb_tq. ListIndex
    c1 = Val(c(1)): c2 = Val(c(2))
    If chk_hdjs. Value Then   '换带计算
      L01 =jdzh(Val(Txt_L01))
      If chk_jwb. Value Then
      c2 = c2 - 500 000
      End If
      Call gsfs(c1, c2, l0, i, wd, jd)
      Call gszs(wd, jd, L01, i, s1, s2)
```

```
            If chk_jwb1. Value Then
              s2 = s2 + 500 000
            End If
            st1 = Format(s1, "0.000")
            st2 = Format(s2, "0.000")
          ElseIf chk_xybl. Value Then   '反算
            If chk_jwb. Value Then
              c2 = c2 - 500 000
            End If
            Call gsfs(c1, c2, l0, i, s1, s2)
            st1 = Format(jdzh(s1, 2, 4), "0.000 000 000")
            st2 = Format(jdzh(s2, 2, 4), "0.000 000 000")
          Else '正算
            Call gszs(jdzh(c1), jdzh(c2), l0, i, s1, s2)
            If chk_jwb. Value Then
              s2 = s2 + 500 000
            End If
            st1 = Format(s1, "0.000")
            st2 = Format(s2, "0.000")
          End If
        Else
          MsgBox "数据或文件格式有误!"
          Exit Sub
        End If
      Else
        MsgBox "数据或文件格式有误!"
        Exit Sub
      End If
    End If
    If chk_xr. Value Then '写入转换前表头
      Print #2, c(0) + "," + c(1) + "," + c(2) + "," + st1 + "," + st2
    Else
      Print #2, c(0) + "," + st1 + "," + st2
    End If
  Loop
  Close #1
  Close #2
  MsgBox "转换成功, 请检查!"
```

End Sub

3. 运行结果

程序运行后界面如图 8-3 与图 8-4 所示。

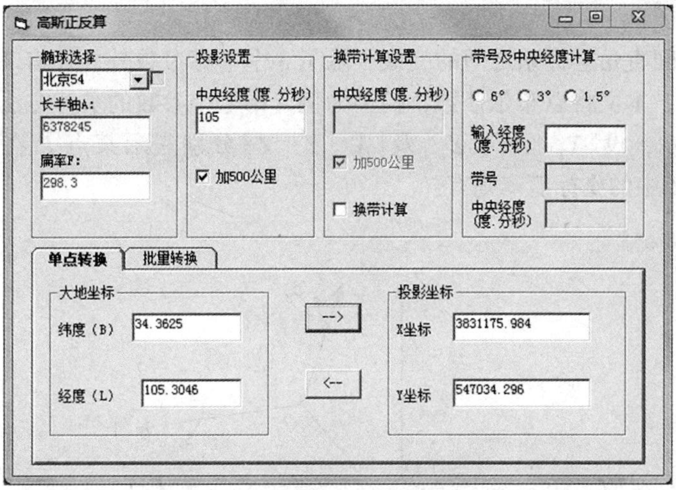

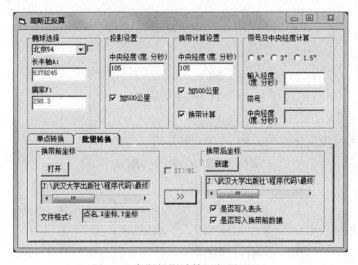

图 8-3　高斯投影计算运行界面(1)

图 8-4　高斯投影计算运行界面(2)

第 四 节　坐 标 转 换

在测绘工程中，往往会遇到不同坐标系统之间的转换问题，常见的有 WGS84 坐标与国家坐标系之间、不同国家坐标系之间以及国家坐标与其他地方坐标之间的转换等。严格的转换方法采用经典的七参数法，一般使用布尔莎、莫洛金斯基和范士等数学模型，但这些模型对公共点的坐标精度、高程系统公共点的图形强度以及数量均有严格要求，因此，在一般情况下也可以使用平面四参数法的坐标转换。本节将主要介绍七参数的布尔莎数学模型及平面四参数法的参数计算公式，并完成相关程序设计。

一、计算方法

进行两个空间直角坐标系之间的变换，除了 3 个平移参数外，还有 3 个旋转参数和 1 个尺度变化参数。本文将以布尔莎数学模型为例介绍七个参数的求解方法。

如图 8-5 所示，设 $[X_T \quad Y_T \quad Z_T]$ 及 $[X \quad Y \quad Z]$ 分别表示某点 P 在直角坐标系 O_T-$X_TY_TZ_T$ 及 O-XYZ 中的坐标值。则有：

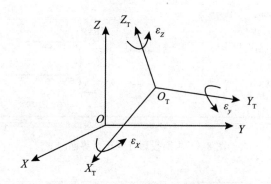

图 8-5　三维坐标旋转示意图

$$\begin{bmatrix} X_T \\ Y_T \\ Z_T \end{bmatrix} = \begin{bmatrix} \Delta X \\ \Delta Y \\ \Delta Z \end{bmatrix} + (1+dK)\boldsymbol{R}(\varepsilon)\begin{bmatrix} X \\ Y \\ Z \end{bmatrix} \tag{8-18}$$

式中：dK 为尺度变化系数；$\boldsymbol{R}(\varepsilon)$ 为旋转矩阵。

$$\boldsymbol{R}(\varepsilon) = \boldsymbol{R}(\varepsilon_z)\boldsymbol{R}(\varepsilon_y)\boldsymbol{R}(\varepsilon_x) \tag{8-19}$$

其中：

$$\boldsymbol{R}(\varepsilon_x) = \begin{bmatrix} 1 & 0 & 0 \\ 0 & \cos\varepsilon_x & \sin\varepsilon_x \\ 0 & -\sin\varepsilon_x & \cos\varepsilon_x \end{bmatrix} \qquad \boldsymbol{R}(\varepsilon_y) = \begin{bmatrix} \cos\varepsilon_y & 0 & -\sin\varepsilon_y \\ 0 & 1 & 0 \\ \sin\varepsilon_y & 0 & \cos\varepsilon_y \end{bmatrix}$$

$$\boldsymbol{R}(\varepsilon_z) = \begin{bmatrix} \cos\varepsilon_z & \sin\varepsilon_z & 0 \\ -\sin\varepsilon_z & \cos\varepsilon_z & 0 \\ 0 & 0 & 1 \end{bmatrix}$$

根据以上 3 式，则有：

$$\boldsymbol{R}(\varepsilon) = \begin{bmatrix} \cos\varepsilon_y\cos\varepsilon_z & \cos\varepsilon_x\sin\varepsilon_z + \sin\varepsilon_x\sin\varepsilon_y\cos\varepsilon_z & \sin\varepsilon_x\sin\varepsilon_z - \cos\varepsilon_x\sin\varepsilon_y\cos\varepsilon_z \\ -\cos\varepsilon_y\sin\varepsilon_z & \cos\varepsilon_x\cos\varepsilon_z - \sin\varepsilon_x\sin\varepsilon_y\sin\varepsilon_z & \sin\varepsilon_x\cos\varepsilon_z + \cos\varepsilon_x\sin\varepsilon_y\sin\varepsilon_z \\ \sin\varepsilon_y & -\sin\varepsilon_x\cos\varepsilon_y & \cos\varepsilon_x\cos\varepsilon_y \end{bmatrix} \tag{8-20}$$

198

显然，当给出 7 个转换参数后，便可根据以上公式进行坐标转换正算工作。根据正算公式可以写出如下反算公式：

$$\begin{bmatrix} X \\ Y \\ Z \end{bmatrix} = \frac{1}{1+dK} \cdot \boldsymbol{R}(\varepsilon)^{-1} \cdot \begin{bmatrix} X_{\mathrm{T}} - \Delta X \\ Y_{\mathrm{T}} - \Delta Y \\ Z_{\mathrm{T}} - \Delta Z \end{bmatrix} \tag{8-21}$$

通过计算，我们可以发现 $\boldsymbol{R}(\varepsilon)^{-1} = \boldsymbol{R}(\varepsilon)^{\mathrm{T}}$

若转换参数未知，则需根据两个坐标系中的公共点加以确定，由于每个公共点可以得到 3 个方程，因此一般至少需要 3 个公共点信息，利用最小二乘原理进行求解。一般旋转角 ε_x、ε_y 和 ε_z 均为小角度，故可以认为 $\cos\varepsilon = 1$，$\sin\varepsilon = \varepsilon$，同时忽略二阶微小量，则旋转矩阵 $\boldsymbol{R}(\varepsilon)$ 为：

$$\boldsymbol{R}(\varepsilon) = \begin{bmatrix} 1 & \varepsilon_z & -\varepsilon_y \\ -\varepsilon_z & 1 & \varepsilon_x \\ \varepsilon_y & \varepsilon_x & 1 \end{bmatrix} = \boldsymbol{E} + \boldsymbol{Q} \tag{8-22}$$

$\boldsymbol{E}$ 为 3×3 的单位阵，而矩阵 $\boldsymbol{Q}$ 为：

$$\boldsymbol{Q} = \begin{bmatrix} 0 & \varepsilon_z & -\varepsilon_y \\ -\varepsilon_z & 0 & \varepsilon_x \\ \varepsilon_y & \varepsilon_x & 0 \end{bmatrix}$$

于是，坐标转换公式最终变换为：

$$\begin{aligned}
\begin{bmatrix} X_{\mathrm{T}} \\ Y_{\mathrm{T}} \\ Z_{\mathrm{T}} \end{bmatrix} &= \begin{bmatrix} \Delta X \\ \Delta Y \\ \Delta Z \end{bmatrix} + dK \begin{bmatrix} X \\ Y \\ Z \end{bmatrix} + \begin{bmatrix} 0 & -Z & Y \\ Z & 0 & -X \\ -Y & X & 0 \end{bmatrix} \begin{bmatrix} \varepsilon_x \\ \varepsilon_y \\ \varepsilon_z \end{bmatrix} + \begin{bmatrix} X \\ Y \\ Z \end{bmatrix} \\
&= \begin{bmatrix} 1 & 0 & 0 & X & 0 & -Z & Y \\ 0 & 1 & 0 & Y & Z & 0 & -X \\ 0 & 0 & 1 & Z & -Y & X & 0 \end{bmatrix} \cdot \begin{bmatrix} \Delta X & \Delta Y & \Delta Z & dK & \varepsilon_x & \varepsilon_y & \varepsilon_z \end{bmatrix}^{\mathrm{T}} + \begin{bmatrix} X \\ Y \\ Z \end{bmatrix}
\end{aligned}$$

$$\tag{8-23}$$

令 $\boldsymbol{M} = \begin{bmatrix} \Delta X & \Delta Y & \Delta Z & dK & \varepsilon_x & \varepsilon_y & \varepsilon_z \end{bmatrix}^{\mathrm{T}}$，当有多个公共点按最小二乘求解转换参数时，对每个点有：

$$\begin{bmatrix} X_{\mathrm{T}i} - X_i \\ Y_{\mathrm{T}i} - Y_i \\ Z_{\mathrm{T}i} - Z_i \end{bmatrix} = \begin{bmatrix} 1 & 0 & 0 & X_i & 0 & -Z_i & Y_i \\ 0 & 1 & 0 & Y_i & Z_i & 0 & -X_i \\ 0 & 0 & 1 & Z_i & -Y_i & X_i & 0 \end{bmatrix} \cdot \boldsymbol{M} \tag{8-24}$$

式中，$i = 1, 2, \cdots, N$。若设：

$$\boldsymbol{L}_i = \begin{bmatrix} X_{\mathrm{T}i} - X_i \\ Y_{\mathrm{T}i} - Y_i \\ Z_{\mathrm{T}i} - Z_i \end{bmatrix}; \quad \boldsymbol{B}_i = \begin{bmatrix} 1 & 0 & 0 & X_i & 0 & -Z_i & Y_i \\ 0 & 1 & 0 & Y_i & Z_i & 0 & -X_i \\ 0 & 0 & 1 & Z_i & -Y_i & X_i & 0 \end{bmatrix};$$

$$\boldsymbol{L} = \begin{bmatrix} \boldsymbol{L}_1 & \boldsymbol{L}_2 & \cdots & \boldsymbol{L}_N \end{bmatrix}; \quad \boldsymbol{B} = \begin{bmatrix} \boldsymbol{B}_1 & \boldsymbol{B}_2 & \cdots & \boldsymbol{B}_N \end{bmatrix}$$

则有误差方程式：$\boldsymbol{V} = \boldsymbol{B}\hat{\boldsymbol{M}} - \boldsymbol{L}$

若观测值设为等权观测,即 $P=E$,则可求出转换参数:

$$\hat{M}=(B^{\mathrm{T}}B)^{-1}B^{\mathrm{T}}L \tag{8-25}$$

单位权方差为:
$$\sigma^0=\pm\frac{V^{\mathrm{T}}V}{3N-7} \tag{8-26}$$

二维坐标与三维坐标转换类似,也是通过平移参数、旋转参数和尺度变化系数来确定。只是平移参数只有两个,旋转参数只有一个。因此,二维坐标转换只有4个参数。

二维坐标转换公式为:

$$\begin{bmatrix}X_{\mathrm{T}}\\Y_{\mathrm{T}}\end{bmatrix}=\begin{bmatrix}\Delta X\\\Delta Y\end{bmatrix}+(1+dK)\cdot R(\varepsilon)\cdot\begin{bmatrix}X\\Y\end{bmatrix} \tag{8-27}$$

式中,旋转矩阵 $R(\varepsilon)$ 为:

$$R(\varepsilon)=\begin{bmatrix}\cos\varepsilon & -\sin\varepsilon\\\sin\varepsilon & \cos\varepsilon\end{bmatrix}$$

当4个参数都已知时,显然可以利用式(8-27)进行坐标正算解算。根据正算公式可以写出如下反算公式:

$$\begin{bmatrix}X\\Y\end{bmatrix}=\frac{1}{1+dK}\cdot R(\varepsilon)\cdot\begin{bmatrix}X_{\mathrm{T}}-\Delta X\\Y_{\mathrm{T}}-\Delta Y\end{bmatrix} \tag{8-28}$$

通过计算,可以发现 $R(\varepsilon)^{-1}=R(\varepsilon)^{\mathrm{T}}$

当4个参数未知时,则需要根据两个坐标的公共点进行求解。由于有4个参数,显然,至少需要两个公共点坐标。实际求解中一般是采用多个公共点坐标利用最小二乘原理进行求解。在解算时,可以将式(8-27)转换为:

$$\begin{bmatrix}X_{\mathrm{T}i}\\Y_{\mathrm{T}i}\end{bmatrix}=\begin{bmatrix}1 & 0 & -Y_i & X_i\\0 & 1 & X_i & Y_i\end{bmatrix}\cdot\begin{bmatrix}\Delta X & \Delta Y & (1+dK)\sin\varepsilon & (1+dK)\cos\varepsilon\end{bmatrix}^{\mathrm{T}} \tag{8-29}$$

式中:$i=1,2,\cdots,N_\circ$

令 $p=(1+dK)\sin\varepsilon$,$q=(1+dK)\cos\varepsilon$,当求出 p、q 后,则有:

$$1+dK=\sqrt{p^2+q^2}$$

$$\tan\varepsilon=\frac{p}{q}$$

令 $L_i=\begin{bmatrix}X_{\mathrm{T}i}\\Y_{\mathrm{T}i}\end{bmatrix}$;$B_i=\begin{bmatrix}1 & 0 & -Y_i & X_i\\0 & 1 & X_i & Y_i\end{bmatrix}$;$M=\begin{bmatrix}\Delta X & \Delta Y & p & q\end{bmatrix}^{\mathrm{T}}$;$L=\begin{bmatrix}L_1 & L_2 & \cdots & L_N\end{bmatrix}$;$B=\begin{bmatrix}B_1 & B_2 & \cdots & B_N\end{bmatrix}$。则有误差方程式:

$$V=B\hat{M}-L$$

若观测值设为等权观测,即 $P=E$,则可求出转换参数:

$$\hat{M}=(B^{\mathrm{T}}B)^{-1}B^{\mathrm{T}}L \tag{8-30}$$

单位权方差为:
$$\sigma^0=\pm\frac{V^{\mathrm{T}}V}{2N-4} \tag{8-31}$$

二、程序设计

1. 窗体、框架等相关控件

窗体、框架等相关控件设置分别见表8-10、表8-11和表8-12。

表8-10　　　　　　　　　　**窗体、框架、通用对话框属性设置**

默认控件名	设置的控件名（Name）	标题（Caption）	默认控件名	设置的控件名（Name）	标题（Caption）
Form1	Form1	坐标转换	Frame4	Frame4	四参数
Frame1	Frame1	基本设置	Frame5	Frame5	七参数
Frame2	Frame2	源坐标系	Frame6	Frame6	批量转换
Frame3	Frame3	目标坐标系	CommonDialog1	CDg1	

表8-11　　　　　　　　　　**窗体界面中各框架内控件属性设置**

框架	默认控件名	设置的控件名（Name）	标题（Caption）
Frame1 （Caption="基本设置"）	Option1	opn_scs	四参数
	Option2	opn_qcs	七参数
	Combo1	cmb_ytq	—
	Combo2	cmb_mtq	—
	Label1	Label1	源椭球系：
	Label2	Label2	长半轴：
	Label3	Label3	扁率 F：
	Label4	Label4	目标椭球系：
	Label5	Label5	长半轴：
	Label6	Label6	扁率 F：
	Text1	Txt_yA	—
	Text2	Txt_yF	—
	Text3	Txt_mA	—
	Text4	Txt_mF	—
	Check1	chk_ytq	" "
	Check2	chk_mtq	" "
Frame2 （Caption="源坐标系"）	Label7	Lab_yx	纬度 B：
	Label8	Lab_yy	经度 L：
	Label9	Lab_yh	大地高
	Text5	txt_yx	—
	Text6	txt_yy	—
	Text7	txt_yh	—

框架	默认控件名	设置的控件名（Name）	标题（Caption）
Frame3 （Caption="目标坐标系"）	Label11	Label11	纬度 B：
	Label12	Label12	经度 L：
	Label13	Label13	大地高 H：
	Text8	txt_mx	—
	Text9	txt_my	—
	Text10	txt_mh	—
Frame4 （Caption="四参数"）	Label14	Label14	ΔX
	Label15	Label15	ΔY
	Label16	Label16	$\delta('')$
	Label17	Label17	K
	Text11	Txt_scdx	—
	Text12	Txt_scdy	—
	Text13	Txt_scda	—
	Text14	Txt_sck	—
Frame5 （Caption="七参数"）	Label18	Label18	ΔX
	Label19	Label19	ΔY
	Label20	Label20	ΔZ
	Label21	Label21	$\delta X('')$
	Label22	Label22	$\delta Y('')$
	Label23	Label23	$\delta Z('')$
	Label24	Label24	K（ppm）
	Text15	Txt_qcdx	—
	Text16	Txt_qcdy	—
	Text17	Txt_qcdz	—
	Text18	Txt_qcdax	—
	Text19	Txt_qcday	—
	Text20	Txt_qcdaz	—
	Text21	Txt_qck	—

框架	默认控件名	设置的控件名（Name）	标题（Caption）
Frame6 （Caption＝"批量转换"）	Label25	Label25	转换前文件：
	Label26	Label26	转换后文件：
	Label27	Label27	文件格式：
	Text21	txt_dk2	—
	Text22	txt_xj2	—
	Text23	txt_gs	—
	Command9	Cmd_dk2	打开
	Command10	cmd_xj2	新建
	Command11	cmd_pzh	转换
	Command12	cmd_tc	退出

表 8-12 　　　　　　　　　　**窗体界面中其他控件属性设置**

默认控件名	设置的控件名（Name）	标题（Caption）	默认控件名	设置的控件名（Name）	标题（Caption）
Label10	Label10	点名	Command4	cmd_tj	添加
Text24	txt_dm	—	Command5	cmd_gx	更新
Text25	Txt_dk_xj	—	Command6	cmd_sc	删除
Command1	Cmd_dzh	＞＞	Command7	cmd_bc	保存
Command2	Cmd_dk1	打开	Command8	cmd_js	计算
Command3	cmd_xj1	新建	MSHFlexGrid1	Grid1	—

注：MSHFlexGrid 控件的加载：点击菜单"工程"→"部件（O）…"，在"控件"页选中"Microsoft Hierarchical FlexGrid Control 6.0（SP4）（OLEDB）"选项后，点击"确定"，则该表格控件出现在工具箱中，用法同其他控件。

2. 程序代码

程序代码设计如下：

在 VB 窗体界面下点击"工程"→"添加模块（M）"，并在新建模块的通用中声明全局变量，用于存放椭球长半轴 a 和扁率 f 的值，其代码为：

Public ya#（0 To 4）：yf#（0 To 4）：ma#（0 To 4）：mf#（0 To 4）

在窗体的通用窗口中定义 pi 和 dhm 两个符号常量及有关子过程，其代码如下：

Option Base 1　　'设置数组默认下标下界为 1

Const pi As Double ＝ 3. 141 592 653 589 79　　'声明常量 pi，其值为圆周率 π

Const hdm As Double ＝ 206 264. 806 247 096　　'声明常量 hdm，1 弧度代表的秒

'BLH_XYZ()子过程实现由大地坐标向空间直角坐标的转换

```
Public Sub BLH_XYZ(B#, L#, h#, X#, Y#, z#, a#, f#)
  Dim b1#, e#, e1#, c#, n#
  b1 = a - 1 / f * a
  e = (a ^ 2 - b1 ^ 2) / a ^ 2
  e1 = (a ^ 2 - b1 ^ 2) / b1 ^ 2
  c = a ^ 2 / b1
  n = c * (1 + e1 * Cos(B) ^ 2) ^ -0.5
  X = (n + h) * Cos(B) * Cos(L)
  Y = (n + h) * Cos(B) * Sin(L)
  z = (n * (1 - e) + h) * Sin(B)
End Sub
```

'XYZ_BLH()子过程实现由大地坐标向空间直角坐标的转换

```
Public Sub XYZ_BLH(X#, Y#, z#, B#, L#, h#, a#, f#)
  Dim t0#, t1#, t2#, p#, k#, n#, c#, b1#, e#, e1#, dt#
  b1 = a - 1 / f * a
  e = (a ^ 2 - b1 ^ 2) / a ^ 2
  e1 = (a ^ 2 - b1 ^ 2) / b1 ^ 2
  c = a ^ 2 / b1
  L = (pi / 2 * (2 - Sgn(Y + 10 ^ -15)) - Atn(X / (Y + 10 ^ -15)))
  t0 = z / Sqr(X ^ 2 + Y ^ 2)
  p = c * e / Sqr(X ^ 2 + Y ^ 2)
  k = 1 + e1
  t1 = t0
  t2 = t0 + p * t1 / Sqr(k + t1 ^ 2)
  Do While Abs(t2 - t1) > 10 ^ -20
    t1 = t2
    t2 = t0 + p * t1 / Sqr(k + t1 ^ 2)
  Loop
  B = Atn(t2)
  n = c * (1 + e1 * Cos(B) ^ 2) ^ -0.5
  h = z / Sin(B) - n * (1 - e)
End Sub
```

'jzqn()子过程实现矩阵的求逆

```
Public Sub jzqn(a#( ), a1#( ))
  Dim i&, j&, k&, n&, row&, jh#, jx#, sx#, bz1 As Boolean
```

```
n = UBound(a, 1)
For i = 1 To n
 a1(i, i) = 1
Next i
bz1 = False
jx = 10 ^ -18
For i = 1 To n
 If Abs(a(i, i)) < jx Then
  If i = n Then
    MsgBox "数据错误，不能正确计算逆矩阵!"
    Exit Sub
  Else
    bz1 = False
    row = i + 1
    Do While row <= n
     If Abs(a(row, i)) > jx Then
       bz1 = True
       Exit Do
     End If
     row = row + 1
    Loop
    If bz1 = False Then
     MsgBox "数据错误，不能正确计算逆矩阵!"
     Exit Sub
    Else
     For k = 1 To n
       jh = a(i, k)
       a(i, k) = a(row, k)
       a(row, k) = jh

       jh = a1(i, k)
       a1(i, k) = a1(row, k)
       a1(row, k) = jh
     Next k
    End If
  End If
 End If
 '将主元素所对应列的其他元素化为零
```

```
        For j = 1 To n
          If i <> j Then
            If Abs(a(j, i)) > jx Then 'jx
              sx = -a(j, i) / a(i, i)
              For k = 1 To n
                a(j, k) = a(j, k) + sx * a(i, k)
                a1(j, k) = a1(j, k) + sx * a1(i, k)
              Next k
            End If
          End If
        Next j
      Next i
'将主对角元素化为1
  For i = 1 To n
    If Abs(1 - a(i, i)) > jx Then
      sx = a(i, i)
      For j = 1 To n
        a1(i, j) = a1(i, j) / sx
        a(i, j) = a(i, j) / sx
      Next j
    End If
  Next i
End Sub


'jzxc()子过程实现两个矩阵的相乘
Public Sub jzxc(Qa#(), Qb#(), qc#())
  Dim n&, z&, k&, m&, i&, ib&, j&, bz1 As Boolean
  n = UBound(Qa, 1)
  z = UBound(Qa, 2)
  On Error Resume Next '判断 Qb 是否为一维数组
  ib = UBound(Qb, 2) - LBound(Qb, 2)
  If Err Then
    bz1 = True
    m = UBound(Qb, 2)
  End If
  If bz1 = False Then '两维数组相乘
    m = UBound(Qb, 2)
    For i = 1 To n
```

206

```
    For j = 1 To m
      For k = 1 To z
        qc(i, j) = qc(i, j) + Qa(i, k) * Qb(k, j)
      Next k
    Next j
  Next i
 Else '一维数组相乘
  m = UBound(Qb, 1)
  For i = 1 To n
   For j = 1 To m
     qc(i) = qc(i) + Qa(i, j) * Qb(j)
   Next j
  Next i
 End If
End Sub


'jzzz()子过程实现矩阵的转置
Public Sub jzzz(Qa#(), QaT#())
 Dim n&, m&, i&, j&
 n = UBound(Qa, 1)
 m = UBound(Qa, 2)
 For i = 1 To n
  For j = 1 To m
    QaT(j, i) = Qa(i, j)
  Next j
 Next i
End Sub


'Form_Load()事件实现源椭球系和目标椭球系显示项目的加载
Private Sub Form_Load()
 cmb_ytq. AddItem "北京 54"
 cmb_ytq. AddItem "西安 80"
 cmb_ytq. AddItem "国家 2000"
 cmb_ytq. AddItem "WGS 84"
 cmb_ytq. AddItem "自定义"
 ya(0) = 6 378 245：yf(0) = 298. 3
 ya(1) = 6 378 140：yf(1) = 298. 257
 ya(2) = 6 378 137：yf(2) = 298. 257 222 101
```

```
ya(3) = 6 378 137：yf(3) = 298. 257 223 563
ya(4) = 6 378 245：yf(4) = 298. 3
cmb_ytq. ListIndex = 3 '给定初值
Txt_yA. Text = "6 378 137"
Txt_yF. Text = "298. 257 223 563"
cmb_mtq. AddItem "北京 54"
cmb_mtq. AddItem "西安 80"
cmb_mtq. AddItem "国家 2000"
cmb_mtq. AddItem "WGS 84"
cmb_mtq. AddItem "自定义"
cmb_mtq. ListIndex = 1 '给定初值
ma(0) = 6 378 245：mf(0) = 298. 3
ma(1) = 6 378 140：mf(1) = 298. 257
ma(2) = 6 378 137：mf(2) = 298. 257 222 101
ma(3) = 6 378 137：mf(3) = 298. 257 223 563
ma(4) = 6 378 245：mf(4) = 298. 3
Txt_mA. Text = "6 378 140"
Txt_mF. Text = "298. 257"
opn_scs. Value = True
End Sub


'opn_scs_Click( )事件完成四参数 Gird1 表格的初始化设置
Private Sub opn_scs_Click( )
Grid1. Rows = 2
Grid1. Cols = 6
Grid1. Clear
Grid1. ColWidth(0) = 500
Grid1. ColWidth(1) = 1 000
For i = 2 To 5
 Grid1. ColWidth(i) = 1 800
Next i
Grid1. TextMatrix(0, 0) = "标识"
Grid1. TextMatrix(0, 1) = "点名"
Grid1. TextMatrix(0, 2) = "源 X 坐标"
Grid1. TextMatrix(0, 3) = "源 Y 坐标"
Grid1. TextMatrix(0, 4) = "目标 X 坐标"
Grid1. TextMatrix(0, 5) = "目标 Y 坐标"
Lab_yx. Caption = "X:"
```

```
  Lab_yy. Caption = "Y:"
  txt_yh. Enabled = False
  Lab_mx. Caption = "X:"
  Lab_my. Caption = "Y:"
  txt_mh. Enabled = False
  txt_gs = "点名, X 坐标, Y 坐标"
End Sub

'opn_qcs_Click( )事件完成七参数 Gird1 表格的初始化设置
Private Sub opn_qcs_Click( )
  Grid1. Rows = 2
  Grid1. Cols = 8
  Grid1. Clear
  Grid1. ColWidth(0) = 500
  Grid1. ColWidth(1) = 800
  For i = 2 To 7
   Grid1. ColWidth(i) = 1 250
  Next i
  Grid1. TextMatrix(0, 0) = "标识"
  Grid1. TextMatrix(0, 1) = "点名"
  Grid1. TextMatrix(0, 2) = "源大地纬度 B"
  Grid1. TextMatrix(0, 3) = "源大地经度 L"
  Grid1. TextMatrix(0, 4) = "源大地高 H"
  Grid1. TextMatrix(0, 5) = "目标大地纬度 B"
  Grid1. TextMatrix(0, 6) = "目标大地经度 L"
  Grid1. TextMatrix(0, 7) = "目标大地高 H"
  Lab_yx. Caption = "纬度 B:"
  Lab_yy. Caption = "经度 L:"
  txt_yh. Enabled = True
  Lab_mx. Caption = "纬度 B:"
  Lab_my. Caption = "经度 L:"
  txt_mh. Enabled = True
  txt_gs = "点名, 纬度, 经度, 大地高"
End Sub

'cmb_ytq_Click( )事件完成源椭球系的选择
Private Sub cmb_ytq_Click( )
  Dim i%
```

```
      i = cmb_ytq. ListIndex
      Txt_yA. Text = Trim(Str(ya(i)))
      Txt_yF. Text = Trim(Str(yf(i)))
      If i <> 4 Then
        Txt_yA. Enabled = False
        Txt_yF. Enabled = False
        chk_ytq. Enabled = False
      Else
        Txt_yA. Enabled = True
        Txt_yF. Enabled = True
        chk_ytq. Enabled = True
      End If
    End Sub


'chk_ytq_Click()事件完成源椭球系自定义参数的设置
    Private Sub chk_ytq_Click()
      If chk_ytq Then
        ya(4) = Val(Txt_yA. Text)
        yf(4) = Val(Txt_yF. Text)
      End If
    End Sub


'cmb_mtq_Click()事件完成目标椭球系的选择
    Private Sub cmb_mtq_Click()
      Dim i%
      i = cmb_mtq. ListIndex
      Txt_mA. Text = Trim(Str(ma(i)))
      Txt_mF. Text = Trim(Str(mf(i)))
      If i <> 4 Then
        Txt_mA. Enabled = False
        Txt_mF. Enabled = False
        chk_mtq. Enabled = False
      Else
        Txt_mA. Enabled = True
        Txt_mF. Enabled = True
        chk_mtq. Enabled = True
      End If
    End Sub
```

'chk_mtq_Click()事件实现目标椭球系自定义参数的设置

```vb
Private Sub chk_mtq_Click()
  If chk_mtq Then
    ma(4) = Val(Txt_mA. Text)
    mf(4) = Val(Txt_mF. Text)
  End If
End Sub
```

'Cmd_dk1_Click()事件将指定文件中的内容输出到 Grid1 表格

```vb
Private Sub Cmd_dk1_Click()
  Dim jl$, i&, s&, c$(), n%
  If opn_scs. Value = True Then
    CDg1. Filter = "四参数文件( * . scs)| * . scs| "
  Else
    CDg1. Filter = "七参数文件( * . qcs)| * . qcs| "
  End If
  CDg1. FilterIndex = 1
  CDg1. ShowOpen
  If CDg1. FileName <> " " Then
    Txt_dk_xj = Trim(CDg1. FileName)
    Grid1. Rows = 2
    Open CDg1. FileName For Input As #1
    s = 0
    Do While Not EOF(1)
     Line Input #1, jl
     If Trim(jl) <> " " Then
      s = s + 1
      c = Split(Trim(jl), ",")
      n = UBound(c, 1)
       '文件格式检查，如错误则退出
      If (opn_scs. Value And n <> 5) Or (opn_qcs. Value And n <> 7) Then
      MsgBox "文件格式不对!"
      Close #1
      Exit Sub
      End If

      If Val(c(0)) <> 0 Then
```

```vb
            Grid1. TextMatrix(s, 0) = "√"
          Else
            Grid1. TextMatrix(s, 0) = ""
          End If
          If opn_scs. Value Then
            For i = 1 To 5
              Grid1. TextMatrix(s, i) = Trim(c(i))
            Next i
          Else
            For i = 1 To 7
              Grid1. TextMatrix(s, i) = Trim(c(i))
            Next i
          End If
          Grid1. AddItem ""
        End If
      Loop
      Close #1
    End If
  End Sub


'cmd_xj1_Click()事件新建一个文件，用于保存 Grid1 表格的内容
  Private Sub cmd_xj1_Click()
    Dim jl As String
    Dim xx As Integer
  Line1：
    CDg1. FileName = ""
    If opn_scs. Value = True Then
      CDg1. Filter = "四参数文件（ * . scs）| * . scs | "
    Else
      CDg1. Filter = "七参数文件（ * . qcs）| * . qcs | "
    End If
    CDg1. FilterIndex = 1
    CDg1. ShowSave
    If CDg1. FileName <> "" Then
      If Dir( CDg1. FileName) = "" Then
        Txt_dk_xj = Trim( CDg1. FileName)
      Else
        If FileLen( CDg1. FileName) = 0 Then
```

212

```
        Txt_dk_xj = Trim(CDg1.FileName)
    Else
        xx = MsgBox(filesavename + "已存在。要替换它吗?", 4, "另存为")
        If xx = 7 Then
            GoTo Line1
        Else
            Txt_dk_xj = Trim(CDg1.FileName)
        End If
    End If
  End If
 End If
End Sub


'Grid1_Click()事件将表格中所选行的内容显示到文本框中
Private Sub Grid1_Click()
  If opn_scs.Value = True Then '四参数
    txt_dm.Text = Grid1.TextMatrix(Grid1.row, 1)
    txt_yx.Text = Grid1.TextMatrix(Grid1.row, 2)
    txt_yy.Text = Grid1.TextMatrix(Grid1.row, 3)
    txt_mx.Text = Grid1.TextMatrix(Grid1.row, 4)
  ElseIf opn_qcs.Value = True Then '七参数
    txt_dm.Text = Grid1.TextMatrix(Grid1.row, 1)
    txt_yx.Text = Grid1.TextMatrix(Grid1.row, 2)
    txt_yy.Text = Grid1.TextMatrix(Grid1.row, 3)
    txt_yh.Text = Grid1.TextMatrix(Grid1.row, 4)
    txt_mx.Text = Grid1.TextMatrix(Grid1.row, 5)
    txt_my.Text = Grid1.TextMatrix(Grid1.row, 6)
    txt_mh.Text = Grid1.TextMatrix(Grid1.row, 7)
  End If
End Sub


'Grid1_DblClick()事件实现表格中某行数据是否参与转换参数求解的设置
Private Sub Grid1_DblClick()
  If Grid1.Col = 0 And Grid1.row <= Grid1.Rows - 2 Then
    If Trim(Grid1.TextMatrix(Grid1.row, 0)) <> "√" Then
      Grid1.TextMatrix(Grid1.row, 0) = "√"
    Else
      Grid1.TextMatrix(Grid1.row, 0) = ""
```

```
      End If
     End If
   End Sub


'cmd_tj_Click()事件实现向 Grid1 表格中新增加一条记录
Private Sub cmd_tj_Click()
  Dim cntRows&
  cntRows = Grid1. Rows - 1
  If opn_scs. Value = True Then
    Grid1. TextMatrix(cntRows, 0) = "√"
    Grid1. TextMatrix(cntRows, 1) = Trim(txt_dm. Text)
    Grid1. TextMatrix(cntRows, 2) = Format(Val(txt_yx. Text), "0. 000 0")
    Grid1. TextMatrix(cntRows, 3) = Format(Val(txt_yy. Text), "0. 000 0")
    Grid1. TextMatrix(cntRows, 4) = Format(Val(txt_mx. Text), "0. 000 0")
    Grid1. TextMatrix(cntRows, 5) = Format(Val(txt_my. Text), "0. 000 0")
   Else
    Grid1. TextMatrix(cntRows, 0) = "√"
    Grid1. TextMatrix(cntRows, 1) = Trim(txt_dm. Text)
    Grid1. TextMatrix(cntRows, 2) = Format(Val(txt_yx. Text), "0. 000 000 000")
    Grid1. TextMatrix(cntRows, 3) = Format(Val(txt_yy. Text), "0. 000 000 000")
    Grid1. TextMatrix(cntRows, 4) = Format(Val(txt_yh. Text), "0. 000 0")
    Grid1. TextMatrix(cntRows, 5) = Format(Val(txt_mx. Text), "0. 000 000 000")
    Grid1. TextMatrix(cntRows, 6) = Format(Val(txt_my. Text), "0. 000 000 000")
    Grid1. TextMatrix(cntRows, 7) = Format(Val(txt_mh. Text), "0. 000 0")
   End If
  Grid1. AddItem " "
End Sub


'cmd_gx_Click()事件实现 Grid1 表格中有效选择行内容的更新
Private Sub cmd_gx_Click()
  If Grid1. RowSel = Grid1. Rows - 1 Then
    MsgBox "没有选择有效数据行!"
    Exit Sub
   End If
  If opn_scs. Value = True Then
    Grid1. TextMatrix(Grid1. row, 1) = Trim(txt_dm. Text)
    Grid1. TextMatrix(Grid1. row, 2) = Format(Val(txt_yx. Text), "0. 000 0")
    Grid1. TextMatrix(Grid1. row, 3) = Format(Val(txt_yy. Text), "0. 000 0")
```

214

```
    Grid1. TextMatrix( Grid1. row, 4) = Format( Val( txt_mx. Text) , "0. 000 0" )
    Grid1. TextMatrix( Grid1. row, 5) = Format( Val( txt_my. Text) , "0. 000 0" )
  Else
    Grid1. TextMatrix( Grid1. row, 1) = Trim( txt_dm. Text)
    Grid1. TextMatrix( Grid1. row, 2) = Format( Val( txt_yx. Text) , "0. 000 000 000" )
    Grid1. TextMatrix( Grid1. row, 3) = Format( Val( txt_yy. Text) , "0. 000 000 000" )
    Grid1. TextMatrix( Grid1. row, 4) = Format( Val( txt_yh. Text) , "0. 000 0" )
    Grid1. TextMatrix( Grid1. row, 5) = Format( Val( txt_mx. Text) , "0. 000 000 000" )
    Grid1. TextMatrix( Grid1. row, 6) = Format( Val( txt_my. Text) , "0. 000 000 000" )
    Grid1. TextMatrix( Grid1. row, 7) = Format( Val( txt_mh. Text) , "0. 000 0" )
  End If
End Sub


'cmd_sc_Click( )事件实现 Grid1 表格中选定行的删除
Private Sub cmd_sc_Click( )
  Dim xx As Integer
  If Grid1. RowSel = Grid1. Rows － 1 Then
    MsgBox "没有选择有效数据行!"
    Exit Sub
  End If
  xx = MsgBox( "确定要删除第" + Str( Grid1. RowSel) + "行," + "点名为“" +
Grid1. TextMatrix( xzh, 1) + ""的数据吗?" , 4, "确认" )
  If xx <> 7 Then
    Grid1. RemoveItem ( Grid1. RowSel)
  End If
End Sub


'cmd_bc_Click( )事件实现将 Grid1 表格中的内容保存到指定文件中
Private Sub cmd_bc_Click( )
  Dim jl $ , i&, j&
  If Trim( Txt_dk_xj. Text) <> "" And Grid1. Rows － 2 > 0 Then
    Open Txt_dk_xj. Text For Output As #1
    For i = 1 To Grid1. Rows － 2
    If Trim( Grid1. TextMatrix( i, 0) ) = "√" Then
      jl = "1,"
    Else
      jl = "0,"
    End If
```

```
    If opn_scs. Value = True Then
      For j = 1 To 4
       jl = jl + Grid1. TextMatrix(i, j) + ","
      Next j
       jl = jl + Grid1. TextMatrix(i, 5)
      Else
       For j = 1 To 6
       jl = jl + Grid1. TextMatrix(i, j) + ","
       Next j
       jl = jl + Grid1. TextMatrix(i, 7)
      End If
      Print #1, jl
     Next i
     Close #1
    Else
     MsgBox "没有打开或新建的文件或数据为空!"
    End If
End Sub


' cmd_js_Click( ) 事件完成四参数或七参数的计算
Private Sub cmd_js_Click( )
  Dim i&, k&, bz1&, bz2&, count_n&
  Dim L#( ), mm#( ), aat#( ), aat1#( ), aatt1#( )
  Dim wd#, jd#, h#, X#, Y#, z#, HH#, xt#, yt#, zt#
  Dim a#( ), at#( ), dx#, dy#, dz#
  count_n = 0
  bz1 = 0
  For i = 1 To Grid1. Rows - 2 '统计参数计算公共点的个数
   If Trim(Grid1. TextMatrix(i, 0)) = "√" Then
    count_n = count_n + 1
    If bz1 <> 0 Then
     bz2 = i
    Else
     bz1 = i
    End If
   End If
  Next i
  If count_n = 0 Then '公共点为 0, 退出过程
```

216

```vb
        MsgBox "没有公共点数据，请检查!"
        Exit Sub
    End If
  If opn_scs. Value = True Then    '四参数计算
    If count_n = 1 Then
    Txt_scdx = Trim(Str(Val(Grid1. TextMatrix(bz1, 4)) - Val(Grid1. TextMatrix(bz1, 2)))))
    Txt_scdy = Trim(Str(Val(Grid1. TextMatrix(bz1, 5)) - Val(Grid1. TextMatrix(bz1, 3)))))
    Txt_scda = "0. 000 000 000 000"
    Txt_sck = "1"
    Else
    ReDim a(2 * count_n, 4)
    ReDim at(4, 2 * count_n)
    ReDim aatt1(4, 2 * count_n)
    ReDim L(2 * count_n)
    ReDim mm#(4)
    ReDim aat#(4, 4)
    ReDim aat1#(4, 4)
    count_n = 0
    For i = 1 To Grid1. Rows - 2
     If Trim(Grid1. TextMatrix(i, 0)) = "√" Then
      count_n = count_n + 1
      k = 2 * count_n
      a(k - 1, 1) = 1
      a(k - 1, 2) = 0
      a(k - 1, 3) = -Val(Grid1. TextMatrix(i, 3))
      a(k - 1, 4) = Val(Grid1. TextMatrix(i, 2))
      L(k - 1) = Val(Grid1. TextMatrix(i, 4))
      a(k, 1) = 0
      a(k, 2) = 1
      a(k, 3) = Val(Grid1. TextMatrix(i, 2))
      a(k, 4) = Val(Grid1. TextMatrix(i, 3))
      L(k) = Val(Grid1. TextMatrix(i, 5))
     End If
    Next i
    Call jzzz(a, at)
    Call jzxc(at, a, aat)
```

```
        Call jzqn( aat, aat1)

        Call jzxc( aat1, at, aatt1)

        Call jzxc( aatt1, L, mm)

        Txt_scdx. Text = Format( mm(1), "0. 000 0")

        Txt_scdy. Text = Format( mm(2), "0. 000 0")

        Txt_scda. Text = Format(( pi / 2 * ( 2 - Sgn( mm(3) + 10 ^ -10)) - Atn( mm(4) /
( mm(3) + 10 ^ -10))) * 180 / pi * 3 600, "0. 000 000 0")

        Txt_sck. Text = Format( Sqr( mm(3) ^ 2 + mm(4) ^ 2), "0. 000 000 00")

      End If

    End If

  If opn_qcs. Value = True Then '七参数计算

    If count_n = 1 Then '1 个公共点的计算

    '函数 jdzh( )的代码见第五章中案例 5 的"2. 角度单位转换",下同

    wd =jdzh( Val( Grid1. TextMatrix( bz1, 2)))

    jd =jdzh( Val( Grid1. TextMatrix( bz1, 3)))

    h = Val( Grid1. TextMatrix( bz1, 4))

    Call BLH _ XYZ ( wd, jd, h, X, Y, z, ya ( cmb _ ytq. ListIndex), yf ( cmb _
ytq. ListIndex))

    wd =jdzh( Val( Grid1. TextMatrix( bz1, 5)))

    jd =jdzh( Val( Grid1. TextMatrix( bz1, 6)))

    h = Val( Grid1. TextMatrix( bz1, 7))

    Call BLH _ XYZ ( wd, jd, h, xt, yt, zt, ma ( cmb _ mtq. ListIndex), mf ( cmb _
mtq. ListIndex))

    Txt_qcdx. Text = Format( xt - X, "0. 000 0")

    Txt_qcdy. Text = Format( yt - Y, "0. 000 0")

    Txt_qcdz. Text = Format( zt - z, "0. 000 0")

    Txt_qck. Text = "0. 000 000 0"

    Txt_qcdax. Text = "0. 000 000 0"

    Txt_qcday. Text = "0. 000 000 0"

    Txt_qcdaz. Text = "0. 000 000 0"

    ElseIf count_n = 2 Then '2 个公共点的计算

    wd =jdzh( Val( Grid1. TextMatrix( bz1, 2)))

    jd =jdzh( Val( Grid1. TextMatrix( bz1, 3)))

    h = Val( Grid1. TextMatrix( bz1, 4))

    Call BLH _ XYZ ( wd, jd, h, X, Y, z, ya ( cmb _ ytq. ListIndex), yf ( cmb _
ytq. ListIndex))

    wd =jdzh( Val( Grid1. TextMatrix( bz1, 5)))

    jd =jdzh( Val( Grid1. TextMatrix( bz1, 6)))
```

```
h = Val(Grid1. TextMatrix(bz1, 7))
Call BLH _ XYZ (wd, jd, h, xt, yt, zt, ma (cmb _ mtq. ListIndex), mf (cmb _
mtq. ListIndex))
dx = xt − X
dy = yt − Y
dz = zt − z
wd = jdzh(Val(Grid1. TextMatrix(bz2, 2)))
jd = jdzh(Val(Grid1. TextMatrix(bz2, 3)))
h = Val(Grid1. TextMatrix(bz2, 4))
Call BLH _ XYZ (wd, jd, h, X, Y, z, ya (cmb _ ytq. ListIndex), yf (cmb _
ytq. ListIndex))
wd = jdzh(Val(Grid1. TextMatrix(bz2, 5)))
jd = jdzh(Val(Grid1. TextMatrix(bz2, 6)))
h = Val(Grid1. TextMatrix(bz2, 7))
Call BLH _ XYZ (wd, jd, h, xt, yt, zt, ma (cmb _ mtq. ListIndex), mf (cmb _
mtq. ListIndex))
dx = (dx + xt − X) / 2
dy = (dy + yt − Y) / 2
dz = (dz + zt − z) / 2
Txt_qcdx. Text = Format(dx, "0. 000 000 000 0")
Txt_qcdy. Text = Format(dy, "0. 000 000 000 0")
Txt_qcdz. Text = Format(dz, "0. 000 000 000 0")
Txt_qck. Text = "0. 000 000 000 000"
Txt_qcdax. Text = "0. 000 000 000 000"
Txt_qcday. Text = "0. 000 000 000 000"
Txt_qcdaz. Text = "0. 000 000 000 000"
ElseIf count_n >= 3 Then '3 个及以上公共点的计算
ReDim a(3 * count_n, 7)
ReDim at(7, 3 * count_n)
ReDim aatt1(7, 3 * count_n)
ReDim L(3 * count_n)
ReDim mm#(7)
ReDim aat#(7, 7)
ReDim aat1#(7, 7)
count_n = 0
For i = 1 To Grid1. Rows − 2
  If Left(Grid1. TextMatrix(i, 0), 1) = "√" Then
    count_n = count_n + 1
```

```
        wd = jdzh( Val( Grid1. TextMatrix( i, 2 ) ) )
        jd = jdzh( Val( Grid1. TextMatrix( i, 3 ) ) )
        h = Val( Grid1. TextMatrix( i, 4 ) )
        Call BLH _ XYZ ( wd, jd, h, X, Y, z, ya ( cmb _ ytq. ListIndex ), yf ( cmb _
ytq. ListIndex ) )
        k = 3 * count_n
        a( k - 2, 1 ) = 1: a( k - 2, 2 ) = 0: a( k - 2, 3 ) = 0: a( k - 2, 4 ) = X
        a( k - 2, 5 ) = 0: a( k - 2, 6 ) = -z: a( k - 2, 7 ) = Y
        a( k - 1, 1 ) = 0: a( k - 1, 2 ) = 1: a( k - 1, 3 ) = 0: a( k - 1, 4 ) = Y
        a( k - 1, 5 ) = z: a( k - 1, 6 ) = 0: a( k - 1, 7 ) = -X
        a( k, 1 ) = 0: a( k, 2 ) = 0: a( k, 3 ) = 1: a( k, 4 ) = z
        a( k, 5 ) = -Y: a( k, 6 ) = X: a( k, 7 ) = 0
        wd = jdzh( Val( Grid1. TextMatrix( i, 5 ) ) )
        jd = jdzh( Val( Grid1. TextMatrix( i, 6 ) ) )
        h = Val( Grid1. TextMatrix( i, 7 ) )
        Call BLH _ XYZ ( wd, jd, h, xt, yt, zt, ma ( cmb _ mtq. ListIndex ), mf ( cmb _
mtq. ListIndex ) )
        L( k - 2 ) = xt - X
        L( k - 1 ) = yt - Y
        L( k ) = zt - z
       End If
      Next i
      Call jzzz( a, at )
      Call jzxc( at, a, aat )
      Call jzqn( aat, aat1 )
      Call jzxc( aat1, at, aatt1 )
      Call jzxc( aatt1, L, mm )
      Txt_qcdx. Text = Format( mm( 1 ), "0. 000 000 000 000" )
      Txt_qcdy. Text = Format( mm( 2 ), "0. 000 000 000 000" )
      Txt_qcdz. Text = Format( mm( 3 ), "0. 000 000 000 000" )
      Txt_qck. Text = Format( mm( 4 ) * 10 ^ 6, "0. 000 000 000 000" )
      Txt_qcdax. Text = Format( mm( 5 ) * 180 / pi * 3 600, "0. 000 000 000 000" )
      Txt_qcday. Text = Format( mm( 6 ) * 180 / pi * 3 600, "0. 000 000 000 000" )
      Txt_qcdaz. Text = Format( mm( 7 ) * 180 / pi * 3 600, "0. 000 000 000 000" )
     End If
    End If
   End Sub
```

220

```vb
'Cmd_dzh_Click()事件实现单点坐标四参数或七参数的转换
Private Sub Cmd_dzh_Click()
 Dim jl$ , i&, s&, c As Variant
 Dim dx#, dy#, dz#, q#, p#, xt#, yt#, zt#
 Dim dk#, dax#, day#, daz#, wd#, jd#, h#
 Dim X#, Y#, z#
 If opn_scs. Value = True Then  '四参数转换参数
  dx = Val(Txt_scdx. Text)
  dy = Val(Txt_scdy. Text)
  p = Val(Txt_sck. Text) * Sin(Val(Txt_scda. Text) / hdm)
  q = Val(Txt_sck. Text) * Cos(Val(Txt_scda. Text) / hdm)
  xt = dx - Val(txt_yy. Text) * p + Val(txt_yx. Text) * q
  yt = dy + Val(txt_yx. Text) * p + Val(txt_yy. Text) * q
  txt_mx = Format(xt, "0. 000 000")
  txt_my = Format(yt, "0. 000 000")
 ElseIf opn_qcs. Value = True Then
  dx = Val(Txt_qcdx. Text)
  dy = Val(Txt_qcdy. Text)
  dz = Val(Txt_qcdz. Text)
  dk = Val(Txt_qck. Text) / 10 ^ 6
  dax = Val(Txt_qcdax. Text) / hdm
  day = Val(Txt_qcday. Text) / hdm
  daz = Val(Txt_qcdaz. Text) / hdm
  wd = jdzh(Val(txt_yx. Text))
  jd = jdzh(Val(txt_yy. Text))
  h = Val(txt_yh. Text)
  Call BLH_XYZ(wd, jd, h, X, Y, z, ya(cmb_ytq. ListIndex), yf(cmb_ytq. ListIndex))
  xt = X + dx + X * dk - z * day + Y * daz
  yt = Y + dy + Y * dk + z * dax - X * daz
  zt = z + dz + z * dk - Y * dax + X * day
  Call XYZ _ BLH ( xt, yt, zt, wd, jd, h, ma ( cmb _ mtq. ListIndex ), mf ( cmb _
mtq. ListIndex))
   txt_mx. Text = Format(jdzh(wd, 2, 4), "0. 000 000 000 000")
   txt_my. Text = Format(jdzh(jd, 2, 4), "0. 000 000 000 000")
   txt_mh. Text = Format(h, "0. 000 000")
 End If
End Sub


'Cmd_dk2_Click()事件将所要进行数据转换的文件名显示到文本框中
```

```vb
Private Sub Cmd_dk2_Click()
  Dim jl$, i&, s&, c As Variant
  If opn_scs.Value = True Then
    CDg1.Filter = "四参数文件（*.scs）| *.scs| "
  Else
    CDg1.Filter = "七参数文件（*.qcs）| *.qcs| "
  End If
  CDg1.FilterIndex = 1
  CDg1.ShowOpen
  If CDg1.FileName <> "" Then
    txt_dk2 = Trim(CDg1.FileName)
  End If
End Sub


'cmd_xj2_Click()事件将要保存转换后数据的文件名显示到文本框中
Private Sub cmd_xj2_Click()
  Dim jl As String
  Dim xx As Integer
Line1:
  CDg1.FileName = ""
  If opn_scs.Value = True Then
    CDg1.Filter = "四参数文件（*.scs）| *.scs| "
  Else
    CDg1.Filter = "七参数文件（*.qcs）| *.qcs| "
  End If
  CDg1.FilterIndex = 1
  CDg1.ShowSave
  If CDg1.FileName <> "" Then
    If Dir(CDg1.FileName) = "" Then
      txt_xj2 = Trim(CDg1.FileName)
    Else
      If FileLen(CDg1.FileName) = 0 Then
        txt_xj2 = Trim(CDg1.FileName)
      Else
        xx = MsgBox(filesavename + "已存在。要替换它吗?", 4, "另存为")
        If xx = 7 Then
          GoTo Line1
        Else
          txt_xj2 = Trim(CDg1.FileName)
        End If
```

```
      End If
    End If
  End If
End Sub

'cmd_pzh_Click()事件实现四参数或七参数的批量转换
Private Sub cmd_pzh_Click()
 Dim jl$, i&, s&, c As Variant
 Dim dx#, dy#, dz#, q#, p#, xt#, yt#, zt#
 Dim dk#, dax#, day#, daz#, wd#, jd#, h#
 Dim X#, Y#, z#
 If Trim(txt_dk2. Text) <> "" And Trim(txt_xj2. Text) <> "" Then
  Open txt_dk2. Text For Input As #1
  Open txt_xj2. Text For Output As #2
  If opn_scs. Value = True Then '四参数转换参数
   dx = Val(Txt_scdx. Text)
   dy = Val(Txt_scdy. Text)
   p = Val(Txt_sck. Text) * Sin(Val(Txt_scda. Text) / hdm)
   q = Val(Txt_sck. Text) * Cos(Val(Txt_scda. Text) / hdm)
  Else If opn_qcs. Value = True Then
   dx = Val(Txt_qcdx. Text)
   dy = Val(Txt_qcdy. Text)
   dz = Val(Txt_qcdz. Text)
   dk = Val(Txt_qck. Text) / 10 ^ 6
   dax = Val(Txt_qcdax. Text) / hdm
   day = Val(Txt_qcday. Text) / hdm
   daz = Val(Txt_qcdaz. Text) / hdm
  End If
  Do While Not EOF(1)
   Line Input #1, jl
   If Trim(jl) <> "" Then
    c = Split(Trim(jl), ",")
    If opn_scs. Value = True Then '四参数转换
     xt = dx - Val(c(2)) * p + Val(c(1)) * q
     yt = dy + Val(c(1)) * p + Val(c(2)) * q
     Print #2, c(0) + "," + Format(xt, "0.000 0") + "," + Format(yt, "0.000 0")
    ElseIf opn_qcs. Value = True Then '七参数转换
     wd =jdzh(Val(c(1)))
     jd =jdzh(Val(c(2)))
     h = Val(c(3))
     Call BLH_XYZ(wd, jd, h, X, Y, z, ya(cmb_ytq. ListIndex), yf(cmb_
```

ytq. ListIndex))

$$xt = X + dx + X * dk - z * day + Y * daz$$
$$yt = Y + dy + Y * dk + z * dax - X * daz$$
$$zt = z + dz + z * dk - Y * dax + X * day$$

Call XYZ _ BLH (xt, yt, zt, wd, jd, h, ma (cmb _ mtq. ListIndex), mf (cmb _ mtq. ListIndex))

Print #2, c(0) + "," + Format(jdzh(wd, 2, 4), "0. 000 000 000 0") + "," + Format(jdzh(jd, 2, 4), "0. 000 000 000 0") + "," + Format(h, "0. 000 00")

```
        End If
       End If
      Loop
      Close #1
      Close #2
      MsgBox "转换成功, 请检查!"
     Else
      MsgBox "没有打开或新建的文件!"
     End If
    End Sub

'cmd_tc_Click()事件退出界面
Private Sub cmd_tc_Click()
   Unload Me
End Sub
```

3. 运行结果

程序运行后界面如图 8-6 所示。

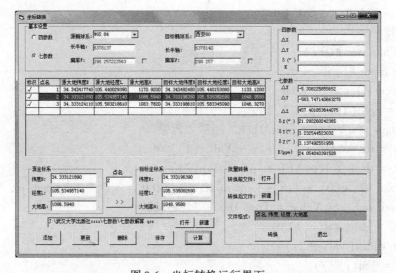

图 8-6 坐标转换运行界面

第五节　数据格式转换

在测绘生产中，对于同类问题的数据处理，由于使用的软件不同，其数据格式也不完全一致，因此，往往涉及不同文件格式之间的转换。本节主要介绍南方 CASS 权属文件与 MapGIS 地籍数据文件之间的格式转换，并完成相关程序设计。

一、数据格式

1. 南方 CASS 权属文件格式

CASS 7.0 权属文件的扩展名是 .qs，该文件可利用绘制的权属图生成，内容包括宗地号、宗地名、土地类别、界址点及其坐标等。这可用来绘制权属图和输出地籍报表，同时也可以用来与其他软件地籍文件格式的交换。该文件的数据格式如图 8-7 所示。

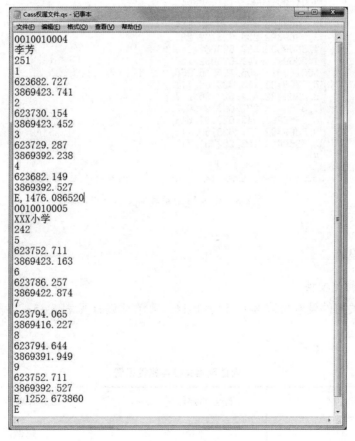

图 8-7　CASS 地籍权属数据文本格式

第一行为宗地编号；第二行为权利人，第三行为土地类别编码，下一行开始为界址点号，界址点坐标 Y(东方向)，界址点坐标 X(北方向)，界址点结束的下一行的字母 E 为宗地结束标志；文件最后一行的字母 E 为文件结束标志；界址点坐标的单位为"m"。每块宗地结束行的字母 E 后面是可选项，表示宗地面积，用逗号隔开。

2. MapGIS 地籍文件格式

MapGIS 地籍文件的扩展名为 .zd，该文件可利用 MapGIS 数字测图绘制的权属图生成，也可直接使用纯文本编辑根据野外测绘得到的界址点数据生成，文本格式如下：对于每一个宗地，第一行为宗地号，前面带#标志，紧接着是"宗地号"、"面积"、"地类"、"权利人"，以后为可选项，用逗号隔开。下面各行为每个界，址点的"点号"、"X 坐标"、"Y 坐标"、"界址点类型"、"界址点等级"，一个文件可以记录多个宗地，文件以"##"结尾。需要注意的是界址点的坐标系是测量坐标系(与正常的 X、Y 顺序相反)。该文件的数据格式如图 8-8 所示。

图 8-8　MapGIS 地籍数据文本格式

二、程序设计

1. 窗体及相关控件

窗体及相关控件设置见表 8-13 和表 8-14，菜单项设计见表 8-15；界面设计如图 8-9 和图 8-10 所示。

表 8-13　　　　　　　　　　　　　　　窗体及相关控件属性设置

默认控件名	设置的控件名(Name)	标题(Caption)
Form1	frm_zh	数据格式转换
Form2	frm_sz	参数设置

表 8-14 窗体界面内控件属性设置

框架	默认控件名	设置的控件名(Name)	标题(Caption)
frm_zh (Caption="数据格式转换")	RichTextBox1	rtb_sj	—
frm_sz (Caption="参数设置")	Label1	Label1	街道位数
	Label2	Label2	街坊位数
	Text1	txt_jdws	—
	Text2	txt_jfws	—
	Command1	cmd_qd	确定
	Command2	cmd_qx	取消

表 8-15 窗体(frm_zh)中的菜单设计

菜单项	名称	快捷键	菜单项	名称	快捷键
文件	mnu_wj		…文件不允许编辑	mnu_bj	Ctrl+B
… 打开…	mnu_dk	Ctrl+O	格式转换	mnu_zh	
… 保存	mnu_bc	Ctrl+S	…CASS→MapGIS	mnu_cm	Ctrl+C
参数设置	mnu_sz		…MapGIS→CASS	mnu_mc	Ctrl+M
… 地籍参数…	mnu_djcs	Ctrl+D			

需要注意的是，RichTextBox1 控件的加载过程是：点击菜单"工程"→"部件(O)…"，在"控件"页面选中"Microsoft Rich Textbox Control 6.0 (SP6)"选项后，点击"确定"，则该编辑框控件出现在工具箱中，用法同其他控件。

图 8-9 数据转换工具的界面

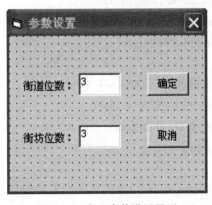

图 8-10 宗地参数设置界面

227

2. 程序代码

程序代码设计如下：

在 VB 窗体界面下点击"工程"→"添加模块(M)"，并在新建模块的通用中声明全局变量，用于存放街道、街坊和宗地的位数，其代码如下：

Public jdws%, jfws%, fname$

①窗体 frm_zh(Caption = "数据格式转换")中的程序代码为：

```
Option Explicit
'Form_Load()事件对窗体大小和地籍参数进行初始化设置
Private Sub Form_Load()
  Me. Height = 8 000
  Me. Width = 10 000
  jdws = 3
  jfws = 3
End Sub


'Form_Resize()事件对编辑框的位置和大小进行设置
Private Sub Form_Resize()
  On Error Resume Next '出错处理
  rtb_sj. Top = 80
  rtb_sj. Left = 2
  rtb_sj. Height = ScaleHeight − 100
  rtb_sj. Width = ScaleWidth − 4
End Sub


'mnu_dk_Click()事件打开 CASS 权属文件，并输出到编辑框 rtb_sj 中
Private Sub mnu_dk_Click()
  Dialog1. Filter = "权属文档( * . qs) | * . qs | 宗地文件( * . zd) | * . zd"
  Dialog1. ShowOpen
  rtb_sj. Text = " " '清空文本框
  fname = Trim( Dialog1. FileName)
  frm_zh. Caption = fname
  rtb_sj. LoadFile fname
End Sub


'mnu_bc_Click()事件将编辑框中的内容保存到文件
Private Sub mnu_bc_Click()
  If fname <> " " Then
```

```
      Open fname For Output As #1
      Print #1, rtb_sj. Text
      Close #1
      Exit Sub
    End If
    Dialog1. ShowSave
    fname = Trim(Dialog1. FileName)
    If fname = "" Then
      Exit Sub
    End If
    Open fname For Output As #1
    Print #1, rtb_sj. Text
    Close #1
End Sub


'mnu_djcs_Click()事件装载并显示 frm_sz 窗体
Private Sub mnu_djcs_Click()
    frm_sz. Show
End Sub


'mnu_bj_Click()事件对编辑框是否可以操作进行设置
Private Sub mnu_bj_Click()
  If mnu_bj. Caption <> "√文件不允许编辑" Then
    mnu_bj. Caption = "√文件不允许编辑"
    frm_zh. rtb_sj. Locked = True
  Else
    mnu_bj. Caption = "文件不允许编辑"
    frm_zh. rtb_sj. Locked = False
  End If
End Sub


'mnu_cm_Click()事件完成由 CASS 权属文件向 MapGIS 地籍文件的格式转换
Private Sub mnu_cm_Click()
  If fname = "" Or Trim(rtb_sj. Text) = "" Then
    MsgBox "文件没保存或数据为空!"
    Exit Sub
  Else
    Call mnu_bc_Click
```

```
End If
Dim zdh $ , syz $ , dl $ , zdmj $ , bz $
Dim i% , e $ , n% , m% , jzd $ ( ) , c $ ( )
Open fname For Input As #1
rtb_sj. Text = " "
Do While Not EOF(1)
  Line Input #1 , zdh    '读入宗地号
  If zdh = " E" Then
   Exit Do
  End If
  Line Input #1 , syz    '读入使用者
  Line Input #1 , dl    '读入地类
  If IsNumeric(dl) = False Then
   rtb_sj. LoadFile fname
   MsgBox "文件格式不对!"
   Close #1
   Exit Sub
  End If
  m = Seek(1)    '记录指针位置
  n = 0
  bz = " A"    'bz 值变为非 E
  Do While Left(bz, 1) <> "E"    '计算点坐标行数
   If EOF(1) Then
     Exit Sub
   End If
   Line Input #1 , bz
   n = n + 1
   If ((n + 1) Mod 3 = 0 And IsNumeric(bz) = False) Or (n Mod 3 = 0 And IsNumeric
(bz) = False) Then
     rtb_sj. LoadFile fname
     MsgBox "文件格式不对!"
     Close #1
     Exit Sub
   End If
  Loop
  Seek #1 , m
```

```
        ReDim jzd(n - 1) As String
        For i = 1 To (n - 1)
         Line Input #1, jzd(i)
        Next i
        Input #1, e
        Input #1, zdmj
         '写入 MapGIS 格式起点
        rtb_sj. Text = rtb_sj. Text + "#" + Left(zdh, jdws) + "-" + Mid(zdh, jdws + 1,
jfws) + "-" + _
                       Right(zdh, Len(zdh) - jdws - jfws) + "," + zdmj + "," + dl + "," +
syz + ",,,,,," + vbCrLf
         For i = 1 To (n - 1) Step 3
          rtb_sj. Text = rtb_sj. Text + jzd(i) + "," + jzd(i + 2) + "," + jzd(i + 1) +
",," + vbCrLf
        Next i
        rtb_sj. Text = rtb_sj. Text + jzd(1) + "," + jzd(3) + "," + jzd(2) + ",," + vbCrLf
        Loop
        rtb_sj. Text = rtb_sj. Text + "##" + vbCrLf
        Close #1
        Dialog1. Filter = "宗地文件( * . zd) | * . zd"
        Dialog1. FileName = ""
        fname = ""
       End Sub


       'mnu_mc_Click()事件完成由 MapGIS 地籍文件向 CASS 权属文件的格式转换
       Private Sub mnu_mc_Click()
        If fname = "" Or Trim(rtb_sj. Text) = "" Then
         MsgBox "文件未保存或数据为空!"
         Exit Sub
        Else
         Call mnu_bc_Click
        End If
        Dim zdh$, syz$, dl$, zdmj$, bz$
        Dim c$(), e$, n%, m%, jzd$(), jl$, jl1$
        Open fname For Input As #1
        rtb_sj. Text = ""
```

```
Do While Not EOF(1)
 Line Input #1, jl    '读入宗地号
 If Trim(jl) = "##" Then
  Exit Do
 ElseIf Left(Trim(jl), 1) = "#" Then
  bz = 1
  c = Split(jl, ",")
  n = UBound(c, 1)
  If n <> 9 Then
    rtb_sj. LoadFile fname
    MsgBox "文件格式不对!"
    Close #1
    Exit Sub
  ElseIf IsNumeric(c(1)) = False Or IsNumeric(c(2)) = False Then
    rtb_sj. LoadFile fname
    MsgBox "文件格式不对!"
    Close #1
    Exit Sub
  End If
  c(0) = Replace(c(0), "#", "")
  c(0) = Replace(c(0), "-", "")
  zdmj = c(1)
  rtb_sj. Text = rtb_sj. Text + c(0) + vbCrLf
  rtb_sj. Text = rtb_sj. Text + c(3) + vbCrLf
  rtb_sj. Text = rtb_sj. Text + c(2) + vbCrLf
 ElseIf Left(Trim(jl), 1) <> "#" Then
  c = Split(jl, ",")
  n = UBound(c, 1)
  If n <> 4 Then
    rtb_sj. LoadFile fname
    MsgBox "文件格式不对!"
    Close #1
    Exit Sub
  ElseIf IsNumeric(c(1)) = False Or IsNumeric(c(2)) = False Then
    rtb_sj. LoadFile fname
    MsgBox "文件格式不对!"
```

```
    Close #1
    Exit Sub
  End If
  If bz = 1 Then
    rtb_sj. Text = rtb_sj. Text + c(0) + vbCrLf
    rtb_sj. Text = rtb_sj. Text + c(2) + vbCrLf
    rtb_sj. Text = rtb_sj. Text + c(1) + vbCrLf
    jl1 = jl
    bz = 0
  Else
    If jl <> jl1 Then
     rtb_sj. Text = rtb_sj. Text + c(0) + vbCrLf
     rtb_sj. Text = rtb_sj. Text + c(2) + vbCrLf
     rtb_sj. Text = rtb_sj. Text + c(1) + vbCrLf
    Else
       rtb_sj. Text = rtb_sj. Text + "E," + zdmj + vbCrLf
    End If
   End If
  End If
Loop
  rtb_sj. Text = rtb_sj. Text + "E" + vbCrLf
  Close #1
  Dialog1. Filter = "权属文档( * . qs) | * . qs"
  Dialog1. FileName = ""
  fname = ""
End Sub
```

②窗体 frm_sz(Caption = "参数设置")中的程序代码为:
'cmd_qd_Click( )事件将设置好的参数保存到模块级公共变量
```
Private Sub cmd_qd_Click( )
  jdws = Val(txt_jdws)
  jfws = Val(txt_jfws)
  Unload frm_sz
End Sub
```

'cmd_qx_Click( )事件取消参数设置

```
Private Sub cmd_qx_Click( )
 Unload frm_sz
End Sub
```

3. 运行结果

程序运行后界面如图 8-11 所示。

图 8-11　运行后的菜单设计窗口

第六节　线路放样元素计算

　　线路测量是指铁路、公路、河道、输电线路及管道等线形工程在勘测设计和施工、管理阶段所进行的测量工作的总称。线路测量的目的是确定线路的空间位置，在勘测设计阶段主要是为工程设计提供资料；在施工阶段主要是将线路中线（包括直线和曲线）按设计的位置进行实地测设。各种线形工程的测量工作大体相似，其中线路测量具有典型性。本节主要讨论圆曲线及综合曲线放样坐标数据的计算，并完成相关程序设计。

一、计算方法

1. 曲线元素的计算

（1）圆曲线

已知数据为路线交点（JD）的偏角 α 和圆曲线的半径 R，要计算的圆曲线的元素有：切线长度 T、曲线长 L、外矢距和切线长度与曲线长度之差（切曲差）D。各元素计算公式为：

切线长度为：

$$T = R \cdot \tan\alpha/2 \tag{8-32a}$$

曲线长度为：

$$L = R \cdot \alpha \cdot \frac{\pi}{180} \tag{8-32b}$$

外矢距为：

$$E = R\left(\sec\frac{\alpha}{2} - 1\right) \tag{8-32c}$$

切曲差为：

$$D = 2T - L \tag{8-32d}$$

各主点里程计算为：

$$\left.\begin{array}{l} ZY \text{ 点里程} = JD \text{ 点里程} - T \\ YZ \text{ 点里程} = ZY \text{ 点里程} + L \\ QZ \text{ 点里程} = YZ \text{ 点里程} - \dfrac{L}{2} \\ JD \text{ 点里程} = QZ \text{ 点里程} + \dfrac{D}{2} \quad (\text{校核}) \end{array}\right\} \tag{8-33}$$

（2）综合曲线的计算

已知缓和曲线长度 l_0 和圆曲线半径 R，则缓和曲线的倾角 β_0、圆曲线的内移值 P 和切线外移量 m 3 个常数的计算公式为：

$$\left.\begin{array}{l} \beta_0 = \dfrac{l_0}{2R}\rho'' \\ P = \dfrac{l_0^2}{24R} - \dfrac{l_0^4}{2\,688R^3} \\ m = \dfrac{l_0}{2} - \dfrac{l_0^3}{240R^2} \end{array}\right\} \tag{8-34}$$

各主点元素的计算公式为：

切线长度为：

$$T = (R + P)\tan\frac{\alpha}{2} + m \tag{8-35a}$$

曲线长度为：

$$L = R \cdot \alpha \cdot \frac{\pi}{180} + l_0 \tag{8-35b}$$

外矢距为：

$$E = (R + P)\left(\sec\frac{\alpha}{2} - R\right) \tag{8-35c}$$

切曲差为：

$$D = 2T - L \tag{8-35d}$$

各主点里程计算为：

$$\left.\begin{array}{l} ZH\ 点里程 = JD\ 点里程 - T \\[2mm] HY\ 点里程 = ZH\ 点里程 + l_0 \\[2mm] QZ\ 点里程 = HY\ 点里程 + \left(\dfrac{L}{2} - l_0\right) \\[4mm] YH\ 点里程 = QZ\ 点里程 + \left(\dfrac{L}{2} - l_0\right) \\[4mm] HZ\ 点里程 = YH\ 点里程 + l_0 \\[2mm] HZ\ 点里程 = JD\ 点里程 + T - D(检核) \end{array}\right\} \tag{8-36}$$

2. 详细测设

详细测设采用切线支距法，并根据参数转换为测量坐标值。

（1）圆曲线

$$\left.\begin{array}{l} \varphi_i = \dfrac{l_i}{R} \times \dfrac{180°}{\pi} \\[4mm] a_i = R\sin\varphi_i \\[2mm] b_i = R(1 - \cos\varphi_i) \end{array}\right\} \tag{8-37}$$

式中：l_i 为第 i 个细部点距 ZY 点的里程。

（2）有缓和曲线的圆曲线

从 ZH 点开始，到 HY 点之间缓和曲线上各点坐标的计算公式为：

$$\left.\begin{array}{l} a_i = l_i - \dfrac{l_i^5}{40R^2 l_0^2} \\[4mm] b_i = \dfrac{l_i^3}{6c} \end{array}\right\} \tag{8-38}$$

式中：l_i 为第 i 个细部点距 ZH（或 HZ）点的里程。

从 HY 点开始至 YH 点间圆曲线各点坐标计算公式为：

$$\left.\begin{array}{l} a_i = R\sin\varphi_i + m \\[2mm] b_i = R(1 - \cos\varphi_i) + P \end{array}\right\} \tag{8-39}$$

3. 坐标转换

转换参数分别为角度旋转值 θ 和原点平移量 x_0，y_0。其中，θ 为 ZH（或 ZY 或 HZ）点至 JD 点边在测量坐标系中的坐标方位角，x_0，y_0 为 ZH（或 ZY 或 HZ）点在测量坐标系中的坐标。其坐标转换公式为：

$$\begin{cases} x_i = x_0 + a_i\cos\theta - b_i\sin\theta \\ y_i = y_0 + a_i\sin\theta - b_i\cos\theta \end{cases} \tag{8-40}$$

二、程序设计

1. 窗体、框架等相关控件

窗体、框架等相关控件设置分别见表 8-16 和表 8-17。

236

表 8-16   **窗体、框架等控件属性设置**

默认控件名	设置的控件名（Name）	标题（Caption）
Form1	Form1	曲线计算
Frame1	Frame1	起点坐标
Frame2	Frame2	交点坐标
Frame3	Frame3	已知里程
Frame4	Frame4	选择曲线类型
Label7	Label7	偏角（度. 分秒，左正右负）：
Label8	Label8	半径：
Label9	Label9	缓和曲线长：
Label11	Label11	输出采样点坐标文件
Text7	Txt_a	—
Text8	Txt_r	—
Text9	Txt_l0	—
Text11	Txt_xj	—
Command1	cmd_ll	浏览
Command2	Cmd_ks	开始
Command3	cmd_tc	退出
CommonDialog1	CDg1	—

表 8-17   **窗体界面中各框架内控件属性设置**

框　架	默认控件名	设置的控件名（Name）	标题（Caption）
Frame1 （Caption = "起点坐标"）	Label1	Label1	北（X）：
	Label2	Label2	东（Y）：
	Text1	Txt_qx	—
	Text2	Txt_qy	—
Frame2 （Caption = "交点坐标"）	Label3	Label3	北（X）：
	Label4	Label4	东（Y）：
	Text3	Txt_jx	—
	Text4	Txt_jy	—
Frame3 （Caption = "已知里程"）	Label5	Label5	K
	Label6	Label6	+
	Text5	txt_kk	—
	Text6	Txt_km	—
	Option1	Opn_jqd	交点
	Option1	Opn_jqd	起点

框　架	默认控件名	设置的控件名（Name）	标题（Caption）
Frame4 （Caption="选择曲线类型"）	Label10	Label10	采样间隔：
	Text10	Txt_dl	—
	Option2	opn_qxlx	圆曲线
	Option2	opn_qxlx	缓和曲线

2. 程序代码

程序代码设计如下：

```
Option Explicit '强制显式声明
Const pi As Double = 3. 141 592 653 589 79 '定义常数 π
'Form_Load()事件，进行初始化设置
Private Sub Form_Load()
 Opn_jqd(0) = True
 opn_qxlx(0) = True
End Sub


'opn_qxlx_Click()事件选择"圆曲线"或"缓和曲线"
Private Sub opn_qxlx_Click(Index As Integer)
 If opn_qxlx(1) = True Then
  Txt_l0. Enabled = True
 Else
  Txt_l0. Enabled = False
 End If
End Sub


'cmd_ll_Click()事件新建一个文件，以保存数据
Private Sub cmd_ll_Click()
 Dim jl$ , filesavename$
 Dim xx As Integer
Line1：
 CDg1. FileName = " "
 CDg1. Filter = "数据文件（ * . dat) | * . dat | "
 CDg1. FilterIndex = 1
 CDg1. ShowSave
 If CDg1. FileName <> " " Then
  If Dir( CDg1. FileName) = " " Then
```

```vb
      Txt_xj = Trim(CDg1. FileName)
    Else
     If FileLen(CDg1. FileName) = 0 Then
       Txt_xj = Trim(CDg1. FileName)
     Else
       xx = MsgBox(filesavename + "已存在。要替换它吗?", 4, "另存为")
       If xx = 7 Then
        GoTo Line1
       Else
        Txt_xj = Trim(CDg1. FileName)
       End If
     End If
    End If
   End If
End Sub


'Cmd_ks_Click()事件完成放样数据的计算
Private Sub Cmd_ks_Click()
  If Trim(Txt_xj) = "" Then  '文件名为空，则退出程序
   MsgBox "没有新建文件，请检查!"
   Exit Sub
  End If
  Dim qx#, qy#, jx#, jy#, dl#, l0#, dx#, dy#, dqj#, axy#, ajzh#, kk%, km!, fh%
  Dim qdlc#, jdlc#, zylc#, qzlc#, yzlc#, zhlc#, hylc#, yhlc#, hzlc#, lci#
  Dim lc1#, lc2#, a#, r#, l#, jg#, b0#, p#, m#, t#, e#, d#
  Dim li#, f#, c#, ai#, bi#, xi#, yi#, x0#, y0#, st#, xh$, n&, i&
  Dim bz1 As Boolean, bz2 As Boolean, bz3 As Boolean, bz4 As Boolean
  Dim bz5 As Boolean
  qx = Val(Txt_qx): qy = Val(Txt_qy)
  jx = Val(Txt_jx): jy = Val(Txt_jy)
  a = Val(Txt_a): r = Val(Txt_r)
  kk = Val(txt_kk): km = Val(Txt_km)
  dl = Val(Txt_dl): l0 = Val(Txt_l0)
  fh = Sgn(a): a =jdzh(Abs(a))  '函数jdzh()的代码见第五章中案例5的"2. 角度单
位转换"
  dx = jx - qx: dy = jy - qy
  dqj = Round(Sqr(dx ^ 2 + dy ^ 2), 3)
  axy = pi / 2 * (2 - Sgn(dy + 0. 000 000 000 1)) - Atn(dx / (dy + 0. 000 000 000
```
239

```
1))
      If Opn_jqd(0) = True Then
        jdlc = Val(txt_kk) * 1 000 + Val(Txt_km)
        qdlc = jdlc - dqj
      ElseIf Opn_jqd(1) = True Then
        qdlc = Val(txt_kk) * 1 000 + Val(Txt_km)
        jdlc = qdlc + dqj
      End If
    '曲线元素的计算
      If opn_qxlx(0) = True Then '圆曲线
        t = Round(r * Tan(a / 2), 3)
        l = Round(2 * pi * r * a / (2 * pi), 3)
        e = Round(r * (1 / Cos(a / 2) - 1), 3)
        d = Round(2 * t - l, 3)
        zylc = jdlc - t
        qzlc = zylc + l / 2
        yzlc = zylc + l
        lc2 = zylc
      ElseIf opn_qxlx(1) = True Then '缓和曲线
        b0 = l0 / (2 * r)
        p = l0 ^ 2 / (24 * r) - l0 ^ 4 / (2 688 * r ^ 3)
        m = l0 / 2 - l0 ^ 3 / (240 * r ^ 2)
        t = (r + p) * Tan(a / 2) + m
        l = r * (a - 2 * b0) + 2 * l0
        e = (r + p) / Cos(a / 2) - r
        d = 2 * t - l
        zhlc = jdlc - t
        hylc = zhlc + l0
        qzlc = hylc + (l / 2 - l0)
        yhlc = qzlc + (l / 2 - l0)
        hzlc = yhlc + l0
        lc2 = zhlc
      End If
      If t > dqj Or t = 0 Then '参数有误，则退出程序
        MsgBox "参数有误，请检查!"
        Exit Sub
      End If
    '直线部分坐标计算
```

240

```
Open Txt_xj For Output As #1
i = 0
lci = qdlc
Do While lci < lc2
  i = i + 1
  xi = qx + Round((lci - qdlc) * Cos(axy), 3)
  yi = qy + Round((lci - qdlc) * Sin(axy), 3)
  Print #1, Trim(Str(i)) + "," + "K" + Trim(Str(Int(lci / 1 000))) + "+" _
          + Format(lci - Int(lci / 1 000) * 1 000, "000.000") + "," + _
          Format(yi, "0.000") + "," & Format(xi, "0.000") + "," + "0.000"
  If i = 1 Then
    lci = Int(qdlc / dl) * dl
  End If
  lci = lci + dl
Loop
'曲线部分坐标计算
If opn_qxlx(0) = True Then '圆曲线计算
  x0 = qx + Round((zylc - qdlc) * Cos(axy), 3)
  y0 = qy + Round((zylc - qdlc) * Sin(axy), 3)
  st = axy: lci = zylc
  bz1 = False:   bz2 = False
  Do While lci <= yzlc
    i = i + 1
    xh = Trim(Str(i))
    If lci = zylc Then 'ZY 点
      xh = Trim(Str(i)) + "(ZY)"
    ElseIf lci >= qzlc And bz1 = False Then 'QZ 点
      lci = qzlc
      xh = Trim(Str(i)) + "(QZ)"
    ElseIf lci = yzlc Then 'YZ 点
      xh = Trim(Str(i)) + "(YZ)"
      bz2 = True
    End If
    li = lci - zylc
    f = li / r
    ai = r * Sin(f)
    bi = r * (1 - Cos(f))
    If fh >= 0 Then '为左偏角
```

```
      bi = -bi
    End If
    xi = Round(x0 + ai * Cos(st) - bi * Sin(st), 3)
    yi = Round(y0 + ai * Sin(st) + bi * Cos(st), 3)
    Print #1, xh + "," + "K" + Trim(Str(Int(lci / 1 000))) + "+" _
            + Format(lci - Int(lci / 1 000) * 1 000, "000.000") + "," + _
            Format(yi, "0.000") + "," & Format(xi, "0.000") + "," + "0.000"
    If lci = zylc Then
      lci = Int(zylc / dl) * dl
    ElseIf lci = qzlc Then 'ZY 点
      lci = Int(qzlc / dl) * dl
      bz1 = True
    End If
    lci = lci + dl
    If lci >= yzlc And bz2 = False Then 'YZ 点
      lci = yzlc
    End If
  Loop
ElseIf opn_qxlx(1) = True Then '缓和曲线计算
  x0 = qx + Round((zhlc - qdlc) * Cos(axy), 3)
  y0 = qy + Round((zhlc - qdlc) * Sin(axy), 3)
  st = axy
  n = i + 1
  lci = zhlc
  bz1 = False
  bz2 = False
  bz3 = False
  bz4 = False
  bz5 = False
  Do While lci <= hzlc
    i = i + 1
    xh = Trim(Str(i)) 'zh 点
    If i = n Then
      xh = Trim(Str(i)) + "(ZH)"
    ElseIf lci >= hylc And bz1 = False Then 'hy 点
      lci = hylc
      xh = Trim(Str(i)) + "(HY)"
    ElseIf lci >= qzlc And bz2 = False Then 'qz 点
```

242

```
        lci = qzlc
        xh = Trim(Str(i)) + "(QZ)"
ElseIf lci >= yhlc And bz3 = False Then 'yh 点
        lci = yhlc
        xh = Trim(Str(i)) + "(YH)"
ElseIf lci = hzlc Then 'hz 点
        xh = Trim(Str(i)) + "(HZ)"
        bz5 = True
ElseIf lci > yhlc And bz4 = False Then
        '转换参数重新计算
    If fh < 0 Then
        ajzh = axy + a
        If ajzh >= 2 * pi Then
            ajzh = ajzh - 2 * pi
        End If
    Else
        ajzh = axy - a
        If ajzh < 0 Then
            ajzh = ajzh + 2 * pi
        End If
    End If
    x0 = jx + Round(t * Cos(ajzh), 3)
    y0 = jy + Round(t * Sin(ajzh), 3)
    If ajzh < pi Then
        st = ajzh + pi
    Else
        st = ajzh - pi
    End If
    bz4 = True
End If
If lci <= yhlc Then
    li = lci - zhlc
Else
    li = hzlc - lci
End If
c = r * l0
If lci < hylc Or lci > yhlc Then '缓和曲线部分计算
    ai = Round(li - li ^ 5 / (40 * c ^ 2), 3)
```

```
          bi = Round(li ^ 3 / (6 * c), 3)
    ElseIf lci >= hylc And lci <= yhlc Then  '圆曲线部分计算
      f = (li - l0) / r + b0
      ai = Round(r * Sin(f) + m, 2)
      bi = Round(r * (1 - Cos(f)) + p, 2)
    End If
      '为左偏角的 ZH 至 YH 部分或右偏角的 YH 至 HZ 部分, bi 为非正值
    If (fh > 0 And lci <= yhlc) Or (fh < 0 And lci > yhlc) Then
      bi = -bi
    End If
    xi = Round(x0 + ai * Cos(st) - bi * Sin(st), 3)
    yi = Round(y0 + ai * Sin(st) + bi * Cos(st), 3)
    Print #1, xh + "," + "K" + Trim(Str(Int(lci / 1 000))) + "+" _
          + Format(lci - Int(lci / 1 000) * 1 000, "000.000") + "," + _
          Format(yi, "0.000") + "," & Format(xi, "0.000") + "," + "0.000"
  If i = n Then
    lci = Int(zhlc / dl) * dl
  ElseIf lci = hylc Then  'ZY 点
    lci = Int(hylc / dl) * dl
    bz1 = True
  ElseIf lci = qzlc Then  'qz
    lci = Int(qzlc / dl) * dl
    bz2 = True
  ElseIf lci = yhlc Then
    lci = Int(yhlc / dl) * dl
    bz3 = True
  End If
  lci = lci + dl
  If lci >= hzlc And bz5 = False Then  'YZ 点
    lci = hzlc
  End If
 Loop
End If
Close #1
MsgBox "计算成功, 请查看文件!"
End Sub


'cmd_tc_Click()事件退出窗体
```

```
Private Sub cmd_tc_Click( )
 End
End Sub
```

3. 运行结果

曲线计算运行界面如图 8-12 所示，坐标数据成果如图 8-13 所示。

图 8-12　曲线计算运行界面

图 8-13　坐标数据成果

第七节　附合导线近似平差

本节将主要介绍附合导线近似平差的方法与步骤，并完成相关的程序设计。

一、计算方法

根据测区内地物的分布情况及地貌的复杂程度，可布设附合导线、闭合导线和支导线3 种形式。本节所设计的程序，同时适用于附合导线及闭合导线的近似平差计算，这两种导线形式合称为附合型导线，如图 8-14 所示。

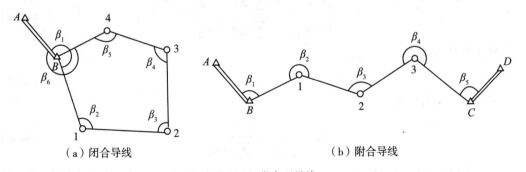

（a）闭合导线　　　　　　　　　　　（b）附合导线

图 8-14　附合型导线

1. 计算角度闭合差

$$f_\beta = \alpha_{始} + \sum \beta_{左} - n \cdot 180° - \alpha_{终} \tag{8-41}$$

或

$$f_\beta = \alpha_{始} - \sum \beta_{右} + n \cdot 180° - \alpha_{终} \tag{8-42}$$

式中：α 为坐标方位角，β 为转折角。

角度闭合差容差根据导线等级确定，如图根导线闭合差容差为：

$$f_\beta = \pm 40'' \sqrt{n}$$

若闭合差超过容许值，说明所测角度不符合要求，应重新检测角度；若不超过，则可采用反号平均分配的原则将闭合差平均分配到各观测角。

2. 用改正后的角度推算各导线边的坐标方位角

$$\alpha_{后} = \alpha_{前} + \beta_{左} - 180° \tag{8-43}$$

$$\alpha_{后} = \alpha_{前} - \beta_{右} + 180° \tag{8-44}$$

在推算过程中应注意：

①若 $\alpha_{后} > 360°$，则应减去 360°；

②若 $\alpha_{后} < 0°$，则应加上 360°；

③最后推算出的坐标方位角应与原已知终边的坐标方位角相等，否则，应重新检核和计算。

3. 坐标增量计算及其闭合差调整

(1) 坐标增量的计算

$$\begin{cases} \Delta x_i = D_i \cdot \cos\alpha_i \\ \Delta y_i = D_i \cdot \sin\alpha_i \end{cases} \tag{8-45}$$

(2) 坐标闭合差的调整

理论上，导线起点的纵、横坐标值与各导线边的纵、横坐标增量之和应与终点的纵、横坐标值相等。而实际中，由于测边误差的存在和角度闭合差调整后仍存在残差，往往二者不相等，从而产生纵、横坐标增量闭合差，即

$$\begin{cases} f_x = x_{始} + \sum \Delta x_i - x_{终} \\ f_y = y_{始} + \sum \Delta y_i - y_{终} \end{cases} \tag{8-46}$$

导线全长闭合差：

$$f_D = \sqrt{f_x^2 + f_y^2} \tag{8-47}$$

导线全长相对误差：

$$K = \frac{f_D}{\sum D} = \frac{1}{\sum D/f_D} \tag{8-48}$$

不同等级的导线对 K 值的要求也不同，如图根导线要求 K 值不大于1/2 000,若 K 值超限，则需重新检查观测数据或重新观测，若不超限，则可继续计算。

坐标增量改正数计算：

246

$$vx_i = -\frac{f_x}{\sum D} \cdot D_i \qquad (8\text{-}49)$$

$$vy_i = -\frac{f_y}{\sum D} \cdot D_i$$

4. 用改正后坐标增量计算各导线点坐标

$$\begin{cases} x_{i+1} = x_i + \Delta x_i' + vx_i \\ y_{i+1} = y_i + \Delta y_i' + vy_i \end{cases} \qquad (8\text{-}50)$$

二、程序设计

1. 数据格式规定

（1）输入数据

需要输入的数据包括：导线的已知坐标值、观测角类型、测站数和观测角值。

第一行输入导线已知坐标值，按点位顺序先输入 X 坐标，后输入 Y 坐标。如果是闭合导线，如图 8-14 中的闭合导线，则可按照 A—B—B—A 的顺序输入。

第二行输入观测角类型及测站数。先输入观测角类型，后输入测站数。

观测角类型包括观测为左角和右角，以 0 代表观测角为左角，1 代表观测角为右角。

第三行根据路线进行顺序输入观测角值。角度用"度. 分秒"的形式表示，角度之间用","间隔开。

第四行按照路线进行顺序输入边长观测值。各数据之间用","间隔开。

某附合导线的数据输入形式如下：

2 814. 230, 1 706. 035, 2 507. 693, 1 215. 632, 2 166. 741, 1 757. 271, 2 649. 119,2 270. 174 0

699. 010 0, 167. 453 6, 123. 112 4, 189. 203 6, 179. 591 8, 129. 272 4

225. 853, 139. 032, 172. 571, 100. 074, 102. 485

（2）输出数据

输出结果包括角度闭合差、坐标闭合差、坐标值推算、坐标平差值。

输出以文件的方式输出，可以按照计算顺序进行输出。可以规定为：

第一行：初始方位角；

第二行：角度改正数；

第三行：观测角平差后角度值；

第四行：平差后坐标方位角；

第五行：纵坐标初始坐标增量；

第六行：横坐标初始坐标增量；

第七行：纵坐标闭合差；

第八行：横坐标闭合差；

第九行：导线全长相对闭合差；

第十行：纵坐标增量改正数；

第十一行：横坐标增量改正数；

第十二行：纵坐标改正后坐标增量；

第十三行：横坐标改正后坐标增量；

第十四行起：按点号顺序输出各点纵、横坐标值，每一点数据占一行。

2. 窗体与相关控件及界面设计

窗体及相关控件属性设置分别见表 8-18 和表 8-19，界面设计如图 8-15 和图 8-16 所示。

表 8-18 符合导线近似计算菜单属性设置

菜单项	名称	快捷键	内缩符
文件(&F)	mnuFile	无	无
读取数据	mnuRead	Ctrl+R	有
保存数据	mnuSave	Ctrl+S	有
—	minaa	无	无
退出	mnuQuit	Ctrl+Q	有
计算(&C)	mnuCalc	无	无
帮助(&H)	mnuHelp	无	无

表 8-19 主窗体各控件属性设置

默认控件名	设置的控件名(Name)	标题(Caption)
Form1	Form1	附合导线近似平差
Text1	TxtShow	—
CommonDialog1	CDg1	—

图 8-15 附合导线近似平差设计界面

图 8-16 帮助子窗体设计界面

248

帮助文件子窗体各控件可按表 8-20 设置。

表 8-20   帮助文件子窗体控件属性设置

默认控件名	设置的控件名(Name)	标题(Caption)
Form2	Form2	帮助窗口
Frame1	Frame1	数据文件格式说明
Text1	Txt1	—
Command1	Command1	确定

3. 程序代码

① 声明全局变量如下：

Dim Xa#, Ya#, Xb#, Yb#, Xc#, Yc#, Xd#, Yd#

'已知点的坐标值

Dim LorR As Integer, iStation As Integer

'观测角类型及测站数

Dim sAng( ) As Double, sEdge( ) As Double, sdAng( ) As Double

'分别存放观测角值，观测边长和方位角

Dim dX( ) As Double, dY( ) As Double, detX( ) As Double, detY( ) As Double

'分别存放纵、横坐标增量即纵、横坐标增量改正数

Dim X( ) As Double, Y( ) As Double

Dim fAng#, fX#, fY#, f#

'存放角度闭合差、纵横坐标增量闭合差、全长相对闭合差

Const PI = 3. 141 592 653 589 79

'声明常数 π

② 设置输入与输出文件格式：

右键单击"CommonDialog"控件，在快捷菜单中选择"属性"，在弹出的"属性页"对话框"过滤器"栏中输入以下内容：

文本文档(*. txt) | *. txt | 所有文件(*. *) | *. *

③ 程序编写：

'函数 DirAB( )根据输入的两点坐标完成坐标方位角的计算

```
Public Function DirAB(Xa#, Ya#, Xb#, Yb#) As Double
    Dim dX#, dY#, tana#
    dX = Xb - Xa
    dY = Yb - Ya

    If Abs(dX) < 0. 000001 Then
        If dY > 0 Then
```

```
            DirAB = PI / 2
        Else
            DirAB = PI * 3 / 2
        End If
      Else
          tana = dY / dX
          DirAB = Atn(tana)
          If dX < 0 Then
            DirAB = PI + DirAB
          ElseIf dX > 0 And dY < 0 Then
            DirAB = 2 * PI + DirAB
          End If
      End If
    End If
End Function
```

a. "读取数据"菜单功能是选择读取的已知数据并将已知数据显示在文本框中,以检查读取数据是否正确,并便于用户了解数据。其完整代码如下:

```
'mnuRead_Click()事件读入观测数据,并输出到文本框
Private Sub mnuRead_Click()
    Dim strFileName As Variant
    Dim i%
    CDg1. CancelError = True
    On Error GoTo errhandler          '判定读取数据是否正常,如果错误,跳到
errhandler 处
    CDg1. ShowOpen                    '打开文件对话框
    TxtShow. Text = ""                '清空文本框
    strFileName = CDg1. FileName
    TxtShow. Text = TxtShow. Text & "===平差起算数据===" & vbCrLf
    Open strFileName For Input As #1
    Input #1, Xa, Ya, Xb, Yb, Xc, Yc, Xd, Yd          '读入已知点坐标值
        TxtShow. Text = TxtShow. Text & "已知点坐标值" & vbCrLf
        TxtShow. Text = TxtShow. Text & "A:" & Format(Xa, "0.000") & "   " & "B:" & Format(Xb, "0.000") & "   " & "C:" & Format(Xc, "0.000") & "   " & "D:" & Format(Xd, "0.000") & vbCrLf
        TxtShow. Text = TxtShow. Text & "   " & Format(Ya, "0.000") & "   " & "   " & Format(Yb, "0.000") & "   " & "   " & Format(Yc, "0.000") & "   " & "   " & Format(Yd, "0.000") & vbCrLf

    Input #1, LorR, iStation          '读入观测角方向及测站数,并用测站数定义数
```

组大小

```vb
        If LorR = 0 Then
         TxtShow. Text = TxtShow. Text & "该导线观测角为左角" & " ,"
        ElseIf LorR = 1 Then
         TxtShow. Text = TxtShow. Text & "该导线观测角为右角" & " ,"
        End If

        TxtShow. Text = TxtShow. Text & "该导线一共观测了:" & Str(iStation) & "站"
& vbCrLf
      Dim a#, b#, c#
      ReDim sAng(1 To iStation) As Double
      ReDim sEdge(iStation - 1) As Double
      ReDim sdAng(1 To iStation + 1) As Double

        TxtShow. Text = TxtShow. Text & "该导线的角度观测值为:" & vbCrLf
      For i = 1 To iStation                  '读入角度观测值数据
        Input #1, sAng(i)
        a = Fix(sAng(i))                       '使观测角数据输出格式为(° ′ ″)形式
        b = Fix((sAng(i) - a) * 100)
        c = (sAng(i) - a - b / 100) * 10 000
        TxtShow. Text = TxtShow. Text & a & "°" & Format(b, "00") & "′" & Format
(c, "0.0") & "″" & " ,"
          sAng(i) = DuToHu(sAng(i))
      Next i
        TxtShow. Text = TxtShow. Text & vbCrLf

        TxtShow. Text = TxtShow. Text & "导线各边边长为:" & vbCrLf
      For i = 1 To iStation - 1            '读入边长观测值
        Input #1, sEdge(i)
        TxtShow. Text = TxtShow. Text & Format(sEdge(i), "0.000") & " , "
      Next i
        TxtShow. Text = TxtShow. Text & vbCrLf

      Close #1                              '数据读入完毕后关闭文件

  errhandler:
  End Sub
```

b. "计算"菜单功能是计算整个程序中所有的计算步骤,并将计算结果显示在文本框中,其完整的程序代码如下:

```
' mnuCalc_Click()事件完成附合导线的简易平差计算
Private Sub mnuCalc_Click()
    Dim aAB#, aCD#                              '设置计算程序中的变量
    Dim i%, a#, b#, c#, Jg#, k As Long
    ReDim jd(1 To iStation + 1) As Double
    TxtShow. Text = TxtShow. Text & "===平差计算结果===" & vbCrLf
    '计算已知点坐标方位角,调用的是方位角计算公共函数
    aAB = DirAB(Xa, Ya, Xb, Yb)
    aCD = DirAB(Xc, Yc, Xd, Yd)
    TxtShow. Text = TxtShow. Text & "初始方位角为:" & vbCrLf
        '计算并显示初始坐标方位角
    sdAng(1) = aAB
    For i = 1 To iStation
        If LorR = 0 Then                        '判定左角还是右角并计算方位角
            sdAng(i + 1) = sdAng(i) + sAng(i) - PI
            If sdAng(i + 1) < 0 Then
                sdAng(i + 1) = sdAng(i + 1) + 2 * PI
            End If
        ElseIf LorR = 1 Then
            sdAng(i + 1) = sdAng(i) - sAng(i) + PI
            If sdAng(i + 1) > 360 Then
                sdAng(i + 1) = sdAng(i + 1) - 2 * PI
            End If
        End If
    Next i
    For i = 1 To iStation + 1                '以(° ' ")形式显示初始坐标方位角
        jd(i) = HuToDu(sdAng(i))
        a = Fix(jd(i))
        b = Fix((jd(i) - a) * 100)
        c = (jd(i) - a - b / 100) * 10000
    TxtShow. Text = TxtShow. Text & a & "°" & Format(b, "00") & "'" & Format
(c, "0.0") & """ & ","
    Next i
    TxtShow. Text = TxtShow. Text & vbCrLf
    '计算角度闭合差
```

252

```
fAng = sdAng(iStation + 1) - aCD
If fAng > Int(40 * Sqr(iStation)) Then                          '闭合差超限
    MsgBox "角度闭合差超限！即将结束计算"
    TxtShow. Text = TxtShow. Text & vbCrLf & "角度闭合差超限，计算终止!"
    Exit Sub
End If
'计算角度改正数
fAng = fAng / iStation
If fAng > 0 Then                    '判定角度闭合差大于 0 还是小于 0，从而确定改正
数分配
    Jg = HuToDu(fAng)
    ElseIf fAng < 0 Then
    Jg = -HuToDu(-fAng)
   End If
   a = -Jg * 10000
   TxtShow. Text = TxtShow. Text & "角度改正数为:" & Format(a, "0.0") & """"
& vbCrLf
   '计算观测角平差后角度值，并以(° ′ ″)形式显示在文本框内
   TxtShow. Text = TxtShow. Text & "观测角平差后角度为:" & vbCrLf
   For i = 1 To iStation
     sAng(i) = HuToDu(sAng(i) - fAng)
     a = Fix(sAng(i))
     b = Fix((sAng(i) - a) * 100)
     c = (sAng(i) - a - b / 100) * 10000
     TxtShow. Text = TxtShow. Text & a & "°" & Format(b, "00") & "′" & Format
(c, "0.0") & """" & ","
   Next i
   TxtShow. Text = TxtShow. Text & vbCrLf
   '计算平差后坐标方位角，并以(° ′ ″)形式显示在文本框内
For i = 2 To iStation
     sdAng(i) = sdAng(i) - (i - 1) * fAng
Next i
TxtShow. Text = TxtShow. Text & "平差后坐标方位角为:" & vbCrLf
sdAng(iStation + 1) = aCD
For i = 1 To iStation + 1
     jd(i) = HuToDu(sdAng(i))
     a = Fix(jd(i))
     b = Fix((jd(i) - a) * 100)
```

```vb
            c = (jd(i) - a - b / 100) * 10000
        TxtShow. Text = TxtShow. Text & a & "°" & Format(b, "00") & "′" & Format
(c, "0.0") & "″" & ","
        Next i
    TxtShow. Text = TxtShow. Text & vbCrLf
'计算初始坐标增量
ReDim dX(1 To iStation - 1) As Double, dY(1 To iStation - 1) As Double
ReDim detX(1 To iStation - 1) As Double, detY(1 To iStation - 1) As Double
    Dim s As Double, Xz As Double, Yz As Double
    s = 0
    For i = 1 To iStation - 1
      s = s + sEdge(i)                         '计算总路线长度
    Next i
    For i = 1 To iStation - 1
        dX(i) = sEdge(i) * Cos(sdAng(i + 1))
        dY(i) = sEdge(i) * Sin(sdAng(i + 1))
    Next i
    TxtShow. Text = TxtShow. Text & "X 初始坐标增量为:" & vbCrLf
    For i = 1 To iStation - 1
        TxtShow. Text = TxtShow. Text & Format(dX(i), "0.000") & ","
    Next i
    TxtShow. Text = TxtShow. Text & vbCrLf
    TxtShow. Text = TxtShow. Text & "Y 初始坐标增量为:" & vbCrLf
    For i = 1 To iStation - 1
        TxtShow. Text = TxtShow. Text & Format(dY(i), "0.000") & ","
    Next i
    TxtShow. Text = TxtShow. Text & vbCrLf
'计算坐标增量改正数
    Xz = 0
    Yz = 0
    For i = 1 To iStation - 1                   '计算纵横坐标增量闭合差
        Xz = Xz + dX(i)
        Yz = Yz + dY(i)
    Next i
    fX = Xb + Xz - Xc                           '纵坐标闭合差
    fY = Yb + Yz - Yc                           '横坐标闭合差
    f = Sqr(fX ^ 2 + fY ^ 2)                    '全长闭合差
    TxtShow. Text = TxtShow. Text & "纵坐标闭合差为:" & Format(fX, "0.000")
```

```
                                                                          & vbCrLf
          TxtShow. Text = TxtShow. Text & "横坐标闭合差为:" & Format(fY, "0. 000")
& vbCrLf
          k = Val(InputBox("请输入导线全长相对闭合差比例分母", "输入框"))
          If f / s > 1 / k Then          '判定全长相对闭合差是否超限。超限则终止计算,
不超限则继续计算
            MsgBox "导线全长相对闭合差超限!    即将结束计算"
            TxtShow. Text = TxtShow. Text & " 导线全长相对闭合差超限, 计算终止"
& vbCrLf
            Exit Sub
          End If
          TxtShow. Text = TxtShow. Text & "导线全长相对闭合差为:" & Format(f / s, "
0. 000000") & vbCrLf
          For i = 1 To iStation - 1
            detX(i) = -fX * (sEdge(i) / s)
            detY(i) = -fY * (sEdge(i) / s)
          Next i
        TxtShow. Text = TxtShow. Text & "X 坐标增量改正数为:" & vbCrLf
        For i = 1 To iStation - 1
          TxtShow. Text = TxtShow. Text & Format(detX(i), "0. 000") & ","
        Next i
        TxtShow. Text = TxtShow. Text & vbCrLf
        TxtShow. Text = TxtShow. Text & "Y 坐标增量改正数为:" & vbCrLf
        For i = 1 To iStation - 1
          TxtShow. Text = TxtShow. Text & Format(detY(i), "0. 000") & ","
        Next i
        TxtShow. Text = TxtShow. Text & vbCrLf
    '计算改正后坐标增量, 并将结果显示在文本框内
      For i = 1 To iStation - 1
          dX(i) = dX(i) + detX(i)
          dY(i) = dY(i) + detY(i)
      Next i
        TxtShow. Text = TxtShow. Text & "X 改正后坐标增量为:" & vbCrLf
        For i = 1 To iStation - 1
          TxtShow. Text = TxtShow. Text & Format(dX(i), "0. 000") & ","
        Next i
        TxtShow. Text = TxtShow. Text & vbCrLf
        TxtShow. Text = TxtShow. Text & "Y 改正后坐标增量为:" & vbCrLf
```

```
        For i = 1 To iStation - 1
            TxtShow. Text = TxtShow. Text & Format(dY(i), "0. 000") & ","
        Next i
        TxtShow. Text = TxtShow. Text & vbCrLf
'计算平差后坐标值, 并将结果显示在文本框内
        ReDim X(1 To iStation) As Double, Y(1 To iStation) As Double
        X(1) = Xb
        X(iStation) = Xc
        Y(1) = Yb
        Y(iStation) = Yc
        For i = 2 To iStation - 1
         X(i) = X(i - 1) + dX(i - 1)
         Y(i) = Y(i - 1) + dY(i - 1)
        Next i
    TxtShow. Text = TxtShow. Text & "平差后各点坐标值为:" & vbCrLf
    For i = 1 To iStation
        TxtShow. Text = TxtShow. Text & Format(X(i), "0. 000") & "," & Format(Y(i),
"0. 000") & vbCrLf
    Next i
End Sub
```

c. "保存数据"菜单是将输入数据和计算结果以文本文档的形式保存到指定位置。其完整代码如下:

```
'mnuSave_Click()事件完成平差后数据成果的保存
Private Sub mnuSave_Click()
    Dim inputdata As String
    CDg1. CancelError = True
    On Error GoTo errhandler      '判定操作是否正确, 正确则继续程序, 错误则跳至
errhandler 处
    CDg1. CancelError = True
    CDg1. ShowSave                          '调取"另存为"对话框
    Open CDg1. FileName For Output As #1
        Print #1, TxtShow. Text
    Close #1
errhandler:
```

256

End Sub

d. "退出"菜单的程序，本程序功能提供了是否退出程序的选择，若选择"是"，则退出程序，若选择"否"则继续留在程序界面。其代码为：

```
'mnuQuit_Click( )事件退出界面
Private Sub mnuQuit_Click( )
    Dim a As Integer
    Dim cancel As Integer
    a = MsgBox("您真的要退出程序吗?", vbYesNo)
    If a = vbNo Then
        cancel = -1
    Else
        If a = vbYes Then
        Unload Me
        End If
    End If
End Sub
```

e. "帮助"菜单的主要功能是弹出帮助子窗口，提供帮助文件。其代码为：

```
Private Sub mnuHelp_Click( )
Form2. Show
End Sub
```

f. 在整个程序中，为了使文本框随窗体变化而变化，并占满整个窗体，还可以加入以下代码：

```
Private Sub Form_Resize( )
    TxtShow. Move 0, 0, Width, Height
End Sub
```

g. 帮助子窗体中的确定按钮是退出帮助窗体的，文本框是用来显示帮助文件信息的。针对本程序，子窗体的所有代码如下：

```
Private Sub Command1_Click( )                    '确定按钮代码
    Unload Form2
End Sub
'Form_Load( )事件完成初始设置
Private Sub Form_Load( )          '文本框内显示的帮助内容，可以根据需要
```
自己改动
```
    Txt1. Text = Txt1. Text & "该程序输入的文件格式为文本文档( * . txt)" & vbCrLf
    Txt1. Text = Txt1. Text & "程序是对附合型导线进行近似平差处理" & vbCrLf
    Txt1. Text = Txt1. Text & "文件数据规则: " & vbCrLf
```

Txt1. Text = Txt1. Text & "第一行：已知点坐标数据，一共 8 个，按点号顺序，先输入 X 坐标，后输入 Y 坐标" & vbCrLf

Txt1. Text = Txt1. Text & "如果计算导线为闭合导线，只需要将起算坐标正、倒输入两次即可" & vbCrLf

Txt1. Text = Txt1. Text & "例如，某闭合导线已知点数据可作如此输入：Xa，Ya，Xb，Yb，Xb，Yb，Xa，Ya" & vbCrLf

Txt1. Text = Txt1. Text & "第二行：观测类型及测站数的输入 " & vbCrLf

Txt1. Text = Txt1. Text & "---观测类型：0 代表观测角为左角，1 代表观测角为右角---- " & vbCrLf

Txt1. Text = Txt1. Text & "第三行：按顺序输入角度观测值，以"度．分秒"形式输入 " & vbCrLf

Txt1. Text = Txt1. Text & "----例如【30°28′18″】输入形式为【30. 281 8】--- " & vbCrLf

Txt1. Text = Txt1. Text & "第四行：按顺序输入导线边长值 " & vbCrLf

Txt1. Text = Txt1. Text & " 本软件还需进一步完善，谢谢您的使用" & vbCrLf

End Sub

4. 运行结果

利用前文提供的已知数据，整个程序运行结果如图 8-17 所示。

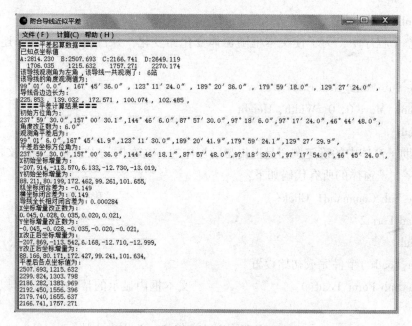

图 8-17 附合导线计算程序执行界面

第八节　水准网平差计算

一、计算方法

对观测数据进行平差处理时有条件平差和间接平差两种方法，但在条件平差中，条件方程式往往是多变的，这不利于计算机程序处理，因此，在平差程序设计中一般是采用间接平差方法。

在水准网平差中，对于任何一段水准路线，可以假定起始点和终止点的高程值分别为 $\hat{X}_i$ 和 $\hat{X}_j$，则有

$$\hat{h}_{ij} = \hat{X}_j - \hat{X}_i \qquad (8\text{-}51)$$

式中：$h_{ij} = h_{ij} + v_{ij}$；$\hat{X}_i = X_i^0 + \delta x_i$；$\hat{X}_j = X_j^0 + \delta x_j$。

其中，h_{ij} 为高差观测值；v_{ij} 为高差改正数；X_i^0、X_j^0 分别为起始点、终止点的高程近似值；δx_i、δx_j 为对应的改正数。

于是有观测值误差方程式：

$$v_{ij} = -\delta x_i + \delta x_j - (X_i^0 - X_j^0 + h_{ij}) \qquad (8\text{-}52)$$

若水准路线起始点和终止点均为待定点，显然可以直接使用式(8-52)，若其中一个点为已知点，则该点的高程值换为相应的已知高程值即可，且该点的改正数为 0。例如，起始点的高程值为已知值 H_0，则观测误差方程式可写为：

$$v_{ij} = \delta x_j - (H_0 - X_j^0 + h_{ij}) \qquad (8\text{-}53)$$

对于一个水准网，其观测误差方程可写为如下矩阵形式：

$$V = AX - L \qquad (8\text{-}54)$$

可解得：

$$\delta X = (A^{\mathrm{T}} PA)^{-1} A^{\mathrm{T}} PL \qquad (8\text{-}55)$$

于是，高程平差值为：

$$\hat{X} = X^0 + \delta X \qquad (8\text{-}56)$$

由以上分析可知，水准网间接平差计算主要分为以下 3 个步骤：

①高程近似值的计算；

②列立观测值的误差方程；

③误差方程的解算及求高程平差值。

二、程序设计

1. 数据格式设计

本例中文件格式规定为：

［SHUJU］

序号，测站，目标，距离，高差，标志，高程

　　　　…

［SHEZHI］

距离单位，中误差

［END］

格式说明：

①标志为 1 或 0，表示测站高程是否已知，1 代表已知；

②距离单位值为 0 或 1 或 2，0 代表公里，1 代表米，2 代表测站数；

③［SHEZHI］及以下各行数据可以为空，不影响数据的正确调入；

④如果同一已知测站名有多行，则高程及标识输入到首次出现所在的行。

本节使用的算例数据文件如下：

［SHUJU］

1，A，B，3.50，5.835 0，1，237.483 0

2，B，C，4.00，9.640 0，0，0.000 0

3，C，D，2.50，2.270 0，0，0.000 0

4，D，E，2.70，3.782 0，0，0.000 0

5，E，F，3.00，7.384 0，0，0.000 0

6，F，，3.9，0.000 0，1，266.388

［SHEZHI］

0，20

2. 窗体及相关控件

窗体及相关控件设置分别见表 8-21 和表 8-22。

表 8-21　　　　　　　　　　　　**窗体及相关控件属性设置**

默认控件名	设置的控件名(Name)	标题(Caption)
Form1	Form1	水准网平差计算
SSTab1	SSTab1	数据录入
SSTab1	SSTab1	数据处理
CommonDialog1	CDg1	—

表 8-22 **SSTab1 界面内控件属性设置**

SSTab1	默认控件名	设置的控件名(Name)	标题(Caption)
	MSHFlexGrid1	Grid1	—
	Label1	Label1	测站
	Label2	Label2	目标
	Label3	Label3	距离/测站数
	Label4	Label4	高差(m)
	Label5	Label5	标志(1/0)
	Label6	Label6	高程
	Label7	Label7	文件名:
	Label8	Label8	水准网检查信息:
	Text1	txt_cz	—
	Text2	txt_mb	—
	Text3	txt_jl	—
Caption="数据录入"	Text4	txt_gc	—
	Text5	txt_bz	—
	Text6	txt_h	—
	Text7	Txt_dk_xj	—
	Text8	txt_wxx	—
	Command1	cmd_tj	添加
	Command2	cmd_gx	更新
	Command3	cmd_sc	删除
	Command4	cmd_bc	保存
	Command5	cmd_qk	重置
	Command6	cmd_wxx	网检查
	Command7	cmd_dk	打开
	Command8	cmd_xj	新建

SSTab1	默认控件名	设置的控件名（Name）	标题（Caption）
	Label9	Label9	距离单位：
	Label10	Label10	中误差（mm）：
	Option1	opt_dw	公里
	Option2	opt_dw	米
	Option3	opt_dw	测站数
	Text9	txt_zwc	—
	Frame1	Frame1	近似高程
Caption="数据处理"	Text10	txt_hz	—
	Frame2	Frame2	闭合差
	Text11	txt_bhc	—
	Frame3	Frame3	平差成果
	Text12	txt_pccg	—
	Command9	cmd_gcts	高程推算
	Command10	cmd_cctc	粗差探测
	Command11	cmd_pc	平差计算

说明：①SSTab 控件的加载详见本章第三节，MSHFlexGrid 控件的加载见本章第四节；②求逆矩阵、矩阵相乘和矩阵转置的子过程 jzqn（）、jzxc（）和 jzzz（）代码见本章第四节。

3. 程序代码

具体程序代码如下：

在 VB 窗体界面下点击"工程"→"添加模块（M）"，并在新建模块的通用中声明全局变量，用于存放水准网相关信息，其代码如下：

Public zn%, yzn%, gcn%, wzn%

Public dm $（）, bz%（）, h#（）, a#（）, b#（）, l#（）, p#（）

Public qd%（）, zd%（）, gc#（）, lxc#（）, hh#（）

Public qds $（）, zds $（）

窗体中的代码如下：

Option Base 1

'Form_Load（）事件对表格等进行初始设置

Private Sub Form_Load（）

　Dim i%

　Grid1. Rows ＝ 2

```
Grid1. Cols = 7
Grid1. Clear
Grid1. ColWidth(0) = 600
Grid1. ColWidth(5) = 600
For i = 1 To 6
 If i <> 5 Then
  Grid1. ColWidth(i) = 1800
 End If
Next i
Grid1. TextMatrix(0, 0) = "序号"
Grid1. TextMatrix(0, 1) = "测站"
Grid1. TextMatrix(0, 2) = "目标"
Grid1. TextMatrix(0, 3) = "距离/测站数"
Grid1. TextMatrix(0, 4) = "高差(m)"
Grid1. TextMatrix(0, 5) = "标志"
Grid1. TextMatrix(0, 6) = "高程"
opt_dw(0) = 1
cmd_cctc. Enabled = False
cmd_pc. Enabled = False
End Sub

' Cmd_dk_Click()事件将观测数据输出到表格
Private Sub Cmd_dk_Click()
 Dim jl $, i%, n%, s%, c $ (), bz1%
 cDg1. Filter = "水准网文件 ( *. szw) | *. szw | "
 cDg1. FilterIndex = 1
 cDg1. ShowOpen
 If cDg1. FileName <> "" Then
  Txt_dk_xj = Trim( cDg1. FileName)
  Grid1. Rows = 2
  txt_wxx = ""
  txt_hz = ""
  txt_bhc = ""
  txt_pccg = ""
  Open cDg1. FileName For Input As #1
  s = 0
  Do While Not EOF(1)
   Line Input #1, jl
```

```
            If Trim(jl) = "[SHUJU]" Then
              bz1 = 1
            ElseIf Trim(jl) = "[SHEZHI]" Then
              bz1 = 2
            ElseIf Trim(jl) = "[END]" Then
              Exit Do
            End If
            '读取水准网总体信息数据
            If (Trim(jl) <> "" And bz1 = 1) And Trim(jl) <> "[SHUJU]" Then
              s = s + 1
              c = Split(Trim(jl), ",")
              n = UBound(c, 1)
              If n <> 6 Or Not (IsNumeric(Trim(c(0)))) Or Not (IsNumeric(c(3))) Or _
                  Not (IsNumeric(c(4))) Or Not (IsNumeric(c(5))) Or Not (IsNumeric(c(6)))) Then
                  MsgBox "数据有误!"
                  Grid1.Clear
                  Grid1.Rows = 2
                  Close #1
                  Exit Do
              End If
              Grid1.TextMatrix(s, 0) = Str(Val(c(0)))
              Grid1.TextMatrix(s, 1) = Trim(c(1))
              Grid1.TextMatrix(s, 2) = Trim(c(2))
              Grid1.TextMatrix(s, 3) = Format(Val(c(3)), "0.00")
              Grid1.TextMatrix(s, 4) = Format(Val(c(4)), "0.000 0")
              Grid1.TextMatrix(s, 5) = Format(Val(c(5)), "0")
              Grid1.TextMatrix(s, 6) = Format(Val(c(6)), "0.000 0")
              Grid1.AddItem ""
            End If
            If (Trim(jl) <> "" And bz1 = 2) And Trim(jl) <> "[SHEZHI]" Then
              c = Split(Trim(jl), ",")
              n = UBound(c, 1)
              If n <> 1 Or Not (c(0) >= 0 And c(0) <= 2) _
                  Or Not (IsNumeric(c(1))) Then
                MsgBox "数据有误!"
                Grid1.Clear
                Grid1.Rows = 2
```

```
        Close #1
        Exit Do
      End If
      opt_dw(c(0)) = 1
      txt_zwc = Trim(c(1))
    End If
  Loop
  Close #1
  End If
End Sub


'cmd_xj_Click()事件新建一个文件，用于保存数据
Private Sub cmd_xj_Click()
  Dim jl $ , xx% , filesavename $
Line1：
  cDg1. FileName = " "
  cDg1. Filter = "水准网文件（*.szw）| *.szw | "
  cDg1. FilterIndex = 1
  cDg1. ShowSave
  If cDg1. FileName <> " " Then
    If Dir(cDg1. FileName) = " " Then
      Txt_dk_xj = Trim(cDg1. FileName)
    Else
      If FileLen(cDg1. FileName) = 0 Then
        Txt_dk_xj = Trim(cDg1. FileName)
      Else
        xx = MsgBox(filesavename + "已存在。要替换它吗?", 4, "另存为")
        If xx = 7 Then
          GoTo Line1
        Else
          Txt_dk_xj = Trim(cDg1. FileName)
        End If
      End If
    End If
  End If
End Sub


'Grid1_Click()将选定行内容显示到文本框
```

```
Private Sub Grid1_Click( )
    txt_cz = Grid1. TextMatrix( Grid1. row, 1)
    txt_mb = Grid1. TextMatrix( Grid1. row, 2)
    txt_jl = Grid1. TextMatrix( Grid1. row, 3)
    txt_gc = Grid1. TextMatrix( Grid1. row, 4)
    txt_bz = Grid1. TextMatrix( Grid1. row, 5)
    txt_h = Grid1. TextMatrix( Grid1. row, 6)
End Sub


'cmd_tj_Click( )事件向表格中添加一行数据
Private Sub cmd_tj_Click( )
    Dim cntRows%
    cntRows = Grid1. Rows − 1
    Grid1. TextMatrix( cntRows, 0) = Str( cntRows)
    Grid1. TextMatrix( cntRows, 1) = Trim( txt_cz)
    Grid1. TextMatrix( cntRows, 2) = Trim( txt_mb)
    Grid1. TextMatrix( cntRows, 3) = Format( Val( txt_jl), "0. 00")
    Grid1. TextMatrix( cntRows, 4) = Format( Val( txt_gc), "0. 000 0")
    Grid1. TextMatrix( cntRows, 5) = Format( Val( txt_bz), "0")
    Grid1. TextMatrix( cntRows, 6) = Format( Val( txt_h), "0. 000 0")
    Grid1. AddItem ""
End Sub


'cmd_gx_Click( )事件完成选定行数据的更新
Private Sub cmd_gx_Click( )
    If Grid1. RowSel = Grid1. Rows − 1 Then
        MsgBox "没有选择有效数据行!"
        Exit Sub
    End If
    Grid1. TextMatrix( Grid1. RowSel, 1) = Trim( txt_cz)
    Grid1. TextMatrix( Grid1. RowSel, 2) = Trim( txt_mb)
    Grid1. TextMatrix( Grid1. RowSel, 3) = Format( Val( txt_jl), "0. 00")
    Grid1. TextMatrix( Grid1. RowSel, 4) = Format( Val( txt_gc), "0. 000 0")
    Grid1. TextMatrix( Grid1. RowSel, 5) = Format( Val( txt_bz), "0")
    Grid1. TextMatrix( Grid1. RowSel, 6) = Format( Val( txt_h), "0. 000 0")
End Sub


'cmd_sc_Click( )事件将选定行删除
```

```vb
Private Sub cmd_sc_Click()
  Dim xx%, i%
  If Grid1. RowSel = Grid1. Rows - 1 Then
    MsgBox "没有选择有效数据行!"
    Exit Sub
  End If
  xx = MsgBox("确定要删除第" + Str(Grid1. RowSel) + "行," _
      + "测站名为"" + Grid1. TextMatrix(Grid1. RowSel, 1) + ""的数据吗?", 4, "确认")
    If xx <> 7 Then
     Grid1. RemoveItem (Grid1. RowSel)
     For i = Grid1. RowSel To Grid1. Rows - 2
       Grid1. TextMatrix(i, 0) = Str(i)
     Next i
    End If
End Sub


'cmd_bc_Click()事件将表格中的数据保存到文件
Private Sub cmd_bc_Click()
Dim jl $ , i%, j%
If Trim(Txt_dk_xj) = "" And Grid1. Rows - 2 <= 0 Then
  MsgBox "没有打开或新建的文件或数据为空!"
  Exit Sub
End If
Open Txt_dk_xj For Output As #1
Print #1, "[SHUJU]"
For i = 1 To Grid1. Rows - 2
  jl = ""
  For j = 0 To 5
   jl = jl + Grid1. TextMatrix(i, j) + ","
  Next j
  jl = jl + Grid1. TextMatrix(i, 6)
  Print #1, Trim(jl)
Next i
  Print #1, "[SHEZHI]"
If opt_dw(0) Then
  Print #1, "0," + Trim(txt_zwc)
ElseIf opt_dw(1) Then
```

267

```
    Print #1, "1," + Trim(txt_zwc)
  Else
    Print #1, "2," + Trim(txt_zwc)
  End If
  Print #1, "[END]"
  Close #1
End Sub


'cmd_qk_Click()将表格中的数据行全部删除
Private Sub cmd_qk_Click()
  Dim i%, xx%
  xx = MsgBox("数据将全部清除，确实要重置吗?", 4, "确认")
  If xx <> 7 Then
    For i = 1 To Grid1.Rows - 2
      Grid1.RemoveItem (1)
    Next i
  End If
End Sub


'cmd_bc_Click()事件检查水准网的结构及数据的正确性
Private Sub Cmd_wxx_Click()
  Dim wzs $, yzs $, i%, j%, mn%, hn%, bz1%
  Dim mbn%, mbs $, bz2%
  Dim cz $ (), mb $ ()
  hn = Grid1.Rows - 2
  If hn = 0 Then
    MsgBox "没有数据，请检查!"
    Exit Sub
  End If
  ReDim cz(hn), mb(hn)
  zn = 0: mn = 0
  yzn = 0: wzn = 0
  gcn = 0: txt_wxx = "错误信息:" + vbCrLf
  wzs = "": yzs = ""
  For i = 1 To hn
'测站中的点名处理
  If Trim(Grid1.TextMatrix(i, 1)) <> "" Then
    bz1 = 0
```

268

```
    For j = 1 To zn
      If Trim(Grid1.TextMatrix(i, 1)) = Trim(cz(j)) Then
        bz1 = 1
        Exit For
      End If
    Next j
    If bz1 = 0 Then
      zn = zn + 1
      cz(zn) = Trim(Grid1.TextMatrix(i, 1))
      If Trim(Grid1.TextMatrix(i, 5)) = "1" Then
        yzn = yzn + 1
        yzs = yzs + cz(zn) + "、"
      ElseIf Trim(Grid1.TextMatrix(i, 5)) = "0" Then
        wzn = wzn + 1
        wzs = wzs + cz(zn) + "、"
      End If
    End If
  End If
    '测站点为空检查
  If Trim(Grid1.TextMatrix(i, 1)) = "" Then
    txt_wxx = txt_wxx + "第" + Str(i) + "行测站点为空" + vbCrLf
  End If
    '测站点与目标点是否为同名检查
  If Trim(Grid1.TextMatrix(i, 1)) = Trim(Grid1.TextMatrix(i, 2)) Then
    txt_wxx = txt_wxx + "第" + Str(i) + "行测站点和目标点同名" + vbCrLf
  ElseIf Trim(Grid1.TextMatrix(i, 1)) <> "" And Trim(Grid1.TextMatrix(i, 2)) <>
"" Then
      gcn = gcn + 1
    End If
    '将目标中的点
    bz2 = 0
  If Trim(Grid1.TextMatrix(i, 2)) <> "" Then
    For j = 1 To mn
      If Trim(Grid1.TextMatrix(i, 2)) = Trim(mb(j)) Then
        bz2 = 1
        Exit For
      End If
    Next j
```

```
        If bz2 = 0 Then
          mn = mn + 1
          mb(mn) = Trim(Grid1. TextMatrix(i, 2))
        End If
      End If
    Next i
    '检查目标中的点名在测站中是否存在
    mbn = 0
    mbs = ""
    bz1 = 0
    For i = 1 To mn
     bz1 = 0
     For j = 1 To zn
      If Trim(mb(i)) = Trim(cz(j)) Then
        bz1 = 1
        Exit For
      End If
     Next j
     If bz1 <> 1 Then
      mbn = mbn + 1
      mbs = mbs + mb(i) + ","
     End If
    Next i
    If mbn > 0 Then
      txt_wxx = txt_wxx + "在测站中不存在的点" + Str(mbn) + "个:" + Left(mbs, Len
(mbs) - 1) + vbCrLf
    End If
    If yzn = 0 Then
     txt_wxx = txt_wxx + "已知点个数为0" + vbCrLf
    End If
    If gcn < wzn Then
     txt_wxx = txt_wxx + "观测数据不够，未知点" + Str(wzn) + ",观测数" + Str
(gcn) + "个" + vbCrLf
    End If
    txt_wxx = txt_wxx + "---------------------------" + vbCrLf
    txt_wxx = txt_wxx + "水准网信息:" + vbCrLf
    txt_wxx = txt_wxx + "水准点共" + Str(zn) + "个" + vbCrLf
    If yzn > 0 Then
```

```
        txt_wxx = txt_wxx + "其中已知点" + Str(yzn) + "个:" + Left(yzs, Len(yzs) -
1) + vbCrLf
    Else
        txt_wxx = txt_wxx + "其中已知点 0 个" + vbCrLf
    End If
    If wzn > 0 Then
        txt_wxx = txt_wxx + "未知点" + Str(wzn) + "个:" + Left(wzs, Len(wzs) -
1) + vbCrLf
    Else
        txt_wxx = txt_wxx + "未知点 0 个" + vbCrLf
    End If
    txt_wxx = txt_wxx + "观测数据 n=" + Str(gcn) + vbCrLf
    txt_wxx = txt_wxx + "必要观测 t=" + Str(wzn) + vbCrLf
    txt_wxx = txt_wxx + "多余观测 r=" + Str(gcn - wzn) + vbCrLf
End Sub


'Cmd_dk_Click()事件完成未知点高程的推算
Private Sub cmd_gcts_Click()
    Dim i%, j%, hn%, bz1%, k%, n%, cs%
    Dim cz$(), bz0%(), h0#()
    hn = Grid1. Rows - 2
    If hn = 0 Then
        MsgBox "没有数据，请检查!"
        Exit Sub
    End If
    ReDim cz(hn), bz0(hn), h0(hn)
    ReDim qds(hn) '起点名
    ReDim zds(hn) '终点名
    ReDim gc(hn) '高差
    ReDim lxc(hn) '路线长
    yzn = 0
    zn = 0
    gcn = 0
    '统计水准点、观测值等的个数
    For i = 1 To hn
        bz1 = 0
        For j = 1 To zn
            If Trim(Grid1. TextMatrix(i, 1)) = Trim(cz(j)) Then
```

```
        bz1 = 1
        Exit For
      End If
    Next j
    If bz1 = 0 Then
      zn = zn + 1
      cz(zn) = Trim(Grid1.TextMatrix(i, 1))
      bz0(zn) = Val((Grid1.TextMatrix(i, 5)))
      h0(zn) = Val((Grid1.TextMatrix(i, 6)))
      If bz0(zn) = 1 Then
        yzn = yzn + 1
      End If
    End If
    If Trim(Grid1.TextMatrix(i, 1)) <> "" And Trim(Grid1.TextMatrix(i, 2)) <>
"" Then
      gcn = gcn + 1
      qds(gcn) = Trim(Grid1.TextMatrix(i, 1))
      zds(gcn) = Trim(Grid1.TextMatrix(i, 2))
      lxc(gcn) = Val(Grid1.TextMatrix(i, 3))
      gc(gcn) = Val(Grid1.TextMatrix(i, 4))
    End If
  Next i
  '重新定义动态数组
  ReDim dm(zn) '点名
  ReDim bz(zn) '标志
  ReDim h(zn) '高程
  ReDim Preserve qds(gcn) '起点名
  ReDim Preserve zds(gcn) '终点名
  ReDim qd(gcn) '起点
  ReDim zd(gcn) '终点
  ReDim Preserve gc(gcn) '高差
  ReDim Preserve lxc(gcn) '路线长
  '对测站进行排序，将已知点放在最后
  For i = 1 To zn
    If bz0(i) = 1 Then
      dm(zn - k) = cz(i)
      bz(zn - k) = bz0(i)
      h(zn - k) = h0(i)
```

```vb
      k = k + 1
     Else
      n = n + 1
      dm(n) = cz(i)
      bz(n) = bz0(i)
      h(n) = h0(i)
     End If
    Next i
      '点名转换为代号
    For i = 1 To gcn
     bz1 = 0
     For j = 1 To zn
      If qds(i) = dm(j) Then
        qd(i) = j
        bz1 = bz1 + 1
      End If
      If zds(i) = dm(j) Then
        zd(i) = j
        bz1 = bz1 + 1
      End If
     Next j
     If bz1 < 2 Then
      MsgBox "至少有一个点名错误，请检查!"
      cmd_cctc. Enabled = False
      cmd_pc. Enabled = False
      Exit Sub
     End If
    Next i
    '推算各未知点的高程值
    cs = 0
    Do While cs <= gcn
     For i = 1 To gcn
      If bz(qd(i)) = 0 Then
        If bz(zd(i)) = 1 Or bz(zd(i)) = 2 Then
         h(qd(i)) = h(zd(i)) − gc(i)
         bz(qd(i)) = 2
        End If
      End If
```

273

```
        If bz(zd(i)) = 0 Then
          If bz(qd(i)) = 1 Or bz(qd(i)) = 2 Then
            h(zd(i)) = h(qd(i)) + gc(i)
            bz(zd(i)) = 2
          End If
        End If
      Next i
      '判断是否还有没推算出近似高程的水准点
      n = 0
      For i = 1 To zn - yzn
        If bz(i) = 2 Then
          n = n + 1
        End If
      Next i
      If n = zn - yzn Then
        Exit Do
      End If
      cs = cs + 1
    Loop
    txt_hz = "序号" + Space(6) + "点名" + Space(9) + "高程" + Space(9) + "标
志" + vbCrLf
    txt_hz = txt_hz + "----------------------------------------" + vbCrLf
    For i = LBound(dm, 1) To zn
      If bz(i) = 1 Then
        txt_hz = txt_hz + Trim(Str(i)) + Space(10 - Len(Trim(Str(i)))) + dm(i) + Space
(12 - Len(Trim(dm(i)))) _
                + Str(h(i)) + Space(13 - Len(Trim(Str(h(i))))) + "已知" + vbCrLf
      Else
        txt_hz = txt_hz + Trim(Str(i)) + Space(10 - Len(Trim(Str(i)))) + dm(i) + Space
(12 - Len(Trim(dm(i)))) _
                + Str(h(i)) + vbCrLf
      End If
    Next i
    If n < zn - yzn Then
      MsgBox "至少有一个点的高程推算不出!"
      cmd_cctc. Enabled = False
      cmd_pc. Enabled = False
      Exit Sub
```

274

```
End If
wzn = zn - yzn
ReDim b(gcn, wzn)
ReDim p(gcn, gcn)
ReDim l(gcn, 1)
'构造系数矩阵 B、权阵和常数矩阵 L
For i = 1 To gcn
  p(i, i) = 1 / lxc(i)
  If bz(qd(i)) = 2 And bz(zd(i)) = 2 Then
   b(i, qd(i)) = -1
   b(i, zd(i)) = 1
   l(i, 1) = gc(i) + h(qd(i)) - h(zd(i))
  ElseIf bz(qd(i)) = 1 And bz(zd(i)) = 2 Then
   b(i, zd(i)) = 1
   l(i, 1) = gc(i) + h(qd(i)) - h(zd(i))
  ElseIf bz(qd(i)) = 2 And bz(zd(i)) = 1 Then
   b(i, qd(i)) = -1
   l(i, 1) = gc(i) + h(qd(i)) - h(zd(i))
  End If
 Next i
 cmd_cctc. Enabled = True
 cmd_pc. Enabled = True
End Sub


'cmd_cctc_Click()事件对水准网中的粗差进行探测, 计算方法请参考文献[23]
Private Sub cmd_cctc_Click()
 Dim i%, j%, f%, k%, max#, bz1%, jh#, hjl%
 Dim n%, xlm $ , jhs $ , jhn%, jx#, sx#, zwc#
 Dim n_lxc#, xh $ , fhr#, fh#, bs $ , fhrs $
 Dim fhs $
 Dim xlqd $ ( ), xlzd $ ( ), xlqdn%( ), xlzdn%( )
 ReDim a(gcn, gcn + wzn + 1)
 '构造增广矩阵 A, 探索闭合或附合线路
 For i = 1 To gcn
  For j = 1 To wzn
   a(i, i) = 1
   a(i, gcn + j) = b(i, j)
  Next j
```

275

```
       a(i, gcn + wzn + 1) = l(i, 1)
    Next i
'对增广矩阵 A 进行 gauss 消元，得到条件方法
For i = 1 To wzn
 For j = 1 To wzn
  max = Abs(a(i, gcn + j))
  bz1 = 0
  For k = 1 To gcn
   If max < Abs(a(k, gcn + j)) Then
    max = Abs(a(k, gcn + j))
    bz1 = 1
    hjl = k
   End If
  Next k
   '将绝对值最大的放在主元素上
  If bz1 = 1 Then
   For k = 1 To gcn + wzn + 1
    jh = a(i, k)
    a(i, k) = a(hjl, k)
    a(hjl, k) = jh
   Next k
  End If
   '将主元素所在列以下的各行消为 0
  For f = i + 1 To gcn
   If Abs(a(f, gcn + j)) > jx Then
    sx = -a(f, gcn + j) / a(i, gcn + j)
    For k = 1 To gcn + wzn + 1
     a(f, k) = a(f, k) + sx * a(i, k)
    Next k
   End If
  Next f
 Next j
Next i
'闭合环或附合路线表头
txt_bhc = "序号" + Space(2) + "标识" + Space(2) + "fh 限(mm)" _
        + Space(2) + "fh(mm)" + Space(2) + "线路名称" + vbCrLf
txt_bhc = txt_bhc + "---------------------------------------" + vbCrLf
zwc = Val(txt_zwc)  '中误差
```

```
For i = wzn + 1 To gcn
  ReDim xlqd(gcn), xlzd(gcn), xlqdn(gcn), xlzdn(gcn)
  n = 0
  '统计闭合环或附合路线边的个数
  n_lxc = 0
  For j = 1 To gcn
   If a(i, j) = 1 Then
     n = n + 1
     xlqd(n) = qds(j)
     xlzd(n) = zds(j)
     xlqdn(n) = qd(j)
     xlzdn(n) = zd(j)
     n_lxc = n_lxc + lxc(j)
   ElseIf a(i, j) = -1 Then
     n = n + 1
     xlzd(n) = qds(j)
     xlqd(n) = zds(j)
     xlzdn(n) = qd(j)
     xlqdn(n) = zd(j)
     n_lxc = n_lxc + lxc(j)
   End If
  Next j
  ReDim Preserve xlqd(n), xlzd(n)
  ReDim Preserve xlqdn(n), xlzdn(n)
  '如果起点为已知点数据的放在第一行
  If bz(xlqdn(1)) <> 1 Then
   For j = 2 To n
    If bz(xlqdn(j)) = 1 Then
     jhs = xlqd(1)
     xlqd(1) = xlqd(j)
     xlqd(j) = jhs
     jhs = xlzd(1)
     xlzd(1) = xlzd(j)
     xlzd(j) = jhs
     Exit For
    End If
   Next j
  End If
```

```
'统计闭合环或附合路线边排序
For j = 1 To n − 1
 For k = j + 1 To n
  If xlzd(j) = xlqd(k) And k <> j + 1 Then
   jhs = xlqd(j + 1)
   xlqd(j + 1) = xlqd(k)
   xlqd(k) = jhs
   jhs = xlzd(j + 1)
   xlzd(j + 1) = xlzd(k)
   xlzd(k) = jhs
  End If
 Next k
Next j
xh = Format(i − wzn, "0")  '序号
If opt_dw(1) Then  '闭合差允许值计算
 fhr = Round(2 * zwc * Sqr(n_lxc / 1000), 1)
Else
 fhr = Round(2 * zwc * Sqr(n_lxc), 1)
End If
fh = Round(a(i, gcn + wzn + 1) * 1000, 1)
If Abs(fh) <= Abs(fhr) Then  '标识是否合格
 bs = Space(5) + "√"
Else
 bs = Space(5) + "×"
End If
fhrs = "±" + Format(fhr, "0.0")
fhrs = Space(10 − Len(fhrs)) + fhrs
If fh > 0 Then
 fhs = Format(fh, "+0.0")
Else
 fhs = Format(fh, "0.0")
End If
fhs = Space(8 − Len(fhs)) + fhs
txt_bhc = txt_bhc + xh + bs + fhrs + fhs + Space(3)
For j = 1 To n
 If j < n Then
```

```
        txt_bhc = txt_bhc + xlqd(j) + "→"
      Else
        txt_bhc = txt_bhc + xlqd(j) + "→" + xlzd(j) + vbCrLf
      End If
    Next j
  Next i
End Sub


'cmd_pc_Click()事件完成平差计算
Private Sub cmd_pc_Click()
  Dim i%, gzz%, gzzs$
  Dim bt#(), btp#(), btpb#(), btpb1#(), btpb1bt#(), btpb1btp#(), dt#(), bdt#()
  ReDim bt(UBound(b, 2), UBound(b, 1))
  ReDim btp(UBound(b, 2), UBound(b, 1))
  ReDim btpb(UBound(b, 2), UBound(b, 2))
  ReDim btpb1(UBound(b, 2), UBound(b, 2))
  ReDim btpb1bt(UBound(b, 2), UBound(b, 1))
  ReDim btpb1btp(UBound(b, 2), UBound(b, 1))
  ReDim dt(UBound(b, 2), 1)
  ReDim bdt(UBound(b, 1), 1)
  Call jzzz(b, bt)
  Call jzxc(bt, p, btp)
  Call jzxc(btp, b, btpb)
  Call jzqn(btpb, btpb1)
  Call jzxc(btpb1, bt, btpb1bt)
  Call jzxc(btpb1bt, p, btpb1btp)
  Call jzxc(btpb1btp, l, dt)
  Call jzxc(b, dt, bdt)
  '输出高差改正数及改正后高差
  txt_pccg = ""
  txt_pccg = txt_pccg + "序号" + Space(3) + "测站" + Space(3) + "目标" + _
        Space(3) + "高差(m)" + Space(3) + "改正数(mm)" + Space(3) + "改正
后高差(m)" + vbCrLf
    txt_pccg = txt_pccg + "----------------------------------------" + vbCrLf
```

```
For i = 1 To gcn
  gzz = (bdt(i, 1) - l(i, 1)) * 1 000
  If gzz > 0 Then
    gzzs = Format(gzz, "+0")
  Else
    gzzs = Format(gzz, "0")
  End If
  txt_pccg = txt_pccg + Trim(Str(i)) + Space(8 - Len(Trim(Str(i)))) + qds(i) + _
        Space(7 - Len(qds(i))) + zds(i) + Space(6 - Len(zds(i))) + _
        Format(gc(i), "0.000") + Space(12 - Len(Format(gc(i), "0.000"))) + _
          gzzs + Space(12 - Len(gzzs)) + Format(gc(i) + gzz / 1 000, "
0.000") + vbCrLf
  Next i
  txt_pccg = txt_pccg + "----------------------------------------" + vbCrLf


'输出平差后高程值
For i = 1 To UBound(dt, 1)
  h(i) = h(i) + Round(dt(i, 1), 3)
Next i
txt_pccg = txt_pccg + vbCrLf
txt_pccg = txt_pccg + "序号" + Space(6) + "点名" + Space(9) + "高程" + Space
(9) + "标志" + vbCrLf
txt_pccg = txt_pccg + "----------------------------------------" + vbCrLf
For i = LBound(dm, 1) To zn
  If bz(i) = 1 Then
    txt_pccg = txt_pccg + Trim(Str(i)) + Space(10 - Len(Trim(Str(i)))) + dm(i) +
Space(12 - Len(Trim(dm(i)))) _
          + Format(h(i), "0.000") + Space(13 - Len(Trim(Str(h(i))))) + "已
知" + vbCrLf
  Else
    txt_pccg = txt_pccg + Trim(Str(i)) + Space(10 - Len(Trim(Str(i)))) + dm(i) +
Space(12 - Len(Trim(dm(i)))) _
          + Format(h(i), "0.000") + vbCrLf
  End If
```

Next i

End Sub

4. 运行结果

程序运行后界面如图 8-18 和图 8-19 所示。

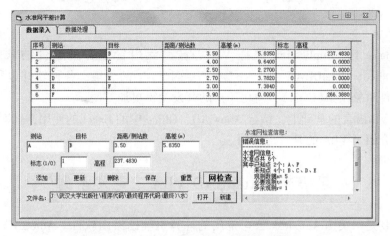

图 8-18　水准网平差程序运行结果界面(1)

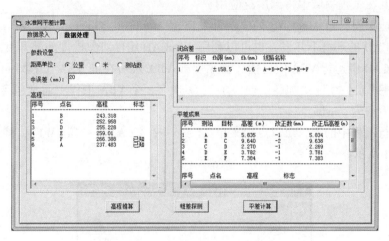

图 8-19　水准网平差程序运行结果界面(2)

习　题　8

1. 编写新、旧国家基本比例尺地形图幅号相互转换的程序。

2. 编写南方某一型号全站仪数据传输与格式转换的程序。

第九章　VBA 开发应用

Visual Basic For Application 简称 VBA，被广泛内置于各种软件的软件包中，如 AutoCAD、Office、CorelDRAW 等。VBA 是 Visual Basic 的子集，各种软件包利用 VB，加上子集的组件对象模型(COM)，使得用户的开发变得更加方便。

本章在 VB 语言的基础上，结合 AutoCAD、Office 中的 Excel 的使用，针对测绘有关方面的应用，介绍了 VBA 的开发与应用。

第一节　AutoCAD VBA 宏开发举例

AutoCAD 是由美国 Autodesk 公司推出的计算机辅助绘图软件。AutoCAD 是一个功能齐全、应用广泛的通用图形处理软件。另外，它具有开放式的体系结构，赢得了广大用户的青睐，尤其在工程领域中得到广泛应用。

作为功能扩展，对 AutoCAD 的二次开发支持 AutoLisp、ObjectARX、VBA 等模式，既可以在 AutoCAD 的环境下开发，也可以利用 AutoCAD 组件对象模型外部开发。

在 AutoCAD 中运行 VBA 宏之前，必须加载 VBA 宏所在的 VBA 工程。可以通过选择菜单"工具"→"宏(A)"→"加载工程(L)…"实现。一个 VBA 工程中通常包含一个或多个宏，文件的后缀为 .mvba。

为了运行工程中的宏，可以点击菜单"工具"→"宏(A)"→"宏(M)"，弹出"宏"对话框，如图 9-1 所示。

图 9-1　创建宏

在"宏名称(M)"中输入内容后，点击"创建"，则出现 VBA 的编辑器界面。
VBA 编辑器界面与 VB 6.0 的 IDE 相似，如图 9-2 所示。

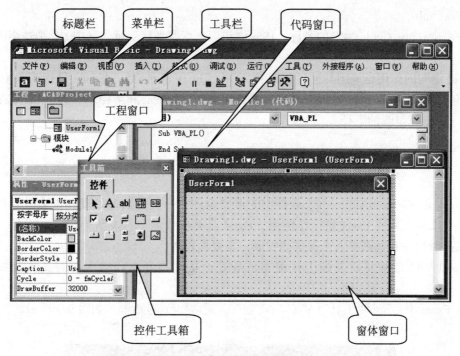

图 9-2　VBA 编辑器界面

实际操作中，经常要在 AutoCAD 中画一些对象，然后再操作它们。下面的代码将完成画一系列同心圆，然后当用户选中一些圆时，被选中的对象将改变颜色：

```
SubMy_Circle( )
    Dim cc(0 To 2) As Double    '声明坐标变量
    Dim mys As AcadSelectionSet
    Dim obj As AcadEntity
    cc(0) = 1 000    '定义圆心坐标
    cc(1) = 1 000
    cc(2) = 0
    For i = 1To 100 Step 10    '开始循环
        CallThisDrawing. ModelSpace. AddCircle(cc, i * 10)    '画圆
    Next i
    Setmys = ThisDrawing. SelectionSets. Add(" ss1" )
    '提示用户选择对象，将所选加入选择集，回车完成选择
    mys. SelectOnScreen    '遍历选择集
    For Each obj In mys
```

```
    obj. color =acRed    '将选中的对象改成红色
    obj. Update
  Next obj
  End Sub
```

程序中，My_Circle 为宏的名称，Dim 语句用来声明坐标变量，其中 CC 是被声明的数组变量。

Call 语句的作用是调用其他过程或者方法。ThisDrawing. ModelSpace 是指当前 CAD 文档的模型空间；AddCircle 是画圆方法，需要两个参数：圆心和半径。本例中 CC 就是圆心坐标，$i*10$ 就是圆的半径。

第二节　Excel VBA 开发举例

Excel 是 Microsoft Office 办公软件中的重要组件之一，是数据处理和报表处理的极佳工具，在实际工作中 Excel 被广泛使用。Excel 具有操作简单、灵活等特点，但是，Excel 处理数据时每一步都需要人工操作和控制，重复性较大。

Excel VBA 能够将重复的工作编写成程序，从而提高工作效率，避免人为操作的错误。

在 Excel 中，选择"工具"→"宏"→"宏"，进入"宏"对话框，如图 9-3 所示。

图 9-3　在 Excel 中创建宏

点击"创建"按钮，便进入 Excel 的 VBA 编辑器，如图 9-4 所示。Excel 编辑器的界面与 AutoCAD 中 VBA 的编辑器界面相同，包括标题栏、菜单栏、工具栏、代码窗口、窗体窗口、工程窗口、属性设置窗口、控件工具箱等。

如图 9-5 所示，现已在 Excel 表格中输入了用于支导线计算的全部观测数据及已知点

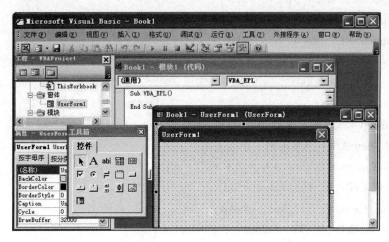

图 9-4 Excel 的 VBA 界面

坐标。用户可以在 Excel 窗口中点击菜单"工具(T)"→"宏(M)"→"Visual Basic 编辑器(V)",打开"Microsoft Visual Basic"窗口,在"ThisWorkbook"界面中编写如下程序代码后运行宏,可得到计算结果。

测量支导线计算表								
工程名						输入完毕,运行宏		
点号	观测角	方位角	距离	dx	dy	x	y	点号
d12						4456.584	30332.86	d12
f-1	180.2748		16.901			4475.078	30163.68	f-1
d15	186.4733		67.603					d15
d16	180.4811		53.426					d16
d18	179.0822		64.501					d18
d19	180.3648		37.087					d19
d20	179.5354		23.372					d20
d21								d21

图 9-5 原始数据

```
Sub 测量支导线计算( )
'2011-9-10
Dim Pi As Double
Pi = 3.141 592 653 589 79
Dim xa As Double, ya As Double, xb As Double, yb As Double, yy As Double, xx As Double
Dim AA As Double, dd As Double, jiajiao As Double
Dim radfangweijiao As Double, degfangweijiao As Double
Dim hangnum As Integer
i = 0
xa = Application.Cells(5, 7).Value
```

```vba
ya = Application. Cells(5, 8). Value
xb = Application. Cells(4, 7). Value
yb = Application. Cells(4, 8). Value
yy = ya - yb
xx = xa - xb + 0.000001
dd = Sqr(yy ^ 2 + xx ^ 2)
AA = Atn(yy / xx)
If xx < 0 Then AA = AA + Pi
If xx > 0 And yy < 0 Then AA = AA + 2 * Pi
Application. Cells(4, 4). Value = dd
Application. Cells(4, 3). Value = AA
'Application. Cells(5, 3). Value = Radtodeg(AA)
For i = 5 To 50 '观测角度转换为弧度
    jiajiao = Application. Cells(i, 2). Value
    hangnum = i
    If jiajiao = 0 Then Exit For
    Application. Cells(i, 2). Value = degtoRad(jiajiao)
Next i
For i = 5 To hangnum - 1 '弧度方位角计算
  radfangweijiao = Application. Cells(i - 1, 3). Value + _
                   Application. Cells(i, 2). Value + Pi
  If radfangweijiao > 2 * Pi Then radfangweijiao = radfangweijiao - 2 * Pi
  Application. Cells(i, 3). Value = radfangweijiao
Next i
For i = 5 To hangnum - 1 '弧度方位角转换为角度方位角
  radfangweijiao = Application. Cells(i, 3). Value
  Application. Cells(i, 3). Value = Radtodeg(radfangweijiao)
Next i
For i = 6 To hangnum - 1 '计算 XY 坐标
  Application. Cells(i, 7). Value = Application. Cells(i - 1, 7). Value _
+ Round(Application. Cells(i - 1, 4). Value * _
Cos(Application. Cells(i - 1, 3). Value), 4) ' X
  Application. Cells(i, 8). Value = Application. Cells(i - 1, 8). Value _
+ Round(Application. Cells(i - 1, 4). Value * _
Sin(Application. Cells(i - 1, 3). Value), 4) 'y
Next i
For i = 6 To hangnum - 1 '计算增量 X\ 增量 y
  Application. Cells(i, 5). Value = Round(Application. Cells(i - 1, 4). Value _
```

```
        * Cos(Application.Cells(i − 1, 3).Value), 4) '增量 X
      Application.Cells(i, 6).Value = Round(Application.Cells(i − 1, 4).Value _
        * Sin(Application.Cells(i − 1, 3).Value), 4) '增量 y
Next i
End Sub


Public Function Radtodeg(ByVal radian As Double) As String
  '弧度转换为角度" 如 100°00′00 ″
  Dim radDEG As Double
  radDEG = 57.295 779 513 082 3
  Dim A As Double, B As Double, C As Double, D As Double, e As Double
  Dim ang As Double, sign As Integer
  ang = Abs(radian) + 0.000 000 000 000 01: sign = Sgn(radian): A = ang * radDEG
  B = Int(A)
  C = (A − B) * 60: D = Int(C): e = (C − D) * 60
  Radtodeg = sign * (B + D * 0.01 + Round(e, 2) * 0.000 1)
End Function


Public Function degtoRad(ByVal angle As Double) As Double '角度转换为弧度
  M_RAD# = 1.745 329 251 994 33E−02
  Dim A As Double, B As Double, C As Double, D As Double
  Dim ang As Double, sign As Integer
  ang = Abs(angle) + 0.000 000 000 000 1: sign = Sgn(angle)
  A = Int(ang): B = (ang − A) * 100#: C = Int(B): D = (B − C) * 100#
  degtoRad = sign * (A + C / 60# + D / 3600#) * M_RAD
End Function
```

程序代码运行后, 得到的计算结果如图 9-6 所示。

测量支导线计算表

工程名						输入完毕, 运行宏		
点号	观测角	方位角	距离	dx	dy	x	y	点号
d12		4.821273	170.1859			4456.584	30332.86	d12
f-1	180.2748	276.4207	16.901			4475.078	30163.68	f-1
d15	186.4733	283.294	67.603	16.8878	−0.6666	4491.966	30163.02	d15
d16	180.4811	284.1751	53.426	57.6097	35.3735	4549.576	30198.39	d16
d18	179.0822	283.2613	64.501	7.404	52.9105	4556.98	30251.3	d18
d19	180.3648	284.0301	37.087	56.0403	31.9352	4613.02	30283.23	d19
d20	179.5354	283.5655	23.372	10.3928	35.601	4623.413	30318.84	d20
d21				15.9079	17.1228	4639.321	30335.96	d21

图 9-6　计算后数据

第三节　独立 VB 程序调用 COM 的方法

目前，利用 Windows 平台来开发分布式多层应用程序已成为越来越多程序员的需求。任何以 Windows 作为基础平台构建多层应用的开发人员，都必须依赖于许多独立的软件组件。组件对象模型(Component Object Model，COM)正是将这些软件组件组合在一起的重要工具和思想。当用某种语言创建了一个 COM 以后，可以使用任何一种支持 COM 的语言调用它，如 Visual Basic、Visual C++等。

利用 Visual Basic 6 编写代码，调用 AutoCAD 对象并在窗口中创建图形对象，代码如下：

```
PrivateVB_sub( )
Dim acadApp As AcadApplication
    On Error Resume Next
    Set acadApp = GetObject( , "AutoCAD. Application" )
    If Err Then
        Err. Clear
        Set acadApp = CreateObject( "AutoCAD. Application" )
        If Err Then
            MsgBox Err. Description
        End If
    End If
Set acadDoc = acadApp. ActiveDocument
    acadApp. Visible = True
acadApp. zoomextents
Dim draw_point As acadPoint
 Set draw_point = acadDoc. ModelSpace. AddPoint( p1 )
  draw_point. Color = acMagenta
………
  draw_point. Update
End Sub
```

为了实现在 Visual Basic 中调用 AutoCAD 并实现绘图等功能，需要完成以下工作。

1. 在 VB 工程中添加对 CAD 类型库的引用

为了实现 VB 与 CAD 的通讯，选择 VB 菜单的"工程"→"引用"，在弹出的对话框中勾选"AutoCAD2006 类型库"选项，然后点击"确定"按钮。

2. 引用 Application 对象

Application 对象是 CAD 对象模型的顶层，表示整个 CAD 应用程序。在 VB 应用程序中调用 AutoCAD，就是使用 Application 对象的属性、方法和事件。为此，首先要声明对象变量：Dim acadApp As Object，或直接声明为 CAD 对象：Dima cadApp As AcadApplication。

在声明对象变量之后，可用 CreateObject 函数或 GetObject 函数给变量赋值新的或已存在的 Application 对象引用。

①用 CreateObject 函数生成新的对象引用：

SetacadApp＝CreateObject（"AutoCAD. Application "）

②用 GetObject 函数打开已存在的对象引用：

SetacadApp ＝GetObject（"AutoCAD. Application "）

③Application 对象常用的属性、方法包括：

Visible 属性取 True 或 False，表明 CAD 应用程序是否可见；Left，Top 属性指定 CAD 窗口的位置；Height，Width 指定属性 CAD 窗口的大小；WindowState 属性指定窗口的状态。

3. 使用 CAD 应用程序

CAD 应用程序中，常用 AddPoint、AddLine、Addcircle、AddPolyline、AddText 等方法向 AutoCAD 的绘图窗口中绘制图形。ActiveLayer 设置为当前的图层，图层比较常用的属性包括：

①LayerOn：打开关闭；

②Freeze：冻结；

③Lock：锁定；

④Color：颜色；

⑤Linetype：线型。

上文中的代码首先查找内存中是否有已经运行的 AutoCAD 应用实例，如果没有就会启动它，并被赋值成对象变量 acadAPP；利用 ActiveDocument 属性建立该应用下的图形文档 acadDoc；而后就可以在 CAD 窗口中绘制图形对象，并对环境进行处理。

案 例 9

无定向导线计算方法请读者查阅相关资料，本案例主要介绍在 Excel VBA 中通过编写自定义函数(wdxdxjs( ))来实现无定向导线的简易平差计算。

1. 程序设计

在 Excel 2003 界面下，点击菜单栏的"工具(T)"→"宏(M)"→"Visual Basic 编辑器(V)"，或按组合键 Alt+F11，打开 Microsoft Visual Baic 界面，在该界面下点击菜单栏的"插入(I)"→"模块(M)"，打开模块代码窗口，编写 dfmzhd( )、hdzdfmkg( )、zbfsfwj( )、fwjts( )和 wdxdxjs( )5 个自定义函数的代码：

```
Public Const PI = 3. 141 592 653 589 79    '定义符号常量 π

'函数 dfmzhd( )的功能是将度. 分秒转换为弧度
Public Function dfmzhd(dfm As Variant) As Variant
  Dim fh As Integer
  Dim d As Integer
```

```
    Dim f As Integer
    Dim m As Variant
    fh = Sgn(dfm)
    dfm = Abs(dfm)
    d = Int(dfm)
    f = Int((dfm - d) * 100)
    m = ((dfm - d) * 100 - f) * 100
    dfmzhd = fh * (d + f / 60 + m / 3 600) * PI / 180
End Function
```

' 函数 hdzdfmkg( )的功能是将弧度转换为"度 分 秒"的格式
```
Public Function hdzdfmkg(hd As Variant, Optional jdw As Integer = 0) As String
    Dim fh As Integer
    Dim jd As Double
    Dim d As Integer
    Dim f As Integer
    Dim m As Variant
    fh = Sgn(hd)
    jd = Abs(hd) * 180 / PI
    d = Int(jd)
    f = Int((jd - d) * 60)
    m = Round((((jd - d) * 60 - f) * 60, jdw)
    If jdw > 0 Then
        hdzdfmkg = Space(4 - Len(Trim(Str $ (d * fh)))) + Trim(Str $ (d * fh)) _
                + Space(1) + Format(f, "00") + Space(1) + Format(m, "00. " +
Application. WorksheetFunction. Rept("0", jdw))
    Else
        hdzdfmkg = Space(4 - Len(Trim(Str $ (d * fh)))) + Trim(Str $ (d * fh)) _
                + Space(1) + Format(f, "00") + Space(1) + Format(m, "00")
    End If
End Function
```

' 函数 zbfsfwj( )的功能是根据两点坐标反算其坐标方位角
```
Public Function zbfsfwj(xa As Variant, ya As Variant, xb As Variant, yb As Variant)
As Single
    Dim dx As Single
    Dim dy As Single
    dx = xb - xa
```

290

```vba
  dy = yb - ya
  zbfsfwj = Application. WorksheetFunction. Atan2(dx, dy)
  If zbfsfwj < 0 Then
    zbfsfwj = zbfsfwj + 2 * PI
  End If
End Function
```

'函数 fwjts( )的功能是根据后边方位角和观测角度，推算前边坐标方位角
```vba
Public Function fwjts(ah As Variant, b As Variant, Optional bz As Integer = 0) As Double
  If ah >= PI Then
    ah = ah - PI
  Else
    ah = ah + PI
  End If
  If bz = 0 Then
    fwjts = ah + b
    If fwjts >= 2 * PI Then
      fwjts = fwjts - 2 * PI
    End If
  Else
    fwjts = ah - b
    If fwjts < 0 Then
      fwjts = fwjts + 2 * PI
    End If
  End If
End Function
```

'函数 wdxdxjs( )的功能是完成无定向导线的平差计算，并返回结果
```vba
Private Function wdxdxjs(dh As Range, gcj As Range, bc As Range, yzzb1 As Range,
yzzb2 As Range, Optional zyj As Integer = 0, Optional jd As Integer = 3) As Variant
  Dim js(-1 To 50, 1 To 8) As Variant
  Dim yzzbsz1(1 To 2) As Variant
  Dim yzzbsz2(1 To 2) As Variant
  Dim dhi As Variant
  Dim GCJi As Variant
  Dim bci As Variant
  Dim yzzb1i As Variant
  Dim yzzb2i As Variant
```

291

```vb
Dim ct As Variant
Dim m As Variant
Dim ai As Variant
Dim bi As Variant
Dim vxsum As Double
Dim vysum As Double
Dim n As Integer
Dim i As Integer
'输入表头
js(-1, 1) = "点号"
js(-1, 2) = "观测角" + Chr(10) + Chr(13) + "(° ′  " + """""" + ")"
js(-1, 3) = "坐标方位角" + Chr(10) + Chr(13) + "(° ′  " + """""" + ")"
js(-1, 4) = "边长 D" + Chr(10) + Chr(13) + "(m)"
js(-1, 5) = "ΔX" + Chr(10) + Chr(13) + "(m)"
js(-1, 6) = "ΔY" + Chr(10) + Chr(13) + "(m)"
js(-1, 7) = "X" + Chr(10) + Chr(13) + "(m)"
js(-1, 8) = "Y" + Chr(10) + Chr(13) + "(m)"
'输入列序号
js(0, 1) = 1: js(0, 2) = 2
js(0, 3) = 3: js(0, 4) = 4
js(0, 5) = 5: js(0, 6) = 6
js(0, 7) = 7: js(0, 8) = 8
'将点号送入数组
i = 0
For Each dhi In dh
 i = i + 1
 js(i, 1) = dhi. Value
Next dhi
n = i
'将观测角送入数组
i = 1
For Each GCJi In gcj
 i = i + 1
 js(i, 2) = GCJi. Value
Next GCJi
'将边长送入数组
i = 0
For Each bci In bc
```

```
        i = i + 1
        js(i, 4) = bci. Value
    Next bci
'将一端点已知坐标送入数组
    i = 0
    For Each yzzb1i In yzzb1
        i = i + 1
        yzzbsz1(i) = yzzb1i. Value
    Next yzzb1i
'将另一端点已知坐标送入数组
    i = 0
    For Each yzzb2i In yzzb2
        i = i + 1
        yzzbsz2(i) = yzzb2i. Value
    Next yzzb2i
'将已知坐标送入"js"数组中
    js(1, 7) = yzzbsz1(1)
    js(1, 8) = yzzbsz1(2)
    js(n, 7) = yzzbsz2(1)
    js(n, 8) = yzzbsz2(2)
'以下语句是坐标方位角的推算过程
    js(1, 3) = PI / 2
    For i = 2 To n - 1
        ah = js(i - 1, 3)
        js(i, 3) = fwjts(ah, dfmzhd(js(i, 2)), zyj)
    Next i
    '进行坐标增量计算
    For i = 1 To n - 1
        js(i, 5) = Round(js(i, 4) * Cos(js(i, 3)), jd)
        js(i, 6) = Round(js(i, 4) * Sin(js(i, 3)), jd)
    Next i
'进行坐标值推算
    For i = 2 To n
        js(i, 7) = js(i - 1, 7) + js(i - 1, 5)
        js(i, 8) = js(i - 1, 6) + js(i - 1, 8)
    Next i
'求转换参数
    ct = zbfsfwj(yzzbsz1(1), yzzbsz1(2), yzzbsz2(1), yzzbsz2(2)) _
```

```
            - zbfsfwj(yzzbsz1(1), yzzbsz1(2), js(n, 7), js(n, 8))


    m = Sqr((yzzbsz1(1) - yzzbsz2(1)) ^ 2 + (yzzbsz1(2) - yzzbsz2(2)) ^ 2) _
        / Sqr((yzzbsz1(1) - js(n, 7)) ^ 2 + (yzzbsz1(2) - js(n, 8)) ^ 2)
    For i = 2 To n
      ai = js(i, 7)
      bi = js(i, 8)
      js(i, 7) = Round(yzzbsz1(1) + m * Cos(ct) * (ai - yzzbsz1(1)) - m * Sin(ct)
    * (bi - yzzbsz1(2)), jd)
      js(i, 8) = Round(yzzbsz1(2) + m * Cos(ct) * (bi - yzzbsz1(2)) + m * Sin(ct)
    * (ai - yzzbsz1(1)), jd)
    Next i
    bcsum = 0
    For i = 1 To n - 1
      bcsum = bcsum + js(i, 4)
    Next i
    js(n + 1, 4) = bcsum
    For i = 1 To n - 1
      js(i, 3) = hdzdfmkg(zbfsfwj(js(i, 7), js(i, 8), js(i + 1, 7), js(i + 1, 8)))
    Next i
    vxsum = 0
    vysum = 0
    For i = 1 To n - 1
      vxsum = js(i, 5) + vxsum
      vysum = js(i, 6) + vysum
    Next i
    js(n + 1, 5) = vxsum
    js(n + 1, 6) = vysum
    '完善表格内容
    js(1, 2) = ""
    js(1, 5) = ""
    For i = 2 To 6
      js(n, i) = ""
    Next i
    For i = 1 To 3
      js(n + 1, i) = ""
    Next i
    For i = 7 To 8
```

294

```
        js(n + 1, i) = " "
    Next i
    js(n + 2, 1) = "精度" + Chr(10) + "说明"
    js(n + 2, 2) = "规定 1. 0001≥m≥0. 9999 时合格," + "计算结果 | m | 为" + Str $
(Abs(m)) + "," + "请认真核对"
    wdxdxjs = js
End Function
```

2. 界面运行

自定义函数的使用方法与 Excel 内置函数相同。下面通过对表 9-1 中的数据进行处理，介绍自定义函数的使用方法。

首先，在任意空白单元格处连续选定 9 行 8 列的区域(选定的行数 = 控制点个数 + 5，列为常数 8)，如 C9：J17；然后，在编辑栏输入公式 = wdxdxjs(C2：C6, D3：D5, E2：E5, F2：G2, F6：G6)，同时按住 Ctrl + Shift + Enter 键，则返回四参数的值，如图 9-7 所示。

表 9-1 无定向导线观测数据

点号	观测角度(° ′ ″)	观测边长/m	X 坐标/m	Y 坐标/m
B			640. 93	1 068. 44
		82. 17		
1	146 59 30			
		77. 28		
2	135 11 30			
		89. 64		
3	145 38 30			
		79. 84		
C			589. 97	1 307. 87

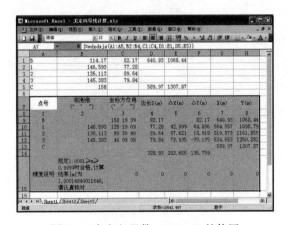

图 9-7 自定义函数 wdxdxjs( ) 的使用

习　题　9

1. 什么是"宏"？它的运行原理是什么？
2. 进入 Excel 的 VBA 的开发环境有哪几种方法？
3. VBA 代码窗口由哪几个部分组成？

参 考 文 献

[1]赵淑湘，马驰．计算机测绘程序设计[M]．郑州：黄河水利出版社，2012.

[2]赵淑湘．测量程序设计[M]．武汉：武汉理工大学出版社，2012.

[3]秦永乐．Visual Basic 测绘程序设计[M]．郑州：黄河水利出版社，2005.

[4]潘瑜．Visual Basic 程序设计[M]．北京：科学出版社，2004.

[5]龚沛曾，陆慰民，杨志强．Visual Basic 程序设计教程(6.0 版)[M]．北京：高等教育
出版社，2004.

[6]郭晓君．Visual Basic 程序设计教程[M]．郑州：黄河出版社，2007.

[7]Ted Coombs Jon Campbe II．Visual Basic 编程实用大全[M]．邓少鹍，邓云佳，等译．
北京：中国水利水电出版社，2002.

[8]赵志东．Excel VBA 基础入门[M]．北京：人民邮电出版社，2006.

[9]王晓春．地形测量[M]．北京：测绘出版社，2009.

[10]马真安，吴文波．地形测量技术[M]．武汉：武汉大学出版社，2011.

[11]李映红．建筑工程测量[M]．武汉：武汉大学出版社，2011.

[12]孔祥元．控制测量学(上册)[M]．第三版．武汉：武汉大学出版社，2006.

[13]孔祥元．控制测量学(下册)[M]．第三版．武汉：武汉大学出版社，2006.

[14]杨国清．控制测量学[M]．郑州：黄河水利出版社，2005.

[15]林玉祥，杨华．GPS 技术及其在测绘中的应用[M]．北京：教育科学出版社，2005.

[16]季斌德，邵自修．工程测量[M]．北京：测绘出版社，1988.

[17]周建郑．工程测量[M]．郑州：黄河水利出版社，2006.

[18]武汉测绘科技大学测量平差教研室．测量平差基础[M]．北京：测绘出版社，2007.

[19]靳祥升．测量平差[M]．第2版．郑州：黄河水利出版社，2010.

[20]赵淑湘．手持 GPS 坐标转换参数求解方法及在 Excel 中的实现[J]．矿山测量，2009
(2).

[21]谢爱萍．南方 CASS 地籍数据向 MapGIS 地籍数据格式转换的实现[J]．矿山测量，
2008(4).

[22]赵淑湘．平面四参数法坐标转换在 Excel VBA 中的实现[J]．矿山测量，2014(1).

[23]游为，范东明，张云，黄瑞金．水准网闭合差自动解算的新方法[J]．测绘工程，
2007(5).